工业和信息化部“十四五”规划教材
校企“双元”合作精品教材
高等职业院校“互联网+”系列精品教材

5G 无线网络规划与优化

主编　杜庆波　曾波涛　陈雪娇　周晖杰
副主编　赵　龙

電子工業出版社
Publishing House of Electronics Industry
北京·BEIJING

内 容 简 介

本书结合国家紧缺技术人才需求，根据工程教育领域的成果导向教育（OBE）重要理念进行编写。本书由 7 个项目组成，体现了第五代移动通信网络规划和优化的技术，包括移动系统演进及 5G 技术认知、5G 基本原理认知、5G 无线网络规划、5G 无线网络信息采集、5G 无线网络测试、5G 无线网络信息管理和 5G 无线网络优化。

本书为高职高专院校“5G 无线网络规划和优化”课程的教材，也可作为开放大学、成人教育、自学考试、中职学校、培训班的教材，以及工程技术人员的参考工具书。

本书配有免费的电子教学课件、微课视频等，详见前言。

图书在版编目（CIP）数据

5G 无线网络规划与优化/杜庆波等主编. —北京：电子工业出版社，2021.5（2024.7 重印）
校企“双元”合作精品教材
ISBN 978-7-121-38063-1

Ⅰ. ①5… Ⅱ. ①杜… Ⅲ. ①无线电通信－移动网－高等学校－教材 Ⅳ. ①TN929.5

中国版本图书馆 CIP 数据核字（2019）第 256604 号

责任编辑：陈健德（E-mail:chenjd@phei.com.cn）
文字编辑：王凌燕　张思辰
印　　刷：三河市龙林印务有限公司
装　　订：三河市龙林印务有限公司
出版发行：电子工业出版社
　　　　　北京市海淀区万寿路 173 信箱　邮编 100036
开　　本：787×1 092　1/16　印张：13.25　字数：339 千字
版　　次：2021 年 5 月第 1 版
印　　次：2024 年 7 月第 7 次印刷
定　　价：48.00 元

随着近几年移动通信的快速发展，中国政府高度重视 5G 产业的发展，在相关关键政策方面为 5G 产业的发展指明了方向。

在政策支持、技术进步和市场需求的驱动下，中国 5G 产业快速发展，在各个领域已取得良好的成绩。2019 年 6 月 6 日，中华人民共和国工业和信息化部向中国电信、中国移动、中国联通、中国广电发放 5G 牌照，中国正式进入 5G 商用元年。5G 正式商用后，预计 3 年内将会建设超过 300 万个 5G 基站，5 年内将达到 600 万个，将是世界上规模最大的 5G 网络。5G 行业将直接或间接创造大量就业机会。其中，5G 网络规划和优化是一项复杂、长期和艰巨的工作。5G 无线网络规划与优化与 2G、3G、4G 网络有相同之处，但也有自身的特点。本书从一线工程师的视角，结合实际工作环境，从 5G 无线网络基本原理到网络规划再到网络优化，介绍了 5G 无线网络规划与优化知识，使学习者能够较快入门，并掌握相应的技能，能很好地与工作岗位相衔接。

本书秉持 OBE 教育理念，以提升学习效果为最终目的，进行项目式教学，在编排上分为 7 个项目。项目 1 介绍了移动通信系统演进及 5G 技术，本项目是后续内容的基础；项目 2 介绍了 5G 无线网络的无线接入网原理、关键技术和接口协议，通过本项目的学习，完成对 5G 基本原理的认知；项目 3 介绍了 5G 无线网络规划的详细流程，并通过网规流程完成站点的选择；项目 4 介绍了 5G 基站物理信息、环境信息和投诉信息采集要点，5G 无线网络信息采集是作为网络规划和优化的重要前置环节，是做好网络规划和优化的基础；项目 5 提供了详细的 DT 和 CQT 的流程介绍及测试中常见的异常问题处理思路；项目 6 主要介绍了网络运行监控方法、参数检查和设置操作；项目 7 通过现网案例介绍了相关问题分析思路，性能指标分析方法。

全书由南京信息职业技术学院杜庆波统稿。具体编写分工为：南京信息职业技术学院的杜庆波编写项目 1、陈雪娇编写项目 6～7，南京中兴信雅达信息科技有限公司的曾波涛编写项目 2、周晖杰编写项目 3～4、赵龙编写项目 5。

本书为 5G 无线网络规划和优化的入门教材，5G 理论知识以够用为原则，重点对 5G 无线网络规划和优化流程、方法和手段进行介绍，使初学者能较快掌握技术。

本书为高职高专院校“5G 无线网络规划和优化”课程的教材，也可作为开放大学、成人教育、自学考试、中职学校、培训班的教材，以及工程技术人员的参考工具书。

限于编者水平有限，书中难免存在不妥之处，敬请读者批评指正。

为了方便教师教学，本书还提供了配套的电子教学课件、微课视频等立体化资源，请有需要的教师扫一扫书中的二维码阅看或登录华信教育资源网（http://www.hxedu.com.cn）注册后下载，有问题时请在网站留言或与电子工业出版社联系。

扫一扫看 5G 无线网络规划与优化课程模拟试卷

目　录

项目 1

移动系统演进及 5G 技术认知

项目概述

本项目是后续内容的基础，在进行 5G 无线规划和优化相关工作前，需要了解移动通信系统演进，掌握 5G 技术特点。

学习目标

（1）能描述每一代移动通信系统的特点；
（2）能描述 5G 技术特点和应用场景。

任务 1.1　描述移动通信系统演进

1.1.1　任务描述

通过本任务的学习，了解移动通信系统演进，并对每一代移动通信的特点进行总结。

1.1.2　任务目标

（1）能描述移动通信系统的演进；
（2）能描述每一代移动通信系统的特点。

1.1.3　知识准备

1887 年，赫兹证实了电磁波的存在，拉开了移动通信的序幕。马可尼于 1897 年改进了无线电设备，证明了移动中无线通信的可应用性，自此人类开始了对移动通信的追求。

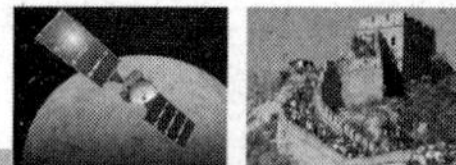

移动通信的主要目的是实现任何时间、任何地点和任何通信对象之间的通信。近年来，移动通信系统以其显著的特点和优越的性能得以迅猛发展，应用于社会的各个领域。随着第五代移动通信系统的推广和商用，移动通信在人们的生活中将担负起更加重要的角色。

扫一扫看第一代移动通信技术微课视频

1. 第一代移动通信系统（1G）

第一代移动通信系统出现在 20 世纪 70 年代中期，采用模拟调制技术，以 FDMA 技术为基础，主要提供语音业务。1G 采用了蜂窝组网技术，蜂窝的概念由贝尔实验室提出。该技术把一个地理区域分成若干小区，即“蜂窝”（Cell），蜂窝技术因此而得名。手机（或移动电话）均采用该技术，因此常常被称作蜂窝电话（Cellular Phone）。将一个大的地理区域分割成多个“蜂窝”的目的是使不同的蜂窝可以使用相同的频率，这样就可以充分利用有限的无线资源。每一代移动通信系统均采用了蜂窝技术。

模拟通信系统主要标准有 AMPS（先进移动电话系统）、NMT-450/900（北欧移动电话）、TACS（全地址通信系统）。

由于第一代移动通信系统具有如下缺点，从而妨碍了其进一步发展，因此模拟蜂窝移动通信被数字蜂窝移动通信所替代。

（1）存在多种移动通信制式，相互之间不能兼容，即无法实现全球漫游。

（2）无法与固网迅速向数字化推进相适应，数字承载业务很难开展。

（3）频率利用率低，无法适应大容量的需求。

（4）安全利用率低，易于被窃听。

1G 产品如我国 20 世纪 80 年代开始投入使用的最早的移动电话——“大哥大”，其手机体积很大，质量也很大。

扫一扫看第二代移动通信技术教学课件

扫一扫看第二代移动通信技术微课视频

2. 第二代移动通信系统（2G）

20 世纪 90 年代开发出了以数字传输、时分多址（TDMA）和窄带码分多址（N-CDMA）为主的移动通信系统，称之为第二代移动通信系统（2G）。2G 除提供语音通信服务外，还提供低速数据服务和短消息服务。其代表系统可分为以下两类。

（1）TDMA 系统。代表性的制式有欧洲的 GSM（全球移动通信系统）、美国的 D-AMPS（数字 AMPS）及日本的 PDC（个人数字蜂窝电话）。

（2）N-CDMA 系统。N-CDMA（窄带码分多址）主要是以高通公司为首研制的基于 IS-95 的 N-CDMA。

第二代移动通信系统频带太窄，不能提供如高速数据、慢速图像与电视图像等的各种宽带信息业务；无线频率资源紧张，频率利用率低，系统容量不能满足需要；不同系统彼此间不能兼容，全球漫游困难，因此出现了第三代移动通信系统。值得一提的是，在 2G 和 3G 之间存在 2.5G 技术，即 GPRS（通用分组无线业务）技术。2.5G 技术是从 2G 迈向 3G 的衔接性技术，GPRS 技术是对 GSM 的演进，在 GSM 网络基础上提供高速分组通信服务。

如图 1.1 所示为 GSM 总体结构图。由图 1.1 可知，GSM 可由 MS（移动台）、BSS（基站子系统）和 NSS（网络子系统）构成。其中 BSS 作为无线接入网又可分为 BTS（基站收发信台）和 BSC（基站控制器）。NSS 侧的功能单元主要有 MSC（移动交换中心）、

VLR（访问位置寄存器）、HLR（归属位置寄存器）、EIR（设备识别寄存器）、AUC（鉴权中心）等。

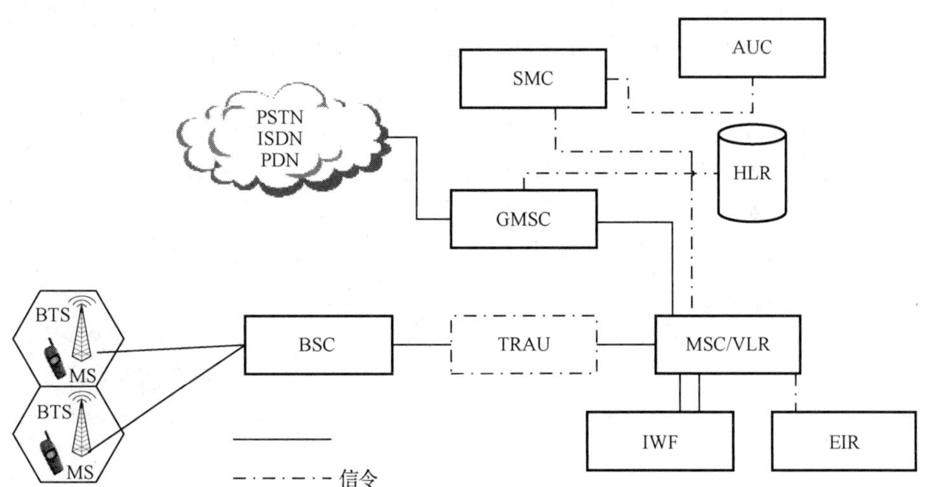

图 1.1　GSM 总体结构图

扫一扫看第三代移动通信技术微课视频

3. 第三代移动通信系统（3G）

第三代移动通信系统（3G）的理论研究、技术开发和标准制定工作起始于 20 世纪 80 年代中期，国际电信联盟（ITU）将该系统正式命名为 IMT-2000（国际移动通信-2000），即系统工作在 2000 MHz 频段，最高业务速率可达 2000 Kbps，在 2000 年左右实现商用。欧洲电信标准协会（ETSI）称其为 UMTS（通用移动通信系统）。

IMT-2000 系统的主要目标与特性有：具有全球无缝覆盖和漫游能力；高服务质量，高速传输，提供窄带和宽带多媒体业务；与固定网络各种业务的相互兼容；无缝业务传递；支持系统平滑升级和现有系统的演进；适应多种运行环境；支持多媒体功能及广泛的业务终端；等等。其代表系统有 WCDMA、CDMA2000 及 TD-SCDMA，前两者基于 FDD 双工方式，而后者基于 TDD 双工方式。

作为比较， UMTS 总体结构图如图 1.2 所示。由图 1.2 可知，整个网络由 UE（用户终端）、UTRAN（UMTS 陆地无线接入网）和 CN（核心网）构成。其中 UTRAN 又可分为 RNC（无线网络控制器）和 Node B（节点 B）。

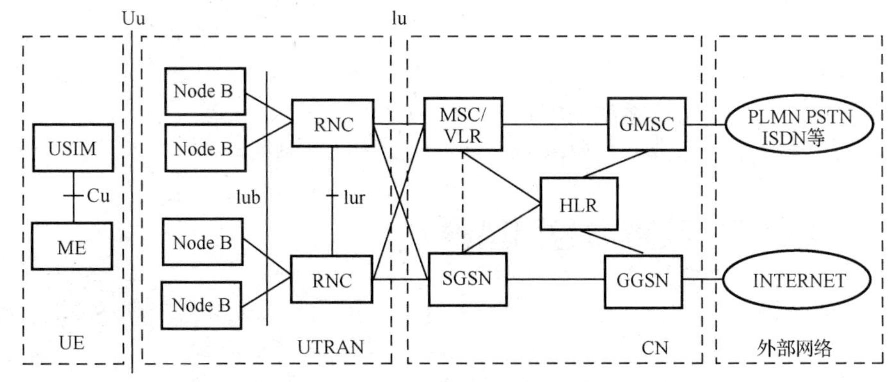

图 1.2　UMTS 总体结构图

4. 第四代移动通信系统（4G）

虽然 3G 传输速率更快，相比 2.5G 有数十倍的增速，但是仍无法满足多媒体业务日益发展的通信需求。第四代移动通信系统希望能满足更大的带宽需求、高速数据和高分辨率多媒体服务的需求。

3GPP 于 2004 年 12 月开始 LTE 相关的标准工作，LTE（Long Term Evolution，长期演进）是关于 UTRAN 和 UTRA 改进的项目，是 3GPP 在“移动通信宽带化”趋势下，为了对抗其他移动宽带技术的挑战，在 3G 基础上研发出的新标准。

LTE 的系统架构分成两部分，包括演进后的核心网 EPC（MME/S-GW）和演进后的接入网 E-UTRAN，演进后的系统仅存在分组交换域。E-UTRAN 结构如图 1.3 所示。

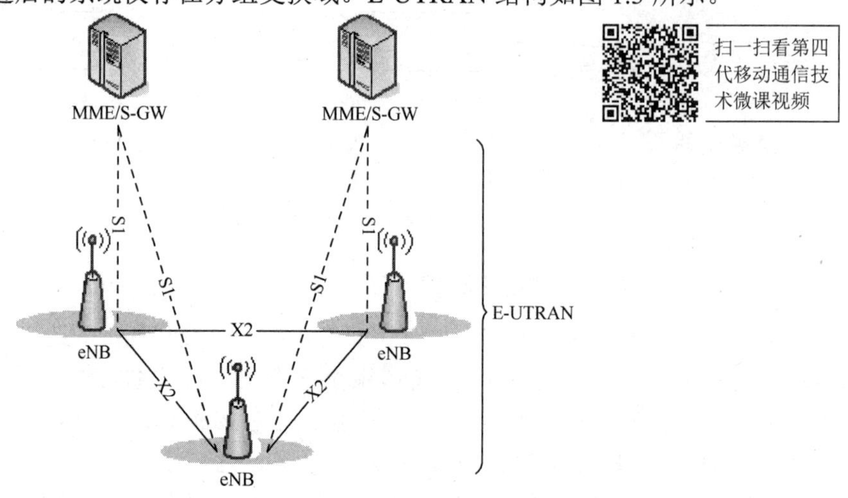

图 1.3　E-UTRAN 结构

E-UTRAN 仅由 eNB（evolved NodeB）组成，eNB 之间通过 X2 接口进行连接，与核心网 EPC（MME/S-GW）之间通过 S1 接口进行连接，S1 接口支持多到多的联系方式。与 3G 网络架构相比，接入网仅包括 eNB 一种逻辑节点，网络架构中节点数量减少，网络架构更加趋于扁平化。扁平化的网络架构降低了呼叫建立时延及用户数据的传输时延，也会降低 OPEX 与 CAPEX。

1.1.4　任务实施

描述以下技术概念：

（1）描述移动通信系统的演进；

（2）描述每一代移动通信系统的特点。

要求：分组讨论；使用 PPT 制作演示材料；能够描述清楚每一代移动通信系统的特点。

任务 1.2　描述 5G 技术和应用场景

扫一扫看 5G 技术特点与应用场景教学课件

1.2.1　任务描述

通过本任务的学习，了解 5G 的性能、频谱及三大应用场景特点。

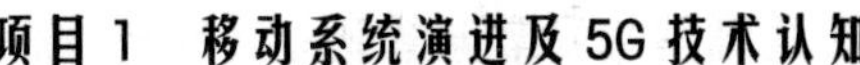

扫一扫看第五代移动通信技术微课视频

扫一扫看第五代移动通信技术应用场景微课视频

1.2.2　任务目标

（1）能描述 5G 的性能；

（2）能描述 5G 的频谱；

（3）能描述 eMBB、mMTC、uRLLC 场景的典型应用。

1.2.3　知识准备

人类对更高性能移动通信的追求从未停止，为了应对爆炸性的移动数据流量增长、海量的设备连接、不断涌现的各类新业务和应用场景，第五代移动通信系统（5G）应运而生。

5G 国际标准化工作现已全面展开，3GPP R14 包括 5G 场景与需求、新一代系统架构、无线接入技术研究等项目。2016 年 10 月，3GPP PCG 会议选择将“5G”作为 R15 和后续版本的品牌，该版本包括新空口与 LTE 演进。2018 年 3 月，NSA 标准完成，2018 年 9 月，完成 SA 标准，支持 eMBB 和 uRLLC 场景，R15 版本已冻结。

5G 致力于应对多样化、差异化业务的巨大挑战，满足超高速率、超低时延、高速移动、高能效和超高流量与连接数密度等多维能力指标。

IMT-2020 的 5G 关键性能需求如图 1.4 所示。由图 1.4 可知，5G 具备比 4G 更高的性能，支持每秒数百兆字节的用户体验速率，每平方千米 100 万个的设备连接数密度，毫秒级的端到端时延，每平方千米内每秒数十太字节的流量密度，每小时 500 km 以上的移动性，每秒数十吉字节的峰值速率。其中，用户体验速率、连接数密度和时延为 5G 最基本的三个性能指标。与 4G 相比，5G 频谱效率提升 5～15 倍，能效和成本效率提升百倍以上。

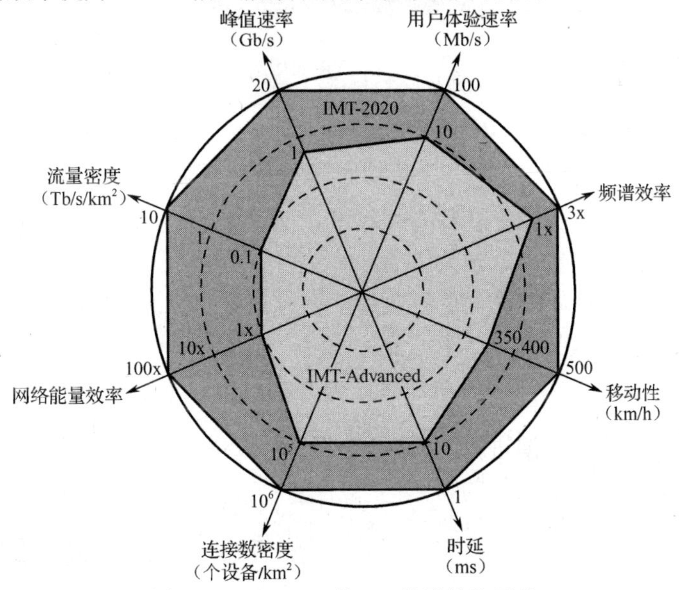

图 1.4　IMT-2020 的 5G 关键性能需求

为了增加容量和传输速率，5G 最直接的方法是增加带宽，其最大带宽将达到 1 GHz。3GPP 协议定义了从 Sub6G（FR1）到毫米波（FR2）的 5G 目标频谱。其中，FR1 是 5G 的核心频段，以 3.5 GHz（C 波段）附近的频谱资源作为 5G 部署的黄金频段。FR2 为毫米波段，衰减快，则作为 5G 的辅助频段，用于热点区域的频率提升。两个频段的频谱范围如表 1.1 所示。

表 1.1　两个频段的频谱范围

频 谱 分 类	对应频率范围
FR1（Sub6G）	450～6000 MHz
FR2（毫米波）	24 250～52 600 MHz

为了支持 5G 拥有更好的性能，在无线侧所采用的关键技术涉及 Massive MIMO、毫米波、NOMA 等技术；网络侧涉及无线云化（CloudRAN）、多接入边缘计算（MEC）、网络切片技术等。

目前，5G 应用分为三大类场景：增强移动宽带（eMBB）、海量机器类通信（mMTC）和超高可靠低时延通信（uRLLC），如图 1.5 所示。

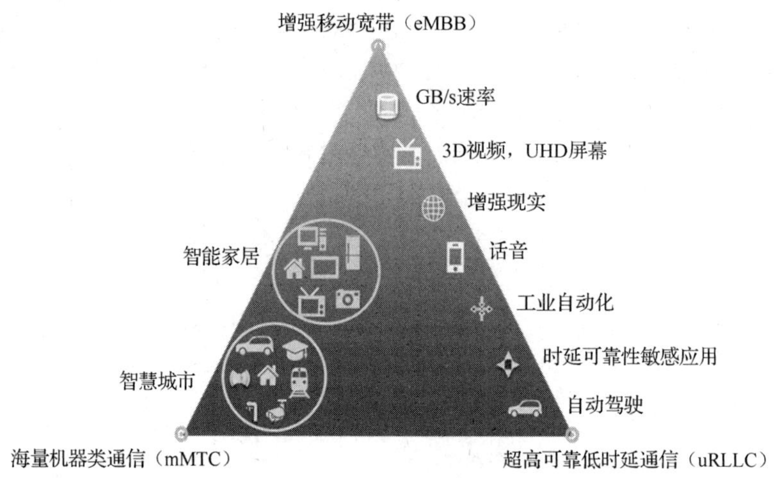

图 1.5　ITU 5G 三大场景

eMBB 场景是指在现有移动宽带业务场景的基础上，对用户体验等性能的进一步提升，主要还是追求人与人之间极致的通信体验，集中体现为超高的传输数据速率、广覆盖下的移动性保证等。其主要用于 3D/超高清视频等大流量移动宽带业务，如 AR（Augmented Reality，增强现实）技术、VR（Virtual Reality，虚拟现实）技术。

mMTC 场景主要用于大规模物联网业务。在该场景下，数据速率较低且时延不敏感，覆盖了生活的方方面面，真正实现万物互联。其中，IoT（Internet of Things，物联网）应用是 5G 技术所瞄准的发展主轴之一。对于某些攸关人身安全的物联网应用，如与医院联机的穿戴式血压计，采用 mMTC 会是比较理想的选择。而这些分散在各垂直领域的物联网应用，正是 5G 生态圈形成的重要基础。

uRLLC 场景下，连接时延要达到 1 ms 级别，且支持高速移动（500 km/h）情况下的高可靠性连接（99.99%），主要用于如无人驾驶、工业自动化等需要低时延、高可靠性连接的业务。

1.2.4　任务实施

（1）描述 5G 技术特点；

（2）描述 eMBB 业务场景、mMTC 业务场景、uRLLC 业务场景的典型应用。

要求：分组讨论；使用 PPT 制作演示材料；能够描述清楚相应的概念。

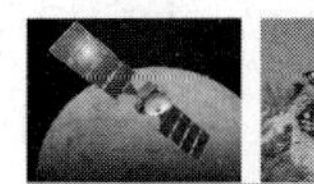

习题 1

1．第一代移动通信网络属于什么类型的通信系统，其主要标准有哪些？
2．从第几代移动通信网络开始采用了数字通信技术，什么时候开始支持数据业务？
3．第二代移动通信系统的代表系统为哪几个？
4．第二代移动通信网络的网络结构分为哪几部分？
5．第三代移动通信网络的技术标准有哪些？
6．第三代移动通信网络的技术双工方式有哪几类？
7．4G 移动通信网络的网络结构特点是什么？
8．5G 网络的应用场景有哪些？
9．5G 网络的性能提升方面相比较之前的网络有什么特点？
10．5G 网络的频段分为几个部分，频率范围是多少？

项目 2

5G 基本原理认知

项目概述

本项目对 5G 网络框架、接口协议及空口信令流程进行了进一步的探究，是后续内容的基础。通过本项目内容的学习，完成对 5G 基本原理的认知。

学习目标

（1）能绘制 5G 系统网络架构图；

（2）能描述 5G NR 接口协议；

（3）能描述 5G 空口基本信令流程。

扫一扫看 5G 网络架构微课视频

任务 2.1 绘制 5G 系统网络架构图

2.1.1 任务描述

在进行实际网络规划和优化前，需要学习 5G 系统的网络架构，了解 5G 基站在整个系统中的位置和基本功能。通过本任务的学习，能够绘制 5G 系统网络架构图。

2.1.2 任务目标

（1）了解 5G 系统网络架构；

（2）了解 5G 系统网元功能；

（3）了解 5G 系统接口功能；

（4）能绘制 5G 系统网络架构图。

2.1.3 知识准备

5G 网络分为非独立组网（NSA）和独立组网（SA）两种方式。其中，NSA 方式是通过 4G 基站把 5G 基站接入 EPC，无须新建 5G 核心网（5GC）。在 5G 商用初期，一般使用 NSA 方式与之前 2G/3G/4G 网络混合组网，到了后期 5G 技术和市场成熟时，一般采用 SA 方式独立组网。

5G 网络架构图如图 2.1 所示。5G 网络总体架构由 5G 核心网（5GC）与 5G 无线接入网（NG-RAN）组成。其中，AMF 为接入和移动管理功能，是 5GC 控制处理部分；UPF 为用户面功能，是 5GC 数据承载部分；NG-RAN 节点有 gNB 和 ng-eNB，gNB 向 UE 提供 NR 用户面和控制面协议，ng-eNB 向 UE 提供 E-UTRAN 用户面和控制面协议。

gNB、ng-eNB 与 5GC 通过 NG 接口连接，控制面接口为 NG-C 连接到 AMF，用户面接口为 NG-U 连接到 UPF；gNB 和 ng-eNB 之间通过 Xn 接口相互连接。

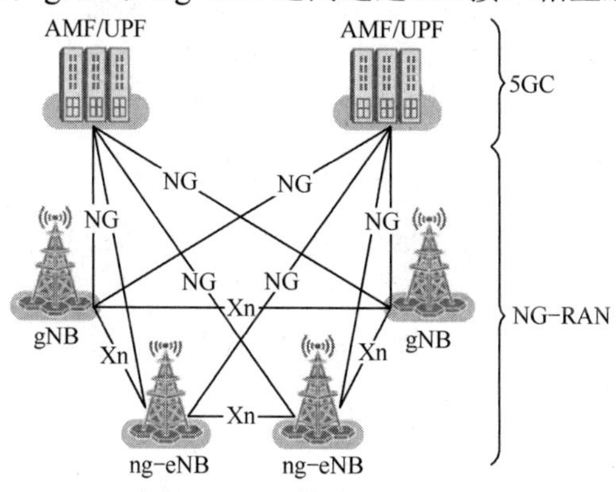

图 2.1　5G 网络架构图

1. 5G 功能单元

gNG 为 5G 基站，逻辑上包括 CU 和 DU，主要功能包括无线信号发送与接收、无线资源管理、无线承载控制、连接性管理、无线准入控制、测量管理、资源调度等。ng-eNB 为 LTE 基站，基本功能同 5G 基站，但是物理空口有区别。

5G 的基站功能重构为 CU 和 DU 两个功能实体。CU 与 DU 功能的切分以处理内容的实时性进行区分。基站重构为 CU 和 DU 两个逻辑网元，可以合一部署，也可以分开部署，根据场景和需求确定。

4G 到 5G 的基站变化如图 2.2 所示。

在传统 4G/Pre5G 时代，BBU 与 RRU 之间采用 CPRI 接口，接口流量较小，10GE 光口及现有前传网能满足要求。

进入 5G 时代，BBU 与 RRU 之间流量需求已经达到了每秒几十吉字节甚至几太字节，此时传统的 CPRI 接口及前传网已经不能满足要求，通过对 CPRI 重新切分，将 BBU 部分物理层功能下沉到 RRU，形成新的 CPRI 接口，大大降低了新 CPRI 接口流量。

由于业务多样化及硬件通用化，通过对 BBU 的协议栈进行分析，可以对 BBU 进一步切分，从而适应更多样化业务及站点环境，将 BBU 的控制面和业务面进一步分离，形成 CU 与 DU。CU 可以集中处理大量信令，采用通用化硬件；而 DU 专注于业务处理，仍采用部分专用硬件，大大提升了效率与灵活性。

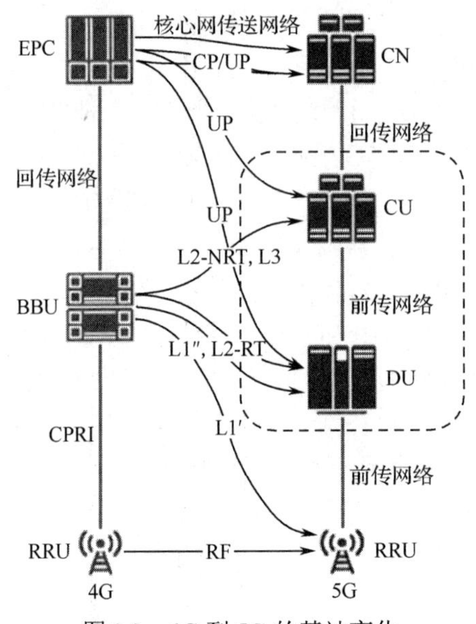

图 2.2　4G 到 5G 的基站变化

CU（Centralized Unit）：主要包括非实时的无线高层协议栈功能，同时也支持部分核心网功能下沉和边缘应用业务的部署。

DU（Distributed Unit）：主要处理物理层功能和实时性需求的层 2 功能。考虑节省 RRU 与 DU 之间的传输资源，部分物理层功能也可上移至 RRU/AAU 实现。CU 和 DU 之间是 F1 接口。

AAU：原 BBU 基带功能部分上移，以降低 DU 和 RRU 之间的传输带宽。

RAN 切分后带来了 5G 多种部署方式，如图 2.3 所示。

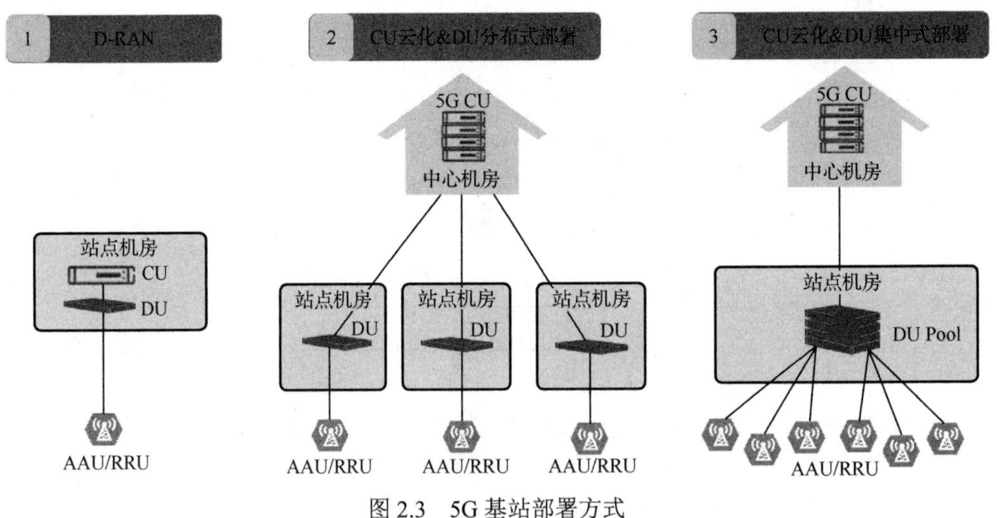

图 2.3　5G 基站部署方式

D-RAN：分布式 RAN，类似传统 4G 部署方式，采用 BBU 分布式部署。

C-RAN：云化 RAN，又分为 CU 云化&DU 分布式部署和 CU 云化&DU 集中式部署。

CU 云化&DU 分布式部署：CU 集中部署，DU 类似传统 4G 分布式部署。

CU 云化&DU 集中式部署：CU 和 DU 各自采用集中式部署。

分布式部署需要更多机房资源，但每个单元的传输带宽需求小，更加灵活。集中式部署节省机房资源，但需要更大的传输带宽。未来可根据不同场景需要，灵活组网。三种部署方式的比较如表 2.1 所示。

表 2.1　三种部署方式的比较

方　式	D-RAN	CU 云化&DU 分布式部署	CU 云化&DU 集中式部署
产品形态	专用设备，类似传统 4G BBU	CU 可以为通用服务器；DU 仍采用电信专用设备	专用设备，类似传统 4G 微站
优势	全方位协同：便于实现宏微协同、干扰管理、CoMP、D-MIMO 等技术 低时延：便于满足 uRLLC 场景对低时延的需求	部分协同：具备 CU 云化的技术优势，如便于实现宏微协同、干扰管理等技术；对传输资源要求不高	对传输资源要求不高
劣势	如果是 CPRI 接口，则前传 Fronthaul 带宽要求高	CU 集中向上放，增加时延；对实现 CoMP、D-MIMO 等技术没有帮助	协同能力差：不具备 CU 云化，DU 集中的技术优势；比较适合微覆盖场景

与 LTE 的 MME/SGW/PGW 类似，AMF/UPF 体现了控制面和媒体面分离的思想。AMF 负责终端接入权限和切换等，类似 LTE 的 MME。功能包括：

（1）NG 接口终止；

（2）移动性管理；

（3）接入鉴权、安全锚点功能；

（4）安全上下文管理功能。

UPF 负责用户数据处理，类似 LTE 的 SGW+PGW。功能包括：

（1）Intra-RAT 移动的锚点；

（2）数据报文路由、转发、检测及 QoS 处理；

（3）流量统计及上报。

为便于和 4G 网络相比较，表 2.2 给出了 4G 与 5G 核心网侧功能单元的对应关系。

表 2.2　4G 与 5G 核心网侧功能单元的对应关系

EPC 网元功能		对应 NGC 网络功能
MME	移动性管理	AMF
	鉴权管理	AUSF
	PDN 会话管理	SMF
PGW	PDN 会话管理	
	用户面数据转发	UPF
SGW	用户面数据转发	
HSS	用户数据库	UDM
PCRF	计费及策略控制	PCF

2. 5G 接口

扫一扫看 5G NR 接口协议教学课件

1）NG 接口

NG 接口是 gNB/ng-eNB 与 5GC 之间的接口，各基站通过 NG 接口与 5GC 交换数据，传输控制面信令和媒体面数据。NG 接口协议包括 NG-C 和 NG-U，分别处理控制面数据和媒体面数据。NG 接口协议结构如图 2.4 所示。

2）Xn 接口

Xn 接口是 gNB 和 ng-eNB 之间的接口，各基站通过 Xn 接口交换数据，实现切换等功能。与 NG 接口类似，Xn 接口协议也包括 Xn-C 和 Xn-U，分别处理控制面数据和媒体面数据。Xn 接口协议结构如图 2.5 所示。

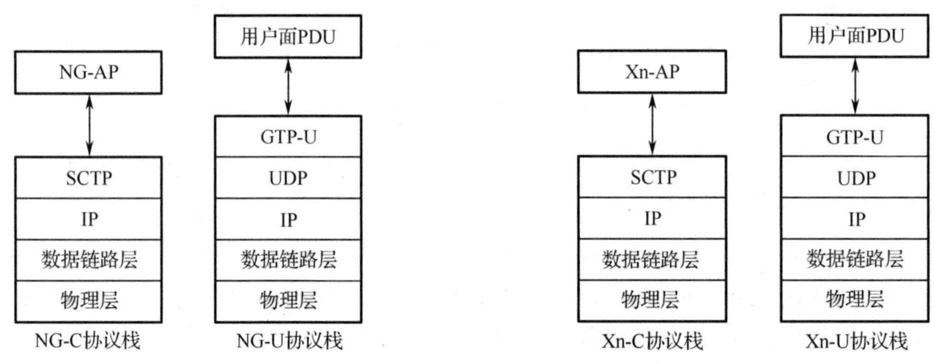

图 2.4　NG 接口协议结构　　图 2.5　Xn 接口协议结构

3）F1 接口

F1 接口是 gNB 中 CU 和 DU 的接口，F1 接口协议结构如图 2.6 所示。

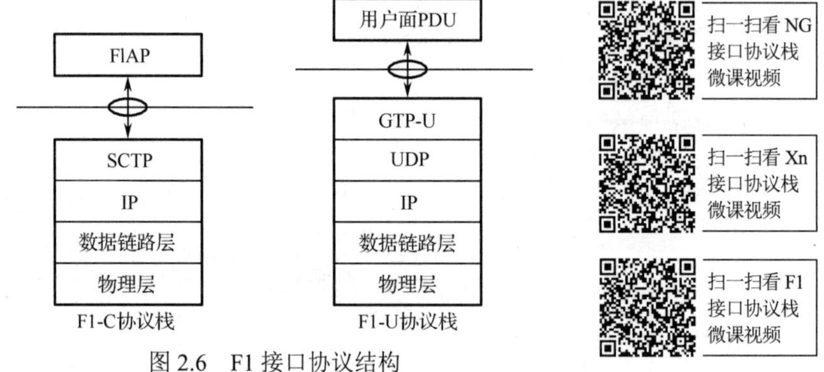

图 2.6　F1 接口协议结构

4）Uu 接口

Uu 接口为终端与 gNB 间的空中接口，Uu 接口协议结构如图 2.7 所示。

最底层为物理层，是 5G 区别于 4G 和其他代无线通信技术的根本。L2 数据链路层包括 MAC、RLC 和 PDCP。MAC 层功能包括 HARQ、信道映射、无线资源分配等；RLC 层提供无线链路控制功能，涉及分段、重组、传输模式选择等；PDCP 层功能包括压缩解压缩、完整性保护等。RRC 存在于控制面，负责 UE 移动性管理相关的测量、控制等。NAS 存在于控制面，包括 EMM 和 ESM。值得一提的是，SDAP（Service Data Adaptation Protocol）只存在于媒体面，主要进行 QoS 流与无线承载之间的映射。

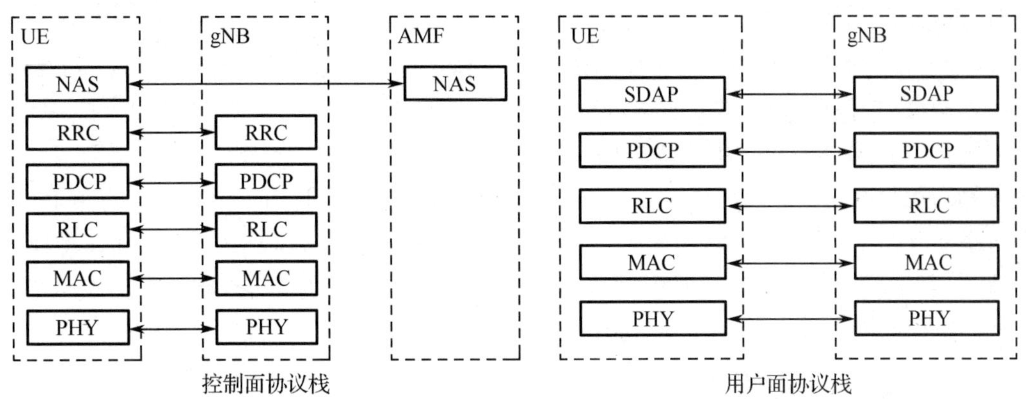

图 2.7　Uu 接口协议结构

2.1.4　任务实施

1. 参观 5G 通信设备实验室

参观 5G 通信设备实验室，重点关注基站与核心网之间的组网和连接，了解 5G 系统网络架构。

2. 绘制 5G 系统网络架构图

根据掌握的 5G 网络架构知识内容，以及 5G 通信设备实验室参观体验，绘制出 5G 系统网络架构图。

要求：分组讨论；使用 PPT 绘制 5G 系统网络架构图和基站架构图，并能解释清楚网络架构、网元功能和接口功能。

任务 2.2　描述 5G 空口信令流程

2.2.1　任务描述

本任务介绍 5G 空口无线资源，并对空口的主要信令流程进行详细讲解。通过本任务的学习，能够熟悉 5G 的空口无线资源，熟悉空口的主要信令流程，为后续章节打下基础。

2.2.2　任务目标

（1）熟悉 5G 空口无线资源；
（2）熟悉 5G 随机接入流程；
（3）熟悉 5G 初始接入流程；
（4）熟悉 5G 切换信令流程；
（5）熟悉 5G 双连接信令流程；
（6）熟悉 5G 与 4G 信令流程的区别。

2.2.3 知识准备

1. 5G 空口无线资源

5G 无线接口为 Uu 接口，即终端与 gNB 之间的空中接口，该接口决定了 5G 与其他移动通信系统最根本的区别。下面对空口的无线资源进行介绍。

多址接入技术是解决多用户进行信道复用的技术手段，将信号维度按照时间、频率或码字分割为正交或非正交的信道，分配给用户使用。5G 采用可扩展 OFDM&NOMA 的多址接入技术。

5G 支持多种子载波间隔，μ=0～4 可以配置不同的子载波间隔，如图 2.8 所示。表 2.3 给出了子载波间隔具体值。

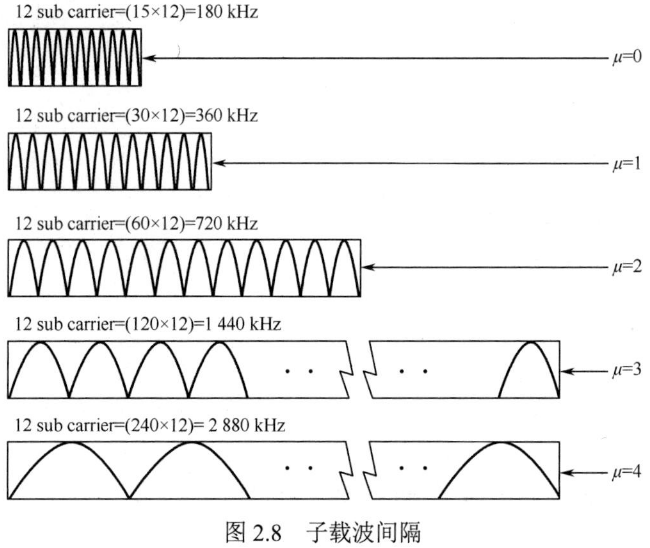

图 2.8　子载波间隔

表 2.3　子载波间隔具体值

μ	$\Delta f = 2^{\mu} \cdot 15$ /kHz	循环前缀
0	15	常规
1	30	常规
2	60	常规、扩展
3	120	常规
4	240	常规

与 LTE 类似，5G 的资源传输单位为 RB（Resource Block），在频域占用 12 个载波数，但在时域占用的 OFDM 符号数不固定，通过系统动态确定。

FR1 最大传输带宽如表 2.4 所示，FR2 最大传输带宽如表 2.5 所示。以 5 MHz 带宽、15 kHz 子载波间隔为例，一共包含 25 个 RB。这 25 个 RB 一共占用的带宽为：25 RB×12 RE/RB×15 kHz+15 kHz（一个保留 RE）=4515 kHz。剩余的为保护间隔。其他情况同理。表 2.4、表 2.5 也给出了下行各自的最大 RB 数和最小 RB 数，以及支持单载波情况下的 UE 和 gNB 需要最大的 RF 带宽。

表 2.4　FR1 最大传输带宽

子载波间隔/kHz	信道带宽/MHz										
	5	10	15	20	25	30	40	50	60	80	100
	N_{RB}	N_{RB}	N_{RB}	N_{RB}	N_{RB}	N_{RB}	N_{RB}	N_{RB}	N_{RB}	N_{RB}	N_{RB}
15	25	52	79	106	133	[TBD]	216	270	N/A	N/A	N/A
30	11	24	38	51	65	[TBD]	106	133	162	217	273
60	N/A	11	18	24	31	[TBD]	51	65	79	107	135

表 2.5　FR2 最大传输带宽

子载波间隔/kHz	信道带宽/MHz			
	50	100	200	400
	N_{RB}	N_{RB}	N_{RB}	N_{RB}
60	66	132	264	N/A
120	32	66	132	264

与 LTE 相同，5G 在无线网络上以帧（Frame）为单位进行传输，其无线帧和子帧长度固定，从而可以更好地和 LTE 共存。

OFDM 帧结构如图 2.9 所示。

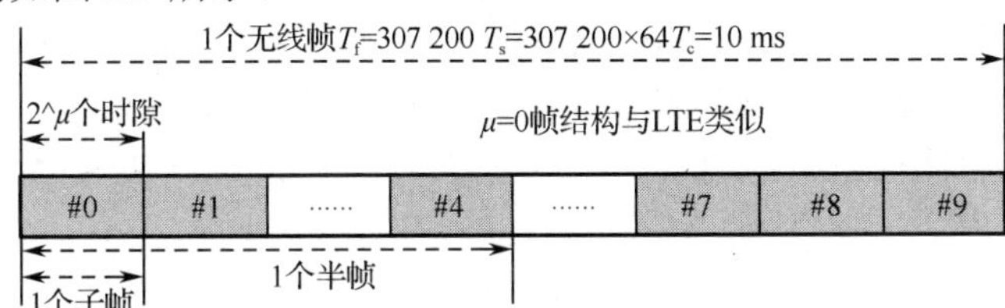

图 2.9　OFDM 帧结构

由图 2.9 可知：

（1）μ=0 帧结构与 LTE 类似，时隙的定义有差别；

（2）每个 10 ms 无线帧被分为两个半帧，10 个子帧，一个子帧中的时隙个数由参数 μ 确定；

（3）T_c=1/（48 000×4096） 是基本时间单元，T_s 是沿用的 LTE 基本时间单元；

（4）每个时隙中的 OFDM 符号可配置成上行、下行或 flexible。

5G 有多个参数集（Numerology），包括子载波间隔、符号长度、CP 长度等，为 5G 的一大新特点，其可混合和同时使用。参数集由子载波间隔（SCS）和循环前缀（CP）定义。在 LTE/LTE-A 中，子载波间隔是固定的 15 kHz，5G NR 定义的最基本的子载波间隔也是 15 kHz，但可灵活扩展。

时隙结构如图 2.10 所示。5G 物理层基于资源块以带宽不可知的方式定义，从而允许 NR 物理层适用于不同频谱分配。一个资源块（RB）以给定的子载波间隔占用 12 个子载波。一个无线帧时域为 10 ms，由 10 个子帧组成，每个子帧为 1 ms。一个子帧包含 1 个或多个相邻的时隙，每个时隙有 14 个相邻的符号。

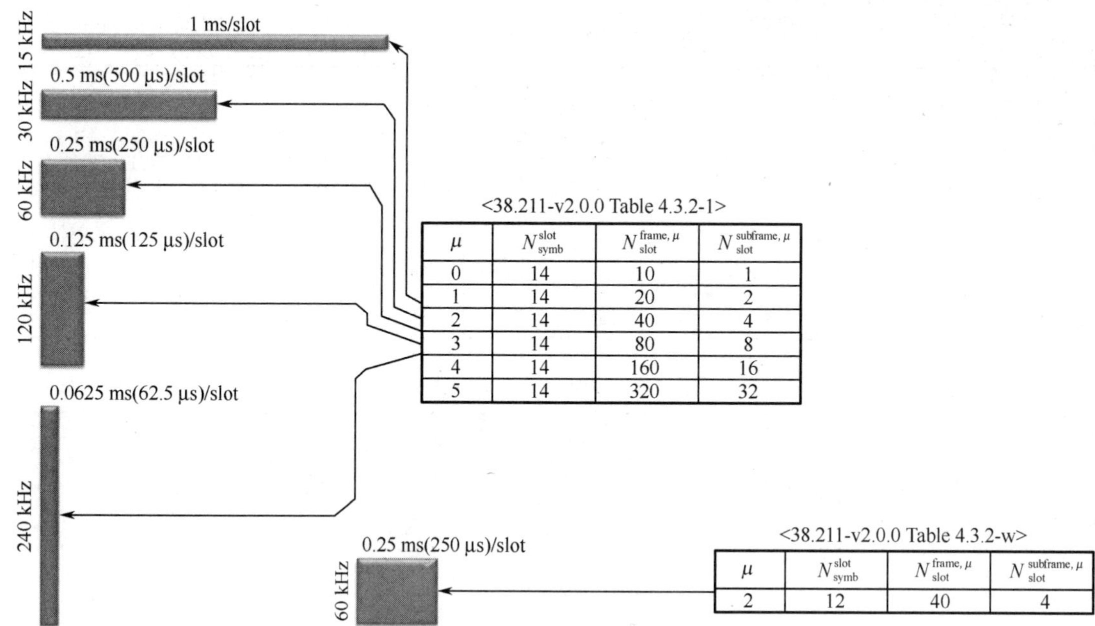

μ	N_{symb}^{slot}	$N_{slot}^{frame,\mu}$	$N_{slot}^{subframe,\mu}$
0	14	10	1
1	14	20	2
2	14	40	4
3	14	80	8
4	14	160	16
5	14	320	32

μ	N_{symb}^{slot}	$N_{slot}^{frame,\mu}$	$N_{slot}^{subframe,\mu}$
2	12	40	4

图 2.10 时隙结构

目前，每个子帧包含多少个 slot 根据 μ 值来确定，μ 的取值有 5 个，为 0/1/2/3/4，0 对应的子载波间隔是 15 kHz，每个子帧有 1 个 slot；1 对应的子载波间隔是 30 kHz，每个子帧有 2 个 slot；2 对应的子载波间隔是 60 kHz，每个子帧有 4 个 slot；3 对应的子载波间隔是 120 kHz，每个子帧有 8 个 slot；4 对应的子载波间隔是 240 kHz，每个子帧有 16 个 slot。因为 μ 值不一样，对应的子载波间隔不一样，从而对应的 symbol 长度也不一样，但是子帧的长度是 1 ms。

每个时隙中的 OFDM 符号可配置，如图 2.11 所示。对于上行时隙，可以使用上行和 Flexible 的 OFDM 符号进行传输。NR 中没有专门针对帧结构按照 FDD 或 TDD 进行划分，

Format	Symbol number in a slot													
	0	1	2	3	4	5	6	7	8	9	10	11	12	13
0	D	D	D	D	D	D	D	D	D	D	D	D	D	D
1	U	U	U	U	U	U	U	U	U	U	U	U	U	U
2	X	X	X	X	X	X	X	X	X	X	X	X	X	X
3	D	D	D	D	D	D	D	D	D	D	D	D	D	X
4	D	D	D	D	D	D	D	D	D	D	D	D	X	X
5	D	D	D	D	D	D	D	D	D	D	D	X	X	X
6	D	D	D	D	D	D	D	D	D	D	X	X	X	X
7	D	D	D	D	D	D	D	D	D	X	X	X	X	X
8	X	X	X	X	X	X	X	X	X	X	X	X	X	U
9	X	X	X	X	X	X	X	X	X	X	X	X	U	U
10	X	U	U	U	U	U	U	U	U	U	U	U	U	U
11	X	X	U	U	U	U	U	U	U	U	U	U	U	U
…	…													
58	D	D	X	X	D	D	U	D	D	X	X	U	U	U
59	D	X	X	U	D	D	U	D	X	X	U	U	U	U
60	D	X	X	X	X	X	U	D	X	X	X	X	X	U
61	D	D	X	X	X	X	U	D	D	X	X	X	X	U
62～255	Reserved													

图 2.11 每个时隙中的 OFDM 符号可配置

而是按照更小的颗粒度 OFDM 符号级别进行上下行传输的划分，slot format 配置可以使调度更为灵活，一个时隙内的 OFDM 符号类型可以被定义为下行符号（D）、灵活符号（X）或上行符号（U）。在下行传输时隙内，UE 假定所包含符号类型只能是 D 或 X；而在上行传输时隙内，UE 假定所包含的覆盖类型只能是 U 或 X。目前定义了 62 个 slot format，62～255 预留。

对于下行时隙，可以使用下行和 Flexible 的 OFDM 符号继续下行传输，NR 中的时频域资源依然采取资源栅格的方式进行定义，资源栅格的最小时频域单位仍然是资源元素 RE，如图 2.12 所示。RE（Resource Element）在时间上是一个 OFDM 符号，频域上为一个子载波；RB（Resource Block）占用频域上连续的 12 个子载波。

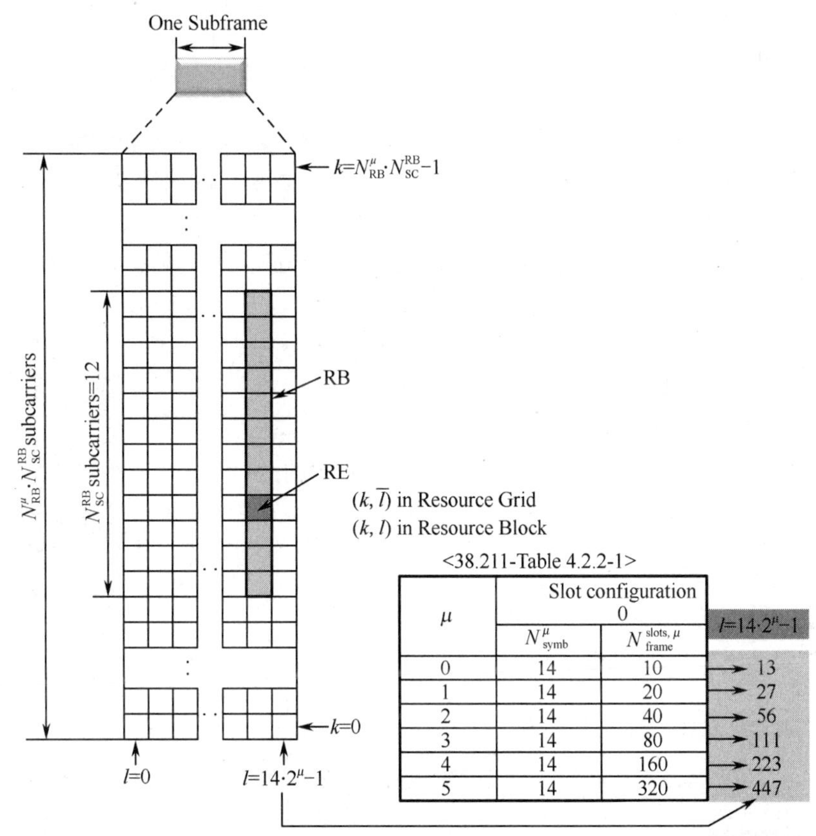

μ	Slot configuration 0	
	N_{symb}^{μ}	$N_{frame}^{slots,\mu}$
0	14	10
1	14	20
2	14	40
3	14	80
4	14	160
5	14	320

图 2.12　资源栅格

扫一扫看随机接入的作用和分类微课视频

2. 5G 随机接入流程

UE 通过随机接入流程获得时间同步，保证数据发送到系统接收窗口。随机接入分为基于竞争的随机接入和非竞争的随机接入。竞争随机接入需要多个 UE 竞争接入资源，如图 2.13 所示，一般应用在初始接入场景。

（1）UE 在 PRACH 上给 gNB 发送竞争的 Preamble 序列，发起随机接入。

（2）gNB 给 UE 回复响应消息，告知 TA（Time Advanced，用于时间同步），并分配后续上行资源。如果 gNB 没有给 UE 回复，UE 会重复发送 Preamble 序列，直到达到最大重复发送次数。

（3）UE 使用分配的上行资源，发起 RRC 连接请求，要求接入，请求后续资源。

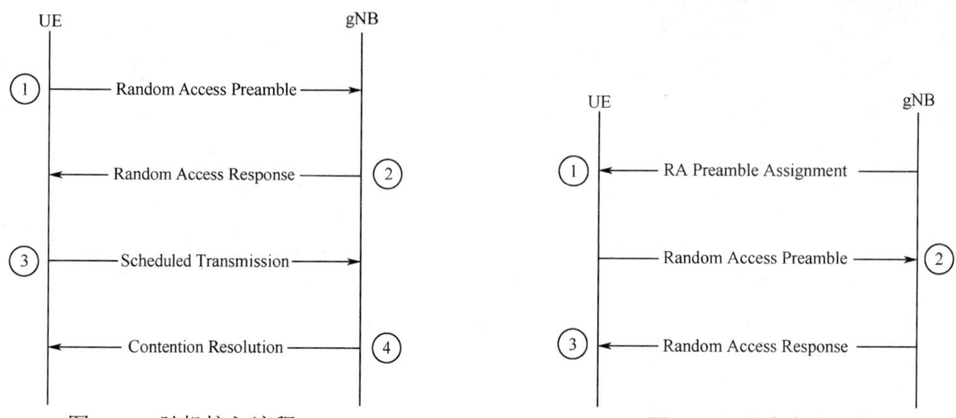

图 2.13　随机接入流程

图 2.14　非竞争的随机接入

（4）RRC 连接应答：UE 接收 ENB 发送的 Radio Resource Configuration 等信息，建立相关的连接，进入 RRC connection 状态，此时 UE 接入系统，冲突解决。如果 gNB 没有回复 RRC 连接应答，UE 接入失败。

非竞争的随机接入一般应用在切换场景，UE 的 Preamble 序列特殊，不需要竞争，可直接接入，如图 2.14 所示。

（1）在切换等场景，gNB 向 UE 分配特殊的 Preamble 序列，此序列不需要竞争。

（2）UE 使用分配的 Preamble 序列发起随机接入。

（3）gNB 给 UE 回复响应消息，告知 TA（Time Advanced，用于时间同步），并分配后续上行资源。UE 可使用分配的上行资源发送后续信令。

扫一扫看基于竞争的随机接入微课视频

扫一扫看基于非竞争的随机接入微课视频

3. 5G 初始接入流程

初始接入流程如图 2.15 所示。

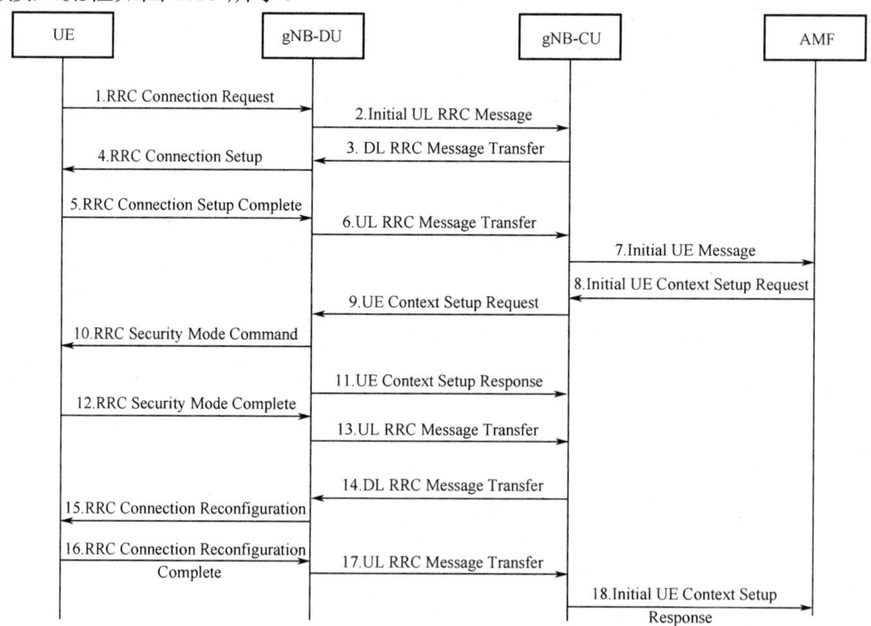

图 2.15　初始接入流程

信令说明：

（1）UE 向 gNB-DU 发送 RRC 连接请求消息。

（2）gNB-DU 包含 RRC 消息，如果允许 UE，则在 F1AP 初始 UL RRC 消息传输到 gNB-CU 中对应的低层配置。初始 UL RRC 消息传输包括 gNB-DU 分配的 C-RNTI。

（3）gNB-CU 为 UE 分配一个 gNB-CU UE F1AP ID，并向 UE 生成 RRC 连接设置消息。RRC 消息封装在 F1AP DL RRC 消息传输中。

扫一扫看 UE 初始接入流程微课视频

（4）gNB-DU 向 UE 发送 RRC 连接建立消息。

（5）UE 向 gNB-DU 发送 RRC 连接建立完成消息。

（6）gNB-DU 将 RRC 消息封装在 F1AP UL RRC 消息传输中，并将其发送给 gNB-CU。

（7）gNB-CU 向 AMF 发送初始 UE 消息。

（8）AMF 向 gNB-CU 发送初始的 UE 上下文建立请求消息。

（9）gNB-CU 发送 UE 上下文建立请求消息，用以在 gNB-DU 中建立 UE 上下文。在此消息中，它还可以封装 RRC 安全模式命令消息。

（10）gNB-DU 向 UE 发送 RRC 安全模式命令消息。

（11）gNB-DU 将 UE 上下文设置响应消息发送给 gNB-CU。

（12）UE 以 RRC 安全模式完全响应消息。

（13）gNB-DU 将 RRC 消息封装在 F1AP UL RRC 消息传输中，并将其发送给 gNB-CU。

（14）gNB-CU 生成 RRC 连接重配置消息，并将其封装在 F1AP DL RRC 消息传输中。

（15）gNB-DU 向 UE 发送 RRC 连接重配置消息。

（16）UE 向 gNB-DU 发送 RRC 连接重配置完成消息。

（17）gNB-DU 将 RRC 消息封装在 F1AP UL RRC 消息传输中，并将其发送到 gNB-CU。

扫一扫看 5G 信令流程教学课件

（18）gNB-CU 向 AMF 发送初始 UE 上下文设置响应消息。

4. 5G 切换信令流程

SA 组网下的切换信令流程如图 2.16 所示。当源 gNB 收到 UE 的测量上报，并判决 UE 向目标 gNB 切换时，会直接通过 X2 接口向目标 gNB 申请资源，完成目标小区的资源准备，之后通过空口的重配消息通知 UE 向目标小区切换，在切换成功后，目标 gNB 通知源 gNB 释放原来小区的无线资源，此外还要将源 gNB 未发送的数据转发给目标 gNB，并更新用户面和控制面的节点关系。

同 SA 组网的切换信令流程相比，NSA 组网情况下增加了 SN 的释放和添加流程，如图 2.17 所示。源 MN 向目标 MN 进行切换申请，目标 MN 收到切换申请后进行目标 SN 的添加，源 MN 收到确认后开始释放 SN，进行 MN 和 SN 的用户面和控制面更新（源 SN 的数据通过 MN 传递到目标 SN）。

5. 5G 双连接信令流程

双连接信令流程是 UE 级别的，用于实现双连接的添加、删除、修改、切换等作用，主要包括以下流程。

（1）Secondary Node Addition：在 SN 上创建一个 UE 上下文，完成双连接建立。

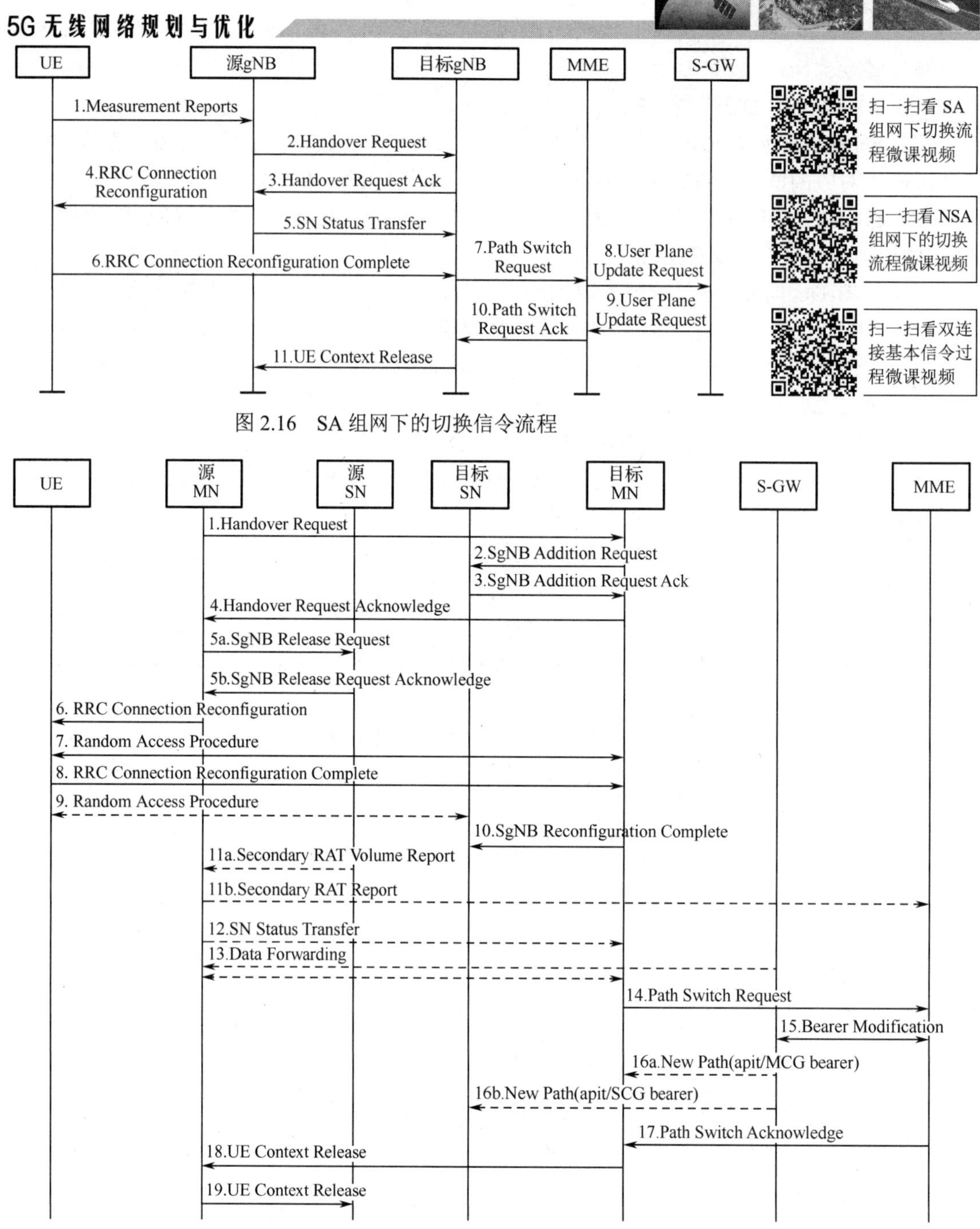

图 2.16　SA 组网下的切换信令流程

图 2.17　NSA 组网下的切换信令流程

（2）Secondary Node Modification（MN/SN initiated）：处于双连接中的 UE 的相关参数修改。

（3）Secondary Node Release（MN/SN initiated）：双连接释放。

（4）Secondary Node Change（MN/SN initiated）：辅节点改变，就是换一个辅节点。

（5）Inter-Master Node Handover with/without Secondary Node Change：主节点改变，需要切换手段进行。

（6）Master Node to eNB/gNB Change：主节点变 eNB 或 gNB，就是移动到一个地方没法双连接了，就切换过去，跟普通的一样。

（7）eNB/gNB to Master Node Change：eNB/gNB 变主节点。当发现一个 eNB/gNB 可以做双连接，就切换过去，同时把双连接做起来。

（8）RRC Transfer：MN 和 SN 间传送 RRC 消息，主要是 NR 的测量配置及测量报告等。

辅节点添加过程：由 MN 发起，用于在 SN 建立 UE 上下文，通过 SN 向 UE 提供无线资源，如图 2.18 所示。

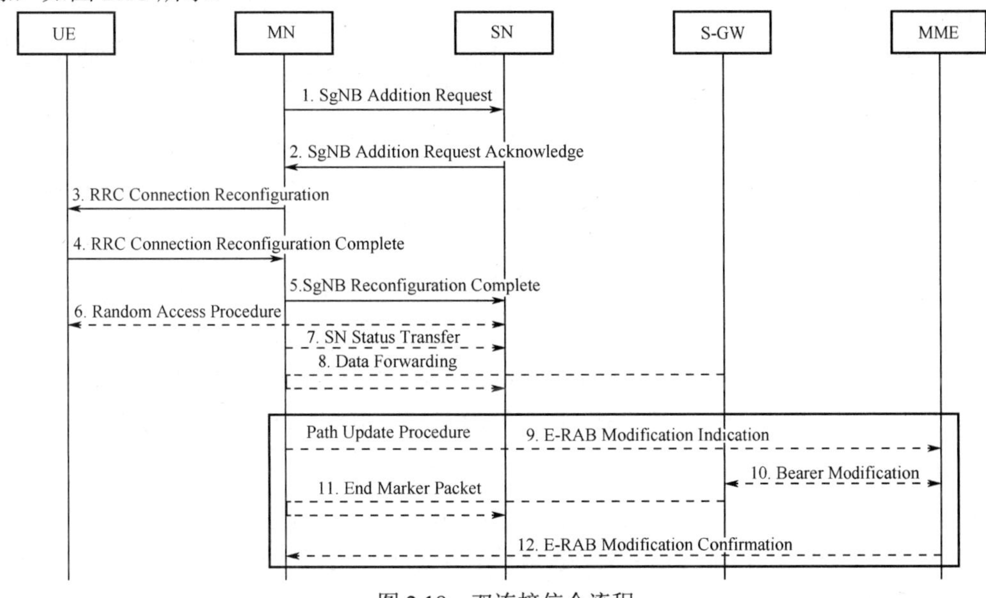

图 2.18　双连接信令流程

（1）MN 请求 SN 为特定的 E-RAB 分配无线资源，指示 E-RAB 特性（E-RAB 参数，与承载类型对应的 TNL 地址信息）。另外，对于需要 SCG 无线资源的承载，MN 指示所请求的 SCG 配置信息，包括整个 UE 能力和 UE 能力协调结果。

（2）如果 SN 中的 RRM 实体接受资源请求，则它分配相应的无线资源，并且根据承载选项分配相应的传输网络资源。对于需要 SCG 无线资源的承载，SN 触发随机接入，从而可以执行 SN 无线资源配置的同步。SN 决定 Pscell 和其他 SCG Scells，并在 SgNB Addition Request Acknowledge 消息中包含的 NR RRC Configuration Message 中向 MN 提供新的 SCG 无线资源配置。

（3）MN 向 UE 发送包括 NR RRC Configuration Message 的 RRC Connection Reconfiguration 消息。

（4）如果需要，UE 应用新的配置并且向 MN 回复 RRC Connection Reconfiguration Complete 消息，包括 NR RRC Response Message。如果 UE 不能遵守包括在 RRC Connection Reconfiguration 消息中的（部分）配置，则执行重配失败流程。

（5）如果 MN 从 UE 接收到编码 NR RRC Response Message，则 MN 通过 SgNB Reconfiguration Complete 消息通知 SN，UE 已经成功完成了重配过程。

（6）如果配置有需要 SCG 无线资源的承载，则 UE 向 SN 的 Pscell 执行同步。

（7、8）在 SN 终止承载的情况下，MN 可以通过数据转发、SN 状态转移等来最小化由于激活 EN-DC 而导致的服务中断。

（9～12）对于 SN 终止的承载，执行 EPC 的 UP 路径的更新。

扫一扫看 4G 和 5G 信令过程差别微课视频

6. 4G 与 5G 信令流程的区别

1）UE/gNB/AMF 状态管理

（1）注册状态：4G 和 5G 都一样，包含注册态和去注册态。

（2）连接状态 NAS 层：4G：CM_IDLE 和 CM_CONNECTED；5G：CM_IDLE 和 CM_CONNECTED。

（3）连接状态 AS 层（RRC）：4G：IDLE 和 CONNECTED；5G：IDLE、CONNECTED 和 Inactive。

2）开机注册

（1）4G：Attach 过程；5G：Register 过程。

（2）RRC 连接建立、重配置、释放、修改。

（3）4G 和 5G 相同，5G 的 RRC 流程最终在 2018 年 9 月确定。

3）业务发起

（1）IDLE 态发起：4G Service Request；5G Service Request。

（2）连接态发起新业务：4G ERAB 建立或修改；5G PDU Session 建立或修改。

4）切换

（1）4G 和 5G 基本切换：除去由于核心网网元变化引入的差别，大体流程上相同。

（2）双连接情况下的移动性由于双连接方式，产生了伴随切换的双连接激活和去激活。

5）双连接

（1）5G 双连接信令流程与 4G 基本相同，差别在消息信元上。

（2）5G 双连接由于增加 5GC 的原因，增加了 Option4 和 Option7 的典型双连接，导致整体上更加复杂。

6）位置更新

（1）4G：TAU。

（2）5G：Registration Update 及 RAN Notification Area Update（用于 RRC 不活动态）。

7）寻呼

（1）4G：MME 发起。

（2）5G：gNB 和 AMF 发起寻呼，用于 RRC_INACTIVE 态和 IDLE 态的 UE。

8）短消息 Over Nas

4G 和 5G 一样。5G 核心网提供了 SMSF 作为短消息总功能接口。

2.2.4 任务实施

（1）熟悉 5G 空口资源；

（2）熟悉 5G 随机接入流程；

（3）熟悉 5G 初始接入流程；

（4）熟悉 5G 切换信令流程；

（5）熟悉 5G 双连接信令流程；

（6）熟悉 5G 与 4G 信令流程的区别。

习题 2

1．5G 网络的组网结构分为哪两种，哪种适合网络的初级建设要求？

2．简述 5G 网络架构的具体情况。

3．描述 5G 网络各个网元之间的接口有哪些。

4．简述 5GC 和 NG-RAN 的三种传输网络的定义。

5．CU 与 DU 的切分原则是什么？

6．简述 AMF 的主要功能。

7．简述 Uu 接口协议中用户面和控制面的协议栈结构。

8．5G 的参数集 μ 中进行哪种配置时能支持扩展 CP？

9．简述 5G 中关于竞争性随机接入的流程。

项目3

5G 无线网络规划

项目概述

5G 无线网络规划是推动 5G 网络建设的基础，本项目介绍网络规划的详细流程，并通过网规流程完成站点选择的工作。

学习目标

（1）掌握网络规划流程；

（2）掌握传播模型测试和校正思路；

（3）熟悉规模估算和站点选择。

任务 3.1 需求分析

扫一扫看需求分析教学课件

3.1.1 任务描述

通过本任务的学习，能够掌握 5G 业务发展部署策略、NR 设备特点、5G 无线组网架构及方案，掌握 5G 无线网络规划需求分析要点。

3.1.2 任务目标

（1）熟悉目标区域的无线环境分类；

（2）分析目标区域使用的话务模型分类；

（3）理解目标区域要达到的关键指标；

（4）掌握记录需求分析结果。

3.1.3　知识准备

1. 5G 业务发展部署策略

5G 无线网络具备高峰速率、高频谱效率、高移动性、高密度连接、大容量、低时延、低功耗等关键特性指标，将给用户带来极致体验，提供了低时延和高可靠性的信息交互能力，支持互联实体之间的高度实时、高度精密、高度安全的业务协作。ITU 在其发布的《5G 白皮书》中定义了 5G 的三大应用场景，即增强移动宽带（eMBB）、超高可靠低时延通信（uRLLC）、海量机器类通信（mMTC）。其中，eMBB 在现有移动宽带业务场景的基础上，着眼于未来移动宽带业务场景需求，提供更高体验速率和更大宽带接入能力，进一步提升用户体验等性能，追求人与人之间的极致通信体验，eMBB 适用于热点、虚拟现实、增强现实、超高清 3D 视频、高清语音、云办公、云游戏等高容量应用。mMTC 则是物联网应用场景，支持大规模、低成本、低能耗物联网（IoT）设备的高效接入和管理，具体包括车联网、智能家居、智慧城市、环境监测、传感器等物联网应用。uRLLC 适用于车联网、物联网、移动医疗等对网络时延及可靠性要求很高的场景。

从业务发展需求来看，mMTC 业务前期可利用已有 LPWA 技术提供，包括现有蜂窝技术及非蜂窝技术等，未来 5G 新系统逐步实现满足更大规模连接及更低要求时延两种场景，如物流跟踪、工业机器人连接控制、城市交通管理等。因此，初期 5G 更为迫切的业务需求将是 eMBB 和 uRLLC。随着高清视频、AR、VR 等技术日渐趋热，大容量、高速率将是 5G 最大的驱动力，故 5G 需优先满足 eMBB 场景应用需求，而以智能驾驶为代表的 uRLLC 对 5G 的需求不如 eMBB 场景那么迫切。

因此，初期（预计 2019—2020 年）5G 以保障 eMBB 业务为主，满足 4G 热点分流，提供高清视频、AR、VR 等业务需求，推进 NB-IoT/eMTC 演进，承载 mMTC 业务，推动如无人机、车联网新业务试点应用。中期（预计 2021—2023 年）以 eMBB 业务的主力承载网，同时满足如智能驾驶等 uRLLC 业务需求，而 NB-IoT/eMTC 为 mMTC 主力承载网，5GNR 承载少量潜在新型 mMTC 业务。5G 商用完全成熟后（预计 2023 年以后），即 eMBB 和 uRLLC 业务进入成熟化阶段，按需对网络进行扩容，NR 大规模承载 uRLLC 业务，此时 NB-IoT 和 eMTC 仍为 mMTC 业务的主力承载网，5GNR 承载部分新型 mMTC 业务。

2. 5G NR 设备形态及特点

5G 接入网重构为 CU+DU+RRU 逻辑架构，CU 和 DU 共同组成 gNB 基站，考虑到现有 4G 设备的演进需求，未来 5G 无线设备主要有 CU/DU 合设及 CU/DU 分离两种实现方案。

（1）CU/DU 合设设备：类似现有 4G 的 BBU 设备，当前 4G BBU 采用主控板+基带板两个逻辑实体进行组网，因此，采用合设方案时，5G BBU 将采用 CU 板+DU 板的架构方式，从而确保单 BBU 设备同时具备 CU 和 DU 的逻辑功能，这样不仅有利于后续扩容和其他新功能引入的灵活性，也有利于现有 4G BBU 向 5G 支持演进的平滑升级。CU/DU 合设因采用电信级专用架构并采用专用芯片实现，其可靠性较高、体积较小、功耗较小且环境适配性较好，对机房配套条件要求较低。

（2）CU/DU 分离设备：采用分离方案时，DU 设备和 CU 设备作为两个独立实体存在。根据 3GPP 的架构标准，DU 主要负责完成 RLC/MAC/PHY 等实时性要求较高的协议栈处理功能，CU 则负责完成 PDCP/RRC/SDAP 等实时性要求较低的协议栈处理功能。

对 DU 设备而言：DU 对实时性要求非常高，同时 5G NR 中采用包括大带宽（几百兆赫兹载波带宽）、多天线技术的引入，相比现有无线系统，5G 吞吐量有十倍到百倍量级的提升，物理层信号处理复杂度也有高达百倍量级的提升，因此，DU 必须采用电信专用架构实现，主处理芯片采用集成硬件加速器的专用芯片，以满足 5G 底层的高处理能力要求和实时性要求。此时，DU 设备可以看作 CU/DU 合设方案中的 BBU 设备功能简配（无 CU 板）。

对 CU 设备而言：因 CU 对实时性要求相对较低，故 CU 不仅可以采用电信专用架构实现，同时也可以基于通用架构实现，使用 CPU 等通用芯片。采用通用架构时扩展性更好，更易于虚拟化和软硬解耦，便于池化部署、动态扩容和备份容灾，后续也可基于同样的虚拟化硬件平台，扩展支持 MEC 及 NGC 等需要下沉需求。

综上所述，5G NR 设备形态包括 BBU 设备和独立 CU 设备两种。其中，BBU 设备基于专用芯片采用专用架构实现，可用于 CU/DU 合设方案，同时完成 CU 和 DU 所有的逻辑功能，也可在 CU/DU 分离方案中用作 DU 使用，负责完成 DU 的逻辑功能；独立 CU 设备可基于通用架构或专用架构实现，只用于 CU/DU 分离方案，负责完成 CU 的逻辑功能。

3. 5G 无线组网架构及方案建议

面对多样化场景的极端差异化性能需求，5G 将集多种接入技术（4G/5G/NB-IoT/eMTC 等）、多种部署场景（区域覆盖、线覆盖、点覆盖）、多种站点类型（宏基站、小微基站、室分站）的扁平化、多连接、泛接入网络，是一张可以根据业务应用灵活部署的融合网络。尤其未来 4G/5G 将长期共存、协同发展，5G 新空口定位于面向更大带宽和万物互联优化，采用全新空口设计，不支持后向兼容，优先在新频段使用。而现有存量频谱（700 MHz/900 MHz/1.8 GHz/1.9 GHz/2.3 GHz/2.6 GHz）将继续采用现有 4G 空口进行融合演进，通过 NSA、SA 协同组网方式，逐步向未来 5G 系统演进，同时也有利于最大限度地保护运营商投资。因此，在场景选择方面需要重点考虑组网覆盖场景情况。表 3.1 给出了 5G 各种部署场景的特点。

表 3.1　5G 各种部署场景的特点

场　　景	推 荐 情 况	说　　明
一般城区（含高校、工业区等）	推荐场景	适应性广泛，综合瓶颈较小
密集城区、CBD	可选场景	重要性高，建设、测试、优化难度大
景区	不主动推荐	基站建设、调测条件可能受限
郊区	不主动推荐	价值低，建设、调测条件可能受限
高速、高铁	避免	建设、测试、优化难度大，成本高
室内场景	避免	价值高，但对应产品推出较晚

基于以上特点，在实际开展 5G 无线网建设部署时需兼顾现有 4G 系统解决以下几个问题。

（1）建设成本：5GNR 在 C 频段部署，以普通城区链路仿真为例，按边缘吞吐率下行 50 Mb/s、上行 5 Mb/s 门限，采用 3.5 GHz 组网时 5G 上行覆盖半径仅 200 m 左右，其单站覆盖能力低于现有 4G 基站，即使考虑上下行解耦技术的应用，5G 系统站址密度也将进一

步提升。一方面，站点规模增加意味着高额的建设投资、站址配套、站址租赁及维护费用，同时也造成包括无线机房、无线设备、传输设备、后备电源、空调等设备重复投资和能源消耗问题；另一方面，新增资源投入无法给运营商带来成比例收入回报，实际收入增长缓慢。

（2）网络性能：为满足覆盖及业务需求，基于超密集组网（UDN）的分层异构网将是5G 网络结构一个典型特色。然而，随着无线小区密度的增加，站间距逐渐减小及多系统融合应用，将大大增加用户的切换次数和切换失败概率，在网络性能无法保证的情况下将大大降低用户业务感知。因此，5G 组网中需要同时兼顾异构组网模式下的“覆盖”和“容量”需求。

（3）系统演进：5G 接入网重构为 CU+DU 逻辑架构，现有 4G 系统架构不能满足未来差异化业务承载需求，不利于未来 CU/DU 的分离部署，因此，针对 5G 新系统部署而言，不仅需要考虑 5G 本身的部署需求，还需兼顾现有 4G 设备向 5G 演进的需求，兼顾 4G/5G 融合组网、协同部署需求，为充分发挥多频段、多制式资源互补及网络演进奠定基础。

（4）业务部署：无线应用市场进一步拓展，诸多垂直行业客户对有效的、安全的和低时延的无线接入网络有强烈需求，面向垂直行业（如工业互联网、车联网、企业网等）提供无线网络接入服务甚至特色应用服务是 5G 需要重点考虑的问题。MEC（Multi-access Edge Computing，多接入边缘计算）实现了无线网络和互联网两大技术有效融合，可为垂直客户创造出一个具备高性能、低延迟与高带宽的电信级服务环境，加速网络中各项内容、服务及应用的快速下载，让消费者享有不间断的高质量网络体验。因此，兼顾业务时延和计算能力需求，构建 MEC 核心能力，分场景灵活部署 MEC 正是拓展新业务模式，提升产业价值重要解决方案，所以 5G 无线网部署需有利于实现 MEC 下沉部署需求，有利于推动各类新兴业务快速拓展。

4. 5G 网络规划需求分析

网络规划需求分析主要是分析网络覆盖区域、网络容量和网络服务质量，这是网络规划要求达到的目标。

需求分析是规划工作的基础，概括起来主要包括以下几个方面的工作。

（1）了解规划区域地形、地貌信息和人口分布状况。

（2）了解客户的建网目标，主要包括覆盖、容量需求，以及无线设计参数要求。

（3）了解当前项目准备所用频段范围信息，以及该频段当前占用情况。

（4）实地了解无线传播环境，确定是否需要进行传播模型测试。

需求分析阶段具体主要包括区域划分、话务分布、无线环境、建网策略、网络指标要求。

需求分析通过与客户的沟通和交流，确定并确认客户对网络建设和网络性能方面的要求，从客户处收集足够多对网络规划起指导意义的信息。

无线网络规划中的区域划分指按一定的规则对有效覆盖区进行划分和归类，不同区域类型的覆盖区采用不同的设计原则和服务等级，以达到通信质量和建设成本的平衡，获得最优的资源配置。根据无线传播环境可以划分为密集城区、一般城区、郊区和农村。无线传播环境特征如表 3.2 所示。

表 3.2 无线传播环境特征

无线环境	特征描述
密集城区	错综复杂的楼群没有明显的分界线，典型的街道不是平行的而是交错的，建筑物平均高度高于 40 m，平均密度大于 35%
一般城区	建筑可较明显地区分为建筑群区（块），建筑物平均高度低于 40 m，平均密度为 8%～35%
郊区	有明显大街道的大片区域，经常看到零散的房屋，且有植被覆盖，建筑物平均高度低于 20 m，平均密度为 3%～8%
农村	大的较空旷的区域中零散分布着小的建筑物，其平均高度低于 20 m，平均密度小于 3%

（1）密集城区：密集城区的特点是周围建筑物平均超过 30～40 m，基站天线高度相对其周围环境建筑物稍高，但是服务区内还存在较多的高大建筑物阻挡，街道建筑物高度超过了街道宽度的 2 倍以上，扇区信号可能是从几个街区之外的建筑物后面传过来的。环境复杂，多径效应、阴影效应等需要重点考虑。

（2）一般城区：对于一般城区，其扇区天线的安装位置相对于周围环境而言，具有较好的高度优势（站在楼顶上，基本上可与扇区天线之间形成 LOS），建筑物的平均高度在 15～30 m，街道宽度相对较宽（大于建筑物高度）。另外，存在零星的高大建筑物，且服务区域内存在比较多的楼房；有树木，但是树木的高度一般不会比楼房高。

（3）郊区：其扇区天线的安装位置相对于周围环境而言，具有较好的高度优势（站在楼顶上，基本上可与扇区天线之间形成 LOS），建筑物的平均高度在 10～20 m，街道宽度相对较宽（大于建筑物高度），且服务区域内存在比较多的楼房；有树木，且树木的高度一般会比楼房稍高一些，而且存在一些有树木的开阔地。

（4）农村：地形具体可以分为平原和山区（起伏高度可能会在 20～400 m，或者更高），主要覆盖区域为交通道路和村庄。树木和山体的阻挡是主要因素。

3.1.4 任务实施

完成本任务知识点的学习，能够掌握 5G 业务发展部署策略、NR 设备特点、5G 无线组网架构及方案，掌握 5G 无线网络规划需求分析要点。

任务 3.2 传播模型分析

扫一扫看传播模型分析教学课件

3.2.1 任务描述

通过深入学习无线传播模型的概念，了解校正传播模型参数，完成传播模型结果输出。

3.2.2 任务目标

（1）熟练搭建传播模型测试环境；
（2）掌握传播模型测试；
（3）了解校正传播模型参数；
（4）记录传播模型结果数据。

3.2.3 知识准备

1. 无线传播模型

无线传播模型的准确性对无线网络规划来说非常重要，直接关系到规划结果和运营商的投资是否经济合理。

由于与传播模型直接相关的是电波传播特性，所以必须留意两个方面：无线电波的传播方式和无线电波的衰落。

无线电波的传播方式主要是直射、反射、绕射、透射和散射。

无线电波的衰落主要是瑞利衰落和阴影衰落。

对于传播模型的研究，传统上集中于给定范围内平均接收场强的预测和特定位置附近场强的变化。对于预测平均场强并用于估计无线覆盖范围的传播模型，由于它们描述的是发射机和接收机之间长距离上的场强变化，所以被称为大尺度传播模型，下面就宏蜂窝的大尺度传播模型进行介绍。

1）Okumura-Hata 模型

20 世纪 60 年代，奥村（Okumura）等人在东京近郊采用很宽范围的频率测量多种基站天线高度、多种移动台天线高度，以及在各种各样不规则地形和环境地物条件下测量信号强度，然后形成一系列曲线图表，这些曲线图表显示的是不同频率上的场强和距离的关系，基站天线的高度作为曲线的参量，接着产生出各种环境中的结果，包括在开阔地和市区中值场强对距离的依赖关系、市区中值场强对频率的依赖关系及市区和郊区的差别，给出郊区修正因子的曲线、信号强度随基站天线高度变化的曲线及移动台天线高度对信号强度相互关系的曲线等。另外，他们还给出了各种地形的修正。

由于使用 Okumura 模型，需要查找其给出的各种曲线，不利于计算机预测。Hata 模型是在 Okumura 大量测试数据的基础上用公式拟合得到的，叫作 Okumura-Hata 模型。

为了简化，Okumura-Hata 模型做了以下三点假设：

（1）作为两个全向天线之间的传播损耗处理。

（2）作为准平滑地形而不是不规则地形处理。

（3）以城市市区的传播损耗公式作为标准，其他地区采用校正公式进行修正。

Okumura-Hata 模型的适用条件如下：

（1）f 为 150～1500 MHz。

（2）基站天线有效高度 h_b 为 30～200 m。

（3）移动台天线高度 h_m 为 1～10 m。

（4）通信距离为 1～35 km。

总体路损定义为：

$$L = L_b + K_{street} + S(\alpha) + \begin{cases} K_{ts} \\ K_h \\ K_{im} \\ 0 \end{cases} + K_{sp} + \begin{cases} 0 \\ R_u \\ K_{mr} \\ Q_o \\ Q_r \end{cases}$$

（1）基本传播损耗中值公式为：

$$L_{b城} = 69.55 + 26.16\lg f - 13.82\lg h_b + (44.9 - 6.55\lg h_b)(\lg d) - a(h_m)$$

式中，d 的单位为 km，f 的单位为 MHz；

$L_{b城}$——城市市区的基本传播损耗中值；

h_b、h_m——基站、移动台天线有效高度，单位为 m。

基站天线有效高度计算：设基站天线离地面的高度为 h_s，基站地面的海拔高度为 h_g，移动台天线离地面的高度为 h_m，移动台所在位置的地面海拔高度为 h_{mg}，则基站天线的有效高度为 $h_b=h_s+h_g-h_{mg}$，移动台天线的有效高度为 h_m。

需要说明的是，基站天线有效高度计算有多种方法，如基站周围 5～10 km 的范围内的地面海拔高度的平均、基站周围 5～10 km 的范围内的地面海拔高度的地形拟合线等；不同的计算方法一方面与所使用的传播模型有关，另一方面也与计算精度要求有关。

$a(h_m)$——移动台天线高度校正因子：

$$a(h_m) = \begin{cases} (1.1\lg f - 0.7)h_m - (1.56\lg f - 0.8) & \text{中小城市} \\ 8.29\lg^2(1.54h_m) - 1.1 & \text{大城市，} f \leqslant 200\ \text{MHz} \\ 3.2\lg^2(11.75h_m) - 4.97 & \text{大城市，} f \geqslant 400\ \text{MHz} \\ 0 & h = 1.5\ \text{m} \end{cases}$$

（2）K_{street}——街道校正因子：一般资料上只给出了与传播方向成水平或垂直的损耗修正曲线，为了便于计算，下面给出了任意角度的拟合公式。

设传播方向与街道的夹角为θ，则：

$$K_{street} = \begin{cases} -\left(-5.9 + \dfrac{11}{6}\lg d\right)\sin\theta - \left(7.6 - \dfrac{10}{6}\lg d\right)\cos\theta & d \geqslant 1 \\ -(-5.9\sin\theta + 7.6\cos\theta) & d < 1 \end{cases}$$

实际上，街道效应一般在 8～10 km 后将会消失，故只考虑 10 km 之内。

（3）K_{mr}——郊区校正因子：

$$K_{mr} = -2\lg^2\left(\frac{f}{28}\right) - 5.4$$

则 $L_{b郊} = L_{b城} + K_{mr}$。

（4）Q_o——开阔地校正因子：

$$Q_o = -4.78\lg^2 f + 18.33\lg f - 40.94$$

则 $L_{b郊} = L_{b城} + Q_o$。

（5）Q_r——准开阔地校正因子：

$$Q_r = Q_o + 5.5$$

（6）R_u——农村校正因子：

$$R_u = -\left(\lg\frac{f}{28}\right)^2 - 2.39(\lg f)^2 + 9.17(\lg f) - 23.17$$

（7）K_h——丘陵地校正因子：

$$K_h=\begin{cases}0 & \Delta h<15\\ -(-5.7+0.024\Delta h+6.96\lg\Delta h)-(9.5\lg h_1-7.2) & \Delta h\geqslant 15, h_1>1\\ -(-5.7+0.024\Delta h+6.96\lg\Delta h)+7.2 & \Delta h\geqslant 15, h_1\leqslant 1\end{cases}$$

Δh——地形起伏高度，如图 3.1 所示，由移动台算起，向基站方向延伸 10 km（不足 10 km，则以实际距离计算），在此范围内计算地形起伏高度的 10%和 90%之间的差值（适用于多次起伏的情况，起伏次数>3）。

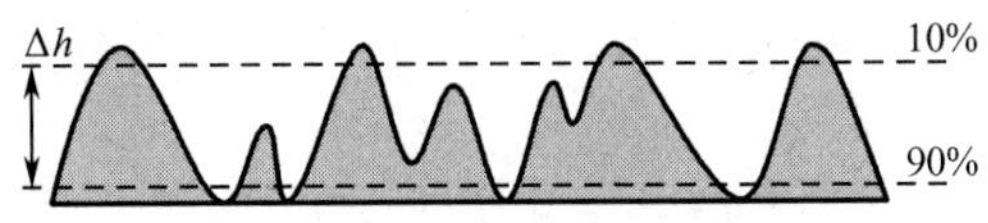

图 3.1　地形起伏高度示意图

$h_1=h_{mg}-\Delta h/8-h_{min}$，其中 h_{min} 为计算剖面上 Δh 的最小地形高度。

（8）K_{sp}——一般倾斜地形校正因子：

如图 3.2 所示，斜坡地形有可能产生第二次地面反射。在水平距离 $d_2>d_1$ 时，图中正负斜坡都有可能产生第二次地面反射。

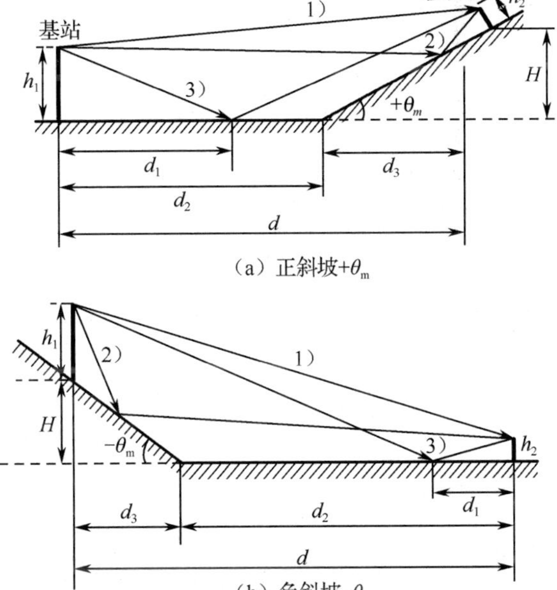

图 3.2　斜坡地形校正因子示意图

近似归纳斜坡地形校正因子为：

$$K_{sp}=0.008d\theta_m-0.002d\theta_m^{\ 2}+0.44\theta_m$$

式中，d——单位为 km；

θ_m——移动台与基站连线的剖面上，移动台前后 1 km 内地形高度的平均倾角（用最小二乘法），以毫弧度为单位。

（9）这里使用刀刃绕射损耗来计算孤立山峰校正因子（K_{im}），虽然计算量稍大，但要准确一些。绕射损耗计算示意图如图 3.3 所示。

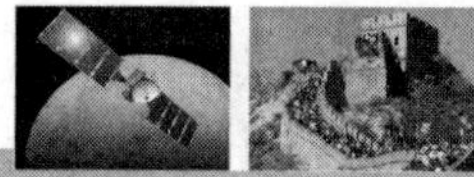

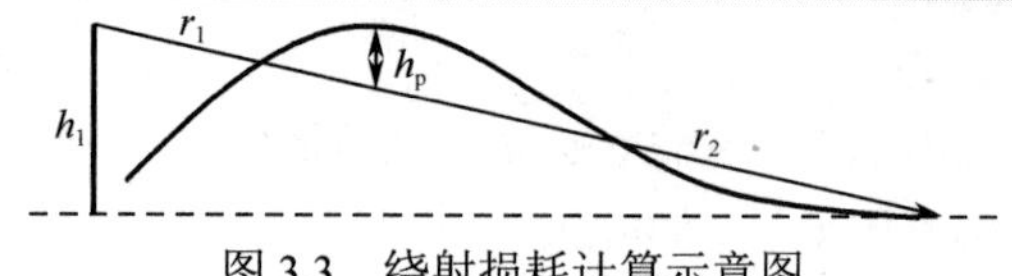

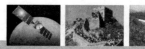

图 3.3　绕射损耗计算示意图

先求出单个刀刃的 4 个参数，即 r_1、r_2、h_p 和工作波长 λ；用这 4 个参数计算新参数 v：

$$v = h_p \sqrt{\frac{2}{\lambda}\left(\frac{1}{r_1}+\frac{1}{r_2}\right)}$$

然后计算绕射损耗为：

$$K_m = \begin{cases} 6.9 + 20\lg(\sqrt{(v-0.1)^2+1}+v-0.1) & v > -0.7 \\ 0 & v \leqslant -0.7 \end{cases}$$

（10）K_{ts}——海（湖）混合路径校正因子：

传播路径遇上水域时分两种情况考虑，如图 3.4 所示。

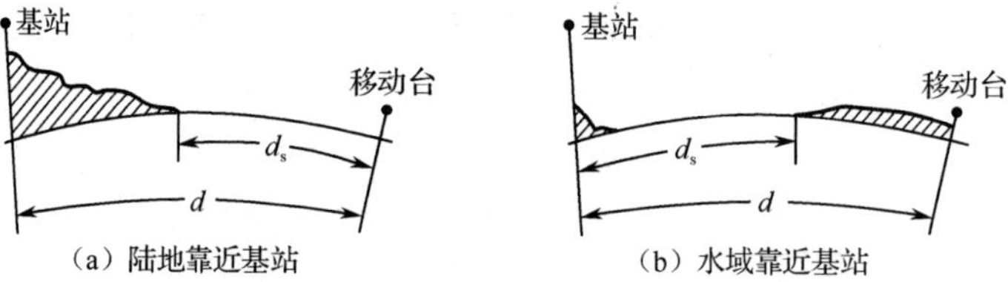

图 3.4　水域地形校正因子示意图

定义校正因子为：

$$K_{ts} = \begin{cases} -(-7.0/q + 0.68q - 0.81q^2 d) & \text{陆地靠近基站} \\ -(-0.48qd + 9.6q^2) & \text{水域靠近基站} \end{cases}$$

其中，$q = d_s/d$ (%)；d_s 为剖面上全程水体的长度。

（11）$S(\alpha)$——建筑物密度校正因子：

$$S(\alpha) = \begin{cases} -(30 - 25\lg\alpha) & 5 < \alpha \leqslant 100 \\ -(-15.6(\lg\alpha)^2 + 0.19\lg\alpha + 20) & 1 < \alpha \leqslant 5 \\ -20 & \alpha \leqslant 1 \end{cases}$$

式中，α 为建筑物密度，单位为%。

2）COST 231-Hata 模型

欧洲研究委员会（陆地移动无线电发展）COST 231 传播模型小组建议，根据 Okumura-Hata 模型，利用一些修正项使频率覆盖范围从 1500 MHz 扩展到 2000 MHz，所得到的传播模型称为 COST 231-Hata 模型。与 Okumura-Hata 模型一样，COST 231-Hata 模型也是以 Okumura 等人的测试结果作为依据。它是通过对较高频段的 Okumura 传播曲线进行分析得到的公式。

COST 231-Hata 模型的适用条件如下：

（1）使用频段 f 为 1500～2000 MHz。

（2）基站天线有效高度 h_b 为 30～200 m。

（3）移动台天线高度 h_m 为 1～10 m。

（4）通信距离为 1～20 km。

基本传播损耗中值公式为：

$$L_{b城} = 46.3 + 33.9\lg f - 13.82\lg h_b - a(h_m) + (44.9 - 6.55\lg h_b)\lg d + C_m$$

式中，d 的单位为 km，f 的单位为 MHz；

$L_{b城}$——城市市区的基本传播损耗中值；

h_b、h_m——基站、移动台天线有效高度，单位为 m。

$a(h_m)$——移动台天线高度校正因子；

C_m——城市校正因子。

基站天线有效高度计算：设基站天线离地面的高度为 h_s，基站地面的海拔高度为 h_g，移动台天线离地面的高度为 h_m，移动台所在位置的地面海拔高度为 h_{mg}，则基站天线的有效高度 $h_b=h_s+h_g-h_{mg}$，移动台天线的有效高度为 h_m。

$$C_m = \begin{cases} 0\ \text{dB} & \text{树木密度适中的中等城市和郊区的中心} \\ 3\ \text{dB} & \text{大城市中心} \end{cases}$$

其他各种校正因子同 Okumura-Hata 模型。

3）General 模型

General 模型也称为标准宏小区传播模型（或 Aircom 模型），其通用表达式为：

$$P_{RX} = P_{TX} + k_1 + k_2\lg(d) + k_3\lg(H_{meff}) + k_4\text{Diffraction} + k_5\lg(H_{eff})\lg(d) + k_6(H_{meff}) + k_{CLUTTER}$$

式中　P_{RX}——接收功率；

P_{TX}——发射功率；

d——基站与移动终端之间的距离（km）；

H_{meff}——移动终端的高度（m）；

H_{eff}——基站距离地面的有效天线高度（m）；

Diffraction——绕射损耗；

k_1——参考点损耗常量；

k_2——地物坡度校正因子；

k_3——有效天线高度增益；

k_4——绕射校正因子；

k_5——奥村哈塔乘性校正因子；

k_6——移动台天线高度校正因子；

$k_{CLUTTER}$——移动台所处的地物损耗。

General 模型的适用范围如下：

（1）频率为 0.5～2 GHz。

（2）基站天线高度为 30～200 m。

（3）终端天线高度为 1～10 m。

（4）通信距离为 1～35 km。

2. 传播模型测试环境搭建

传播模型测试环境由发射机、接收机、天线等设备组成，如图 3.5 所示。

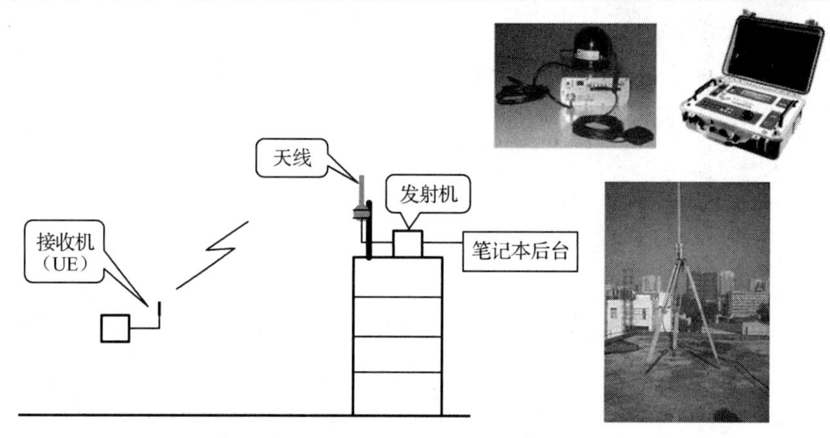

图 3.5　传播模型环境搭建

为了保证无线传播模型测试数据采集的准确性和代表性，对传播模型测试站点的选择原则如下：

（1）站点周围不能有明显的遮挡。

（2）站点的天线挂高应和适用该区域模型大致需要的天线挂高接近。站点应高于周围建筑物，但不能高出太多。密集城区测试站点天线挂高应比周围平均高度高 10 m 左右；一般城区测试站点天线挂高应比周围平均高度高 15 m 左右；郊区或农村测试站点天线挂高应比周围平均高度高 15～25 m。

（3）对每种细分后的测试区域选择 2～4 个测试站点，利用多个站点的测试数据进行合并校模，消除位置因素的影响；要求各测试站点周围的地形地貌应与需要校正的模型代表的环境地形地貌一致。对于密集城区，测试不少于 4 个点；对于一般城区，测试不少于 3 个点；郊区测试不少于 2 个点；农村测试不少于 1 个点。

（4）除了测试站点外，还应该增加至少 1 个验证站点，验证站点的测试数据不参与模型校正，但是会对校正后的模型进行验证。

（5）对于一些小城市，传播模型可以用一种模型表征，不需要划分为密集、一般、郊区，所以对这些小城市的测试，可以直接在市中心处选择一个典型的站点，然后围绕该站点进行测试。对于中等城市，我们可以考虑用两种传播模型表征：密集和郊区。

（6）测试站点周围应包含足够的地物类型，并有相当数量的道路以便测试时各种地物都能到达。

（7）测试站点所在楼面不能太大。如果楼面比较大，天线需要增高，否则楼面（尤其是女儿墙）对测试信号传播影响较大。

3. 传播模型测试

图 3.6 给出了传播模型测试路线选择实例。测试线路选择的原则如下：

（1）东西向和南北向的道路都应包括。

（2）测试路线应能够尽可能经过各种地物类型。

（3）避免在同样的路线反复测试。

（4）测试半径应该尽量大。

（5）测试过程对车速的要求，保持中速行驶，一般为 30～60 km/h。

图 3.6　传播模型测试路线选择实例

4. 传播模型校正和分析结果

传播模型校正就是对某区域传播模型测试的数据进行拟合，并得到该区域无线传播模型公式的过程。传播模型校正和分析流程如图 3.7 所示。

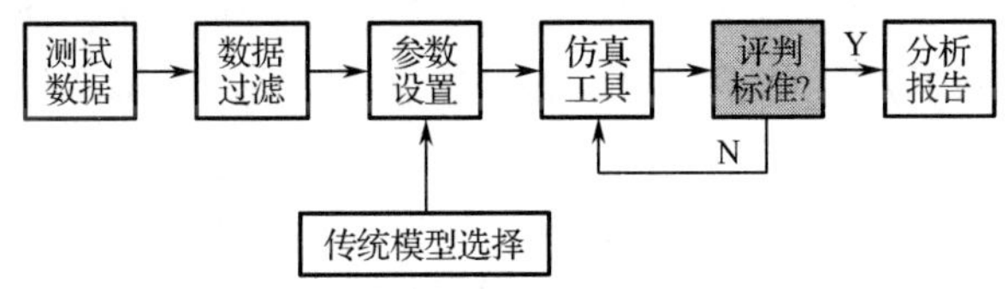

图 3.7　传播模型校正和分析流程

（1）实测数据对于预测数据的标准偏差不大于 8（丘陵地形不大于 11）。

（2）实测数据的均值相对于预测数据偏差等于 0。

由于无线传播环境的千差万别，如果仅仅根据经验而无视各种不同地形、地貌、建筑物、植被等参数的影响，必然会导致所建成的网络或者存在覆盖、质量问题，或者所建基站过于密集，造成资源浪费。因此，需要针对各个地区不同的地理环境进行测试，通过分析与计算等手段对传播模型的参数进行修正，最终得出最能反映当地无线传播环境的、最具有理论可靠性的传播模型，从而提高覆盖预测的准确性。

3.2.4　任务实施

完成本任务知识点的学习，熟悉 5G 传播模型的分析要点，完成根据传播模型测试并对测试结果进行分析，提供传播模型方案进行校正。

任务 3.3　规模估算

扫一扫看
规模估算
教学课件

3.3.1　任务描述

完成本任务知识点的学习，能够理解 5G 站点规划思想要点，熟悉 5G 规划总体流程，并能完成站点规模估算。

3.3.2 任务目标

（1）根据需求分析结果数据和传播模型结果数据，完成 SA 组网方式和 NSA 组网方式下的链路预算；

（2）根据链路预算的结果数据，完成基站数量的规模估算；

（3）根据频段选择、设备选型、无线环境、多天线技术，完成 SA 组网方式和 NSA 组网方式下单站吞吐量的计算；

（4）根据需求分析结果数据和单站吞吐量的计算结果，完成基站数量的规模估算。

3.3.3 知识准备

1. 无线网络规划思想

无线网络规划主要是指通过链路预算、容量估算给出基站规模和基站配置，以满足覆盖、容量的网络性能指标。

网络规划必须要达到服务区内最大限度无缝覆盖；科学预测话务分布，合理布局网络，均衡话务量，在有限带宽内提高系统容量；最大限度减少干扰，达到所要求的 QoS；在保证话音业务的同时，满足高速数据业务的需求；优化无线参数，达到系统最佳的 QoS；在满足覆盖、容量和服务质量的前提下，尽量减少系统设备单元，降低成本。

2. 无线网络规划要点

5G 网络规划要点包括覆盖规划、容量规划。

（1）覆盖规划：考虑不同无线环境的传播模型及不同的覆盖率要求等来设计基站规模，达到无线网络规划初期对网络各种业务的覆盖要求。

进行覆盖规划时，要充分考虑无线传播环境。由于无线电波在空间衰减存在较多的不可控因素，相对比较复杂，应对不同的无线环境进行合理区分，通过模型测试和校正，滤除无线传播环境对无线信号快衰落的影响，得到合理的站间距。

（2）容量规划：考虑不同用户业务类型和话务模型来进行网络容量规划。一般在城区的业务量比在郊区的业务量大，同时各种地区的业务渗透率也有很大不同，应对规划区域进行合理区分，并进行业务量预测来进行容量规划。

3. 无线网络规划流程

如图 3.8 所示为无线网络规划流程。

（1）无线网络规划需求分析：主要分析网络覆盖区域、网络容量和网络服务质量，这是网络规划要求达到的目标。

（2）无线环境分析：包括清频测试和传播模型测试、校正。其中，清频测试是为了找出当前规划项目准备采用的频段是否存在干扰，并找出干扰方位及强度，从而为当前项目选用合适频点提供参考，也可用于网络优化中的问题定位。传播模型测试、校正是通过针对规划区的无线传播特性测试，由测试数据进行传播模型校正后得到规划区的无线传播模型，从而为覆盖预测提供准确的数据基础。

（3）无线网络规模估算：包含覆盖规模估算和容量规模估算；针对规划区的不同区域

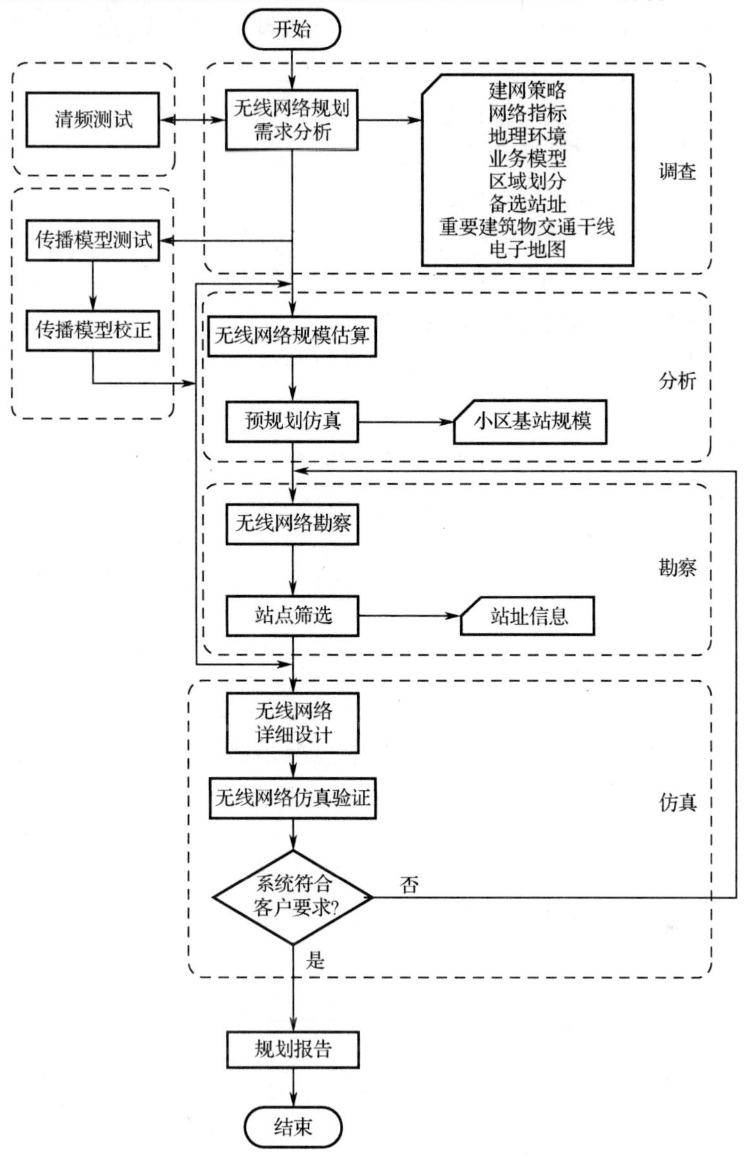

图3.8　无线网络规划流程

类型，综合覆盖规模估算和容量规模估算，做出比较准确的网络规模估算。

（4）预规划仿真：根据无线网络规模估算的结果在电子地图上按照一定的原则进行站点的模拟布点和网络的预规划仿真。

（5）无线网络勘察：根据拓扑结构设计结果，对候选站点进行勘察和筛选。

（6）无线网络详细设计：主要指工程参数和无线参数的规划等。

（7）无线网络仿真验证：验证网络站点布局后网络的覆盖、容量性能。

（8）规划报告：输出最终的无线网络规划报告。

4. 无线网络规模估算

无线网络规模估算就是通过对规划区域无线传播环境的测试，得到当地的传播模型，

对覆盖距离进行合理预测；根据人口分布及客户对重点覆盖区域的要求，合理预测话务量的分布；参考已有站点和地形地物，决定满足覆盖和容量的站点分布。

（1）根据覆盖需求确定需要的站点数量。

（2）根据上下行链路预算结果计算小区最大覆盖半径。

（3）结合传播模型计算满足覆盖要求的站点数。

（4）根据容量需求确定需要的站点数量。

（5）根据系统仿真结果确定上下行小区平均吞吐量。

（6）结合话务模型计算满足容量需求的站点数。

（7）取上述二者之间的最大站点数为无线网络规模估算的结果。

1）覆盖分析

链路预算是通过对上下行信号传播途径中各种影响因素的考察和分析，估算覆盖能力，得到保证一定信号质量下链路所允许的最大传播损耗。

链路预算是网络规划的前提，通过计算信道最大允许损耗，求得一定传播模型下小区的覆盖半径，从而确定满足连续覆盖条件下的站点规模。

链路预算的特点如下：

（1）不同业务速率对应不同干扰余量。

（2）馈线损耗比较小，是因为AAU为天线和RRU的集成一体化设备。

（3）影响链路预算的因素很多，除了手机的发射功率、基站的接收灵敏度外，还有阴影衰落余量、建筑物穿透损耗、业务速率和业务解调门限等，所以链路预算也应该区分地理环境和业务种类进行。

链路预算流程如图3.9所示。其用于计算在保证业务速率的条件下，小区覆盖允许的最大路径损耗。取上下行允许最大路径损耗中较小者作为最终的路径损耗值，最大允许路径损耗结合传播模型计算单站的最大覆盖半径。

图3.9　链路预算流程

链路预算结果受系统带宽、分配的RB数、MCS、多天线技术等因素的影响，不同无线环境需设置不同的链路预算参数。

由于5G的特点使得链路预算非常复杂，带宽、多载波、多天线技术和MCS等都影响链路预算的结果，最终影响覆盖估算的结果。

最大允许路径损耗=有效发射功率+接收增益−接收灵敏度−余量

接收灵敏度类似于人们沟通交谈时的听力，是指接收机输入端为保持所需要的误帧率而必须达到的功率；随着传输距离的增加，接收信号变弱，提高接收机的接收灵敏度可使设备具有更强的捕获弱信号的能力。

接收灵敏度=噪声功率+ Noise Figure +SINR

其中，Noise Figure基站侧取3 dB，终端侧取7 dB，噪声功率等于噪声功率谱密度+噪声带宽。

功率谱密度=10lg(K×T)=10lg(1.38e^{-23}×290)=−174 dBm/Hz

式中，K——玻尔兹曼常数，取值为 1.381×10^{-23}（J/K）;

T——开尔文温度，即绝对温度，室温 17 ℃，即 290T。

表 3.3 给出了 4G/5G 链路预算关键参数对比，现阶段 5G 链路预算为 eMBB 场景，链路预算形式上和 4G 近似，相当于升级版本的 Pre5G。

表 3.3 4G/5G 链路预算关键参数对比

参 数	5G NR	4G LTE	Pre5G Massive MIMO
频段	3.5 GHz/4.7 GHz	TDD：1.9 GHz/2.3 GHz/2.6 GHz/3.5 GHz FDD：900 MHz/1.8 GHz/2.1 GHz/2.6 GHz	TDD：2.3 GHz/2.6 GHz/3.5 GHz FDD：1.8 GHz
双工方式	TDD	TDD/FDD	TDD/FDD
产品架构	BBU+AAU	BBU+RRU	BBU+AAU
载波带宽	100 MB	1.4 MB/3 MB/5 MB/10 MB/15 MB/20 MB	10 MB/15 MB/20 MB
子载波带宽	30 KB	15 KB	15 KB
小区发射功率	200 W	40 W/60 W/80 W/120 W	TDD：40 W/80 W/120 W FDD：80 W
终端发射功率	26 dBm	23 dBm	23 dBm
基站侧天线配置	16T16R/64T64R	2T2R/4T4R/8T8R	TDD：64T64R FDD：32T32R
基站侧天线振子数	192振子	–	128振子
基站侧天线单振元增益	16T16R：15 dBi 64T64R：11 dBi	–	TDD 64T64R：9 dBi FDD 32T32R：12 dBi
广播波束增益	20 dBi（典型）	15～18 dBi	15 dBi（典型）
终端侧天线配置	2T4R	1T2R	1T2R
传播模型	UMa/Cost231-Hata	Cost231-Hata	Cost231-Hata
组网方式	SA(Stand Alone)/ NSA(Non Stand Alone)	独立建网	独立建网

5G NR 协议 38.901 中提到了简化版的 UMi（Urban Micro）、UMa（Urban Macro）和 RMa（Rural Macro）三种无线传播模型。模型分 LOS 和 NLOS 场景，此处为 NLOS 场景下的公式。

（1）UMi 模型：

$$PL_{3D\text{-}UMi\text{-}NLOS} = 36.7\lg(d_{3D}) + 22.7 + 26\lg(f_c) - 0.3(h_{UT} - 1.5)$$

（2）UMa 模型：

$$PL_{3D\text{-}UMa\text{-}NLOS} = 161.04 - 7.1\lg(W) + 7.5\lg(h) - (24.37 - 3.7(h/h_{BS})^2)\lg(h_{BS}) + (43.42 - 3.1\lg(h_{BS}))(\lg(d_{3D}) - 3) + 20\lg(f_c) - (3.2(\lg(17.625))^2 - 4.97) - 0.6(h_{UT} - 1.5)$$

（3）RMa 模型：

$$PL_{3D\text{-}UMa\text{-}NLOS} = 161.04 - 7.1\lg(W) + 7.5\lg(h) - (24.37 - 3.7(h/h_{BS})^2)\lg(h_{BS}) + (43.42 - 3.1\lg(h_{BS}))(\lg(d_{3D}) - 3) + 20\lg(f_c) - (3.2(\lg(11.75\,h_{UT}))^2 - 4.97)$$

* h_{UT}= 1.5 时，UMa 和 RMa 公式一致。

式中，h——平均建筑物高度；

W——街道宽度；

h_{UT}——终端高度；

h_{BS}——基站高度。

- 典型配置：

➢ h_{BS} = 25 m——UMa

- h_{BS} = 35 m——RMa
- W = 20 m
- h = 20 m——UMa
- h = 5 m——RMa

● 应用范围：

- 5 m < h < 50 m
- 5 m < W < 50 m
- 10 m < h_{BS} < 150 m
- 1.5 m ≤ h_{UT} ≤ 22.5 m——UMa
- 1.5 m ≤ h_{UT} ≤ 10 m——RMa

*距离单位为 m，频率单位为 GHz。

● 不同频段路径损耗的差异：

基于 UMa 模型，以 4.9 GHz 路径损耗为基准，对比 3.5 GHz 和 1.8 GHz 频段路径损耗差异分别为+2.9 dB 和+8.7 dB；3.5 GHz 和 1.8 GHz 路径损耗差异为 5.6 dB，如图 3.10 所示。

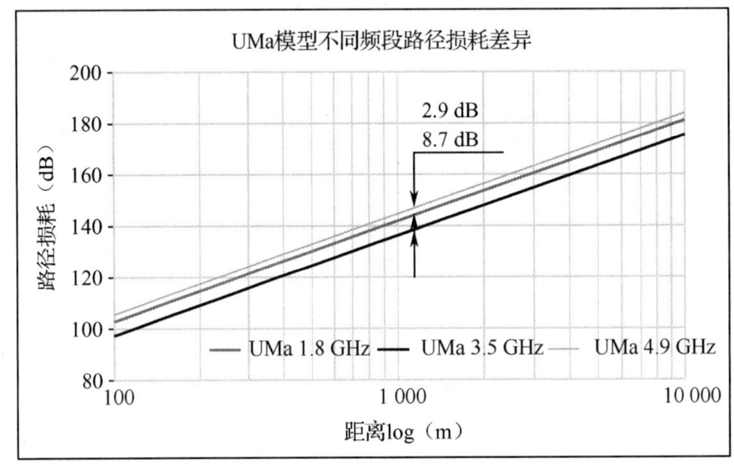

图 3.10　UMa 模型不同频段路径损耗

2）5G 容量分析

5G 小区的容量不仅与信道配置和参数配置有关，而且与频段选择、组网形态、多天线技术选取等都有关系，由于影响容量估算的因素太多，因此不能简单地利用公式来进行计算。图 3.11 给出了容量分析的影响因素。图 3.12 为容量估算流程。

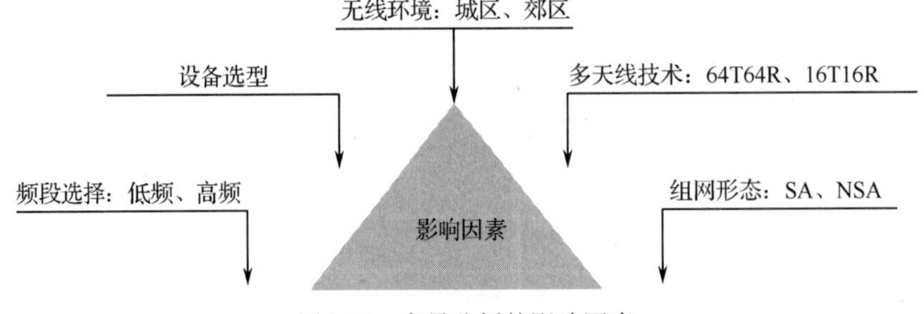

图 3.11　容量分析的影响因素

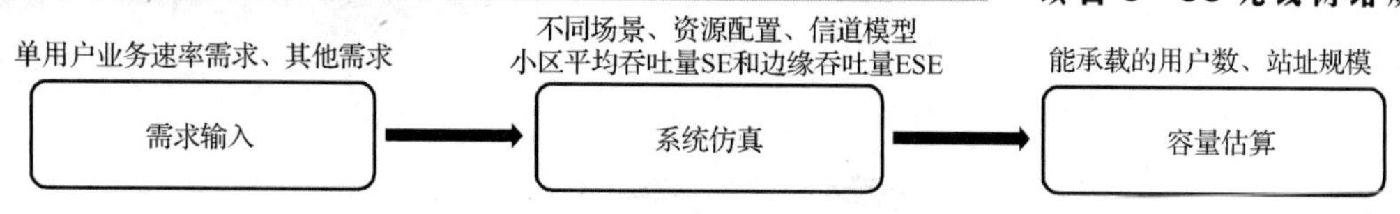

图 3.12　容量估算流程

通过系统仿真和实测统计数据，可以得到各种无线场景、资源配置和信道模型下的小区平均吞吐量和边缘吞吐量；在实际规划时，根据规划地的具体情况，通过查表确定单小区相应的容量，并推算出规划区域能承载的用户数、站址规模。

3）5G 站点设计

综合考虑建网覆盖指标要求及速率要求，根据链路预算站间距及网络结构，给出站址选择要求和结果。

（1）重点场景范围内连续覆盖要求。

（2）充分考虑优先部署在 4G 的热点区域，基于现网网管统计、MR 业务分析。

（3）站间距考虑：以 5G 链路预算作为参考，结合现网已有站址进行站址选择，确定站间距。

4G 网络经过近几年快速建设，站点相对比较密集（F/D 同站共存，大量补盲补热的微站和室分站），因此初期 5G 共站扇区规划需要考虑：同站或过近 F/D 只考虑一个站点；4G 容量型微小站（包括室分站）评估是否考虑剔除。

在 RF 参数部分的建议方面，参考 4G 天线挂高、后续工勘确认工程可实施情况，方位角参考 4G 现网，结合重点覆盖区域做优化调整，下倾角参考 4G，后续 ACP 优化。

3.3.4　任务实施

完成本任务的学习，深入了解链路预算的基本概念，通过熟悉网络规划流程掌握覆盖规划和容量规划方面的知识。

任务 3.4　规划仿真

扫一扫看规划仿真教学课件

3.4.1　任务描述

学习规划仿真相关知识，了解仿真软件基本操作流程，能够分组完成仿真软件结果输出。

3.4.2　任务目标

（1）掌握仿真软件的基本操作流程；

（2）了解覆盖和容量仿真相关信息；

（3）熟悉仿真结果。

3.4.3　知识准备

1. 主流仿真软件及基本操作流程

无线网络规划仿真的目的是利用仿真工具模拟实际网络覆盖效果，验证站点设计的合

理性，为站点布置位置及 RF 参数优化提供参考。

主流仿真软件如图 3.13 所示。

图 3.13　主流仿真软件

如图 3.14 所示，基本操作流程为：首先导入数字地图，包括高度、地貌和矢量信息；其次导入基站信息表，包括站点经纬度、发射功率、天线挂高、下倾角、天线类型、传播模型等信息，预测规划的覆盖和容量性能，需要注意的是在仿真过程中，如果发现存在覆盖差或覆盖空洞的区域，可以调整基站参数（方位角、下倾角、发射功率等），最终通过仿真软件输出覆盖和容量仿真结果。

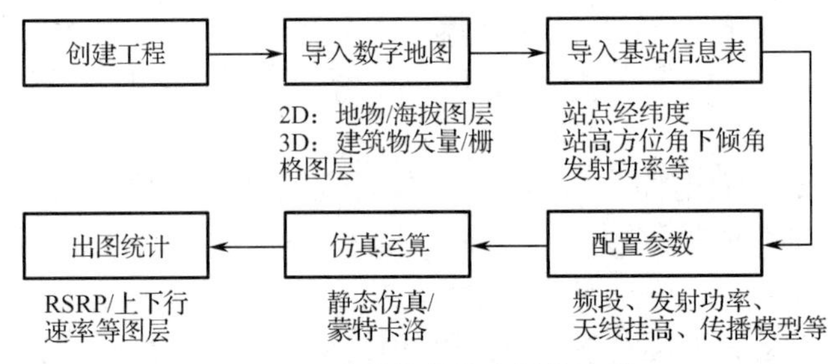

图 3.14　仿真软件基本操作流程

其中，数字地图用来模拟实际无线传播环境，地图精度越高，模拟无线环境越准确，仿真精度也越高。

2. 5G 仿真结果展示

根据覆盖目标要求进行 ACP 优化，如图 3.15 所示的案例只针对道路并兼顾整体进行 ACP 优化，一般通过调整下倾角进行优化，为保障测试效果，道路覆盖建议-80 dBm 以上。

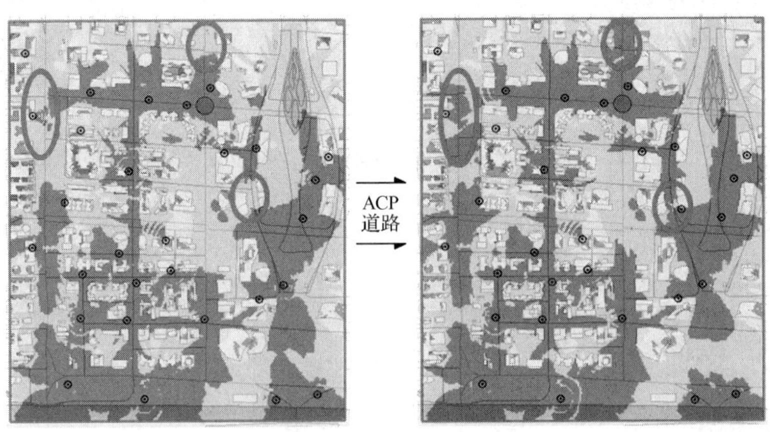

图 3.15　仿真评估效果

如图 3.16 所示为高楼垂直仿真参数配置，如图 3.17 所示为高楼垂直仿真结果。通过仿

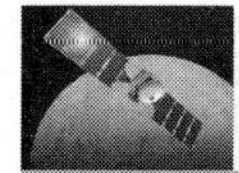

真验证：垂直波束扫描能够大大提升高楼覆盖，最佳天线权值设计和站点距离覆盖目标、覆盖楼宇的高度、站点高度等因素相关。

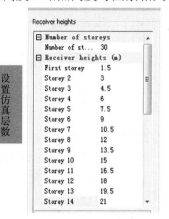

设置仿真层数

Receiver heights

⊟ Number of storeys	
Number of st...	30
⊟ Receiver heights (m)	
First storey	1.5
Storey 2	3
Storey 3	4.5
Storey 4	6
Storey 5	7.5
Storey 6	9
Storey 7	10.5
Storey 8	12
Storey 9	13.5
Storey 10	15
Storey 11	16.5
Storey 12	18
Storey 13	19.5
Storey 14	21

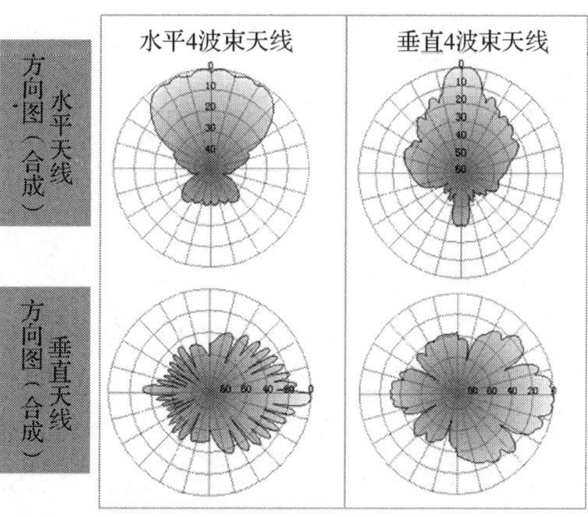

图 3.16　高楼垂直仿真参数配置

图 3.17　高楼垂直仿真结果

3.4.4　任务实施

完成本任务知识点的学习，熟悉常用仿真软件的基本操作流程，并按照实际数据情况，完成规划仿真相关数据导入和结果输出。

任务 3.5　站点选择

扫一扫看站点选择教学课件

3.5.1　任务描述

完成本任务知识点的学习，能够理解 5G 站点选择原则，熟悉站点勘察总体流程，并能完成站点勘察报告。

3.5.2　任务目标

（1）掌握站点勘察准备；

（2）熟悉站点选择和勘察；

（3）掌握勘察报告。

3.5.3 知识准备

1. 5G 实验网站点勘察的目的与工作内容

1）5G 实验网建设目的

对新产品组网能力进行探索，通常需要进行各种极限情况的性能测试及相应的成果宣传和展示，因此与常规建网相比，实验网对站点选择提出了更高的要求。

2）5G 实验网站点勘察目的

5G 实验网站点勘察目的是一方面用于提供详细工程设计的输入信息；另一方面用于挑选适合性能测试的站点环境。它需要联合工程、网络规划和研发性能测试等多方面人员共同完成。在无线网络规划中，无线网络勘察在网络建设中具有极其重要的地位。如图 3.18 所示，站点勘察可分为三个阶段：勘察准备阶段、勘察实施阶段和勘察总结交流阶段。无线网络勘察主要目的是获得无线传播环境情况、天线安装环境情况及其他共站系统情况，以提供给网络规划工程师相关信息。

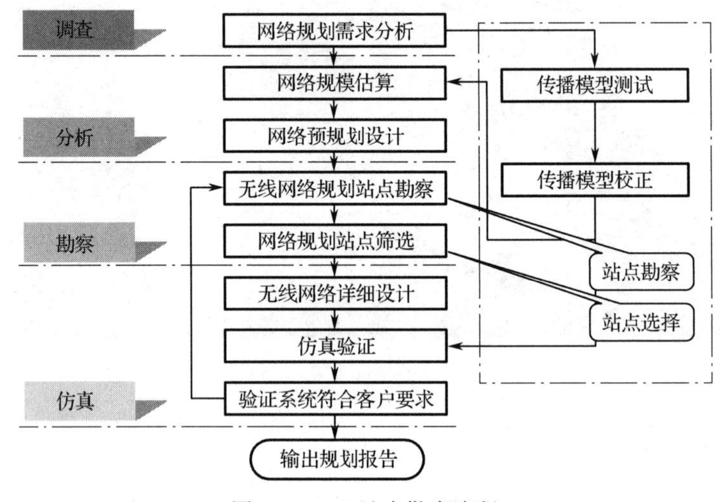

图 3.18　5G 站点勘察流程

3）5G 实验网站点勘察主要工作

无线网络勘察是在无线网络预规划基础上进行的数据采集、记录和确认工作，勘察主要记录以下信息。

（1）站点基本信息。

站型：全向站，定向站。

基站基础信息：站点的经纬度、主要覆盖区域。

（2）无线传播环境。无线网络的覆盖与覆盖区域的电波传播环境密切相关，因此在无线网络勘察过程中需要了解服务区内地形、地物和地貌特征，并采集记录相关信息。

（3）共站系统。

共站系统类型：GSM900/1800、PCS、CDMA、微波等。

共站系统天线情况：型号、安装位置、方位角等。

（4）天面情况。

- 天线立杆预安装位置选择；
- 天面的平面图，天线隔离度勘察；
- 天线增高方式：楼顶抱杆（4 m/6 m/9 m）、自立增高架、楼顶塔、自立塔。

（5）扇区工程参数：扇区天线建议挂高、方位角、下倾角。

2. 5G 站点选择建议

综合考虑建网覆盖指标要求及速率要求，根据链路预算站间距、网络结构，给出站址选择要求和结果。

（1）重点场景范围内连续覆盖要求。

（2）充分考虑优先部署在 4G 的热点区域，基于现网网管统计、MR 业务分析。

（3）站间距考虑：根据 5G 链路预算作为参考，结合现网已有站址进行站址选择，确定站间距。

（4）网络结构考虑：优先考虑与现网站点共站，同时考虑剔除部分现网过近用于吸收容量的站点，优先保证覆盖需求，避免过高站点（高于 50 m）与过低站点（低于 10 m）；对于部分场景（如 CBD 场景），如果本身站高比较高，可以考虑保留个别高站用于保证网络覆盖。

（5）建议先不考虑 5G 的室内深度覆盖。

3. 5G 目标场景选择

结合客户需求、当地环境特点和产品情况，选取适合于实验网的宏观场景，如密集城区、一般城区、高速/高铁、风景区、室内场馆等。

（1）客户未指定：结合当地地物环境情况，选择适合自身市场和宣传需求，并且易于落地部署、调测优化及保障演示的场景。

（2）客户指定：对客户需求进行评估，如果交付难度较大，或者当前产品形态不支持对应的场景，则需要重新沟通调整。

4. 5G 实验网站点选择

在特定的场景内，结合性能测试、演示宣传的要求，选择周边环境合适、易于建设的具体站点，以达到最佳的性能和展示效果。

1）性能测试需求

5G 实验网通常需要满足众多测试条目，和选址勘察相关的一般需要关注多用户测试、单用户测试、拉远测试和移动性测试。

（1）测试需求——多用户测试（MU-MIMO）。

多用户测试：水平方向上两个能够空分的波束需要间隔 12°，距离基站 100 m 处，两个终端间距要达到 20 m 以上。

测试情况和 MM 类似，其原理是小区对不同用户发射专用波束以实现空分复用，为保证各用户之间能够区分波束，测试小区周围需要有足够空间以分散摆放终端。

各终端分为 2～4 组，尽量能够在垂直维度摆放；如果全部终端只能在地面，则按距离基站远近分别摆放，如图 3.19 所示。

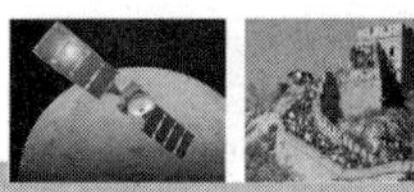

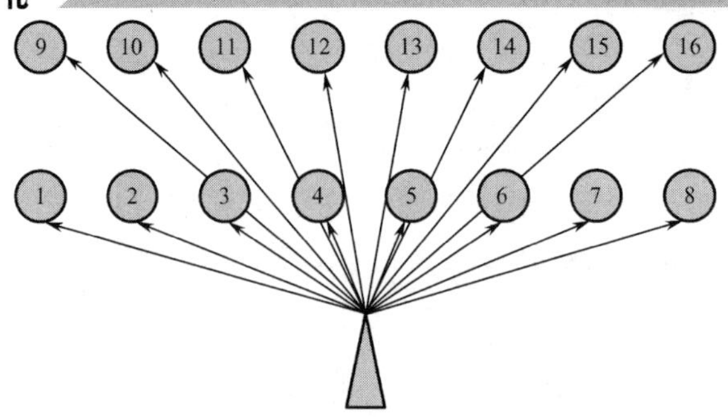

图 3.19　多用户测试场景

（2）测试需求——单用户测试（SU-MIMO）。

单用户测试用于测试单用户（峰值）吞吐量。

5G 终端可以支持 4～8 流，而信道条件相同或近似的信号是无法区分出如此多个数据流的，因此为提高单用户测试速率，需要基站到终端之间有多个传播路径。

终端同基站间有足够直射、反射路径，终端侧面、背后需要有建筑对信号进行反射，周围不能过于开阔；终端距基站不能过远，如图 3.20 所示。

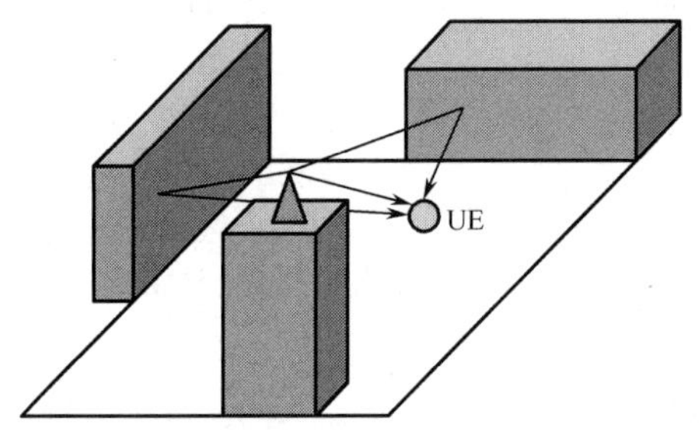

图 3.20　单用户测试场景

（3）测试需求——拉远测试、移动性测试。

- 拉远测试：测试基站附近有地形平坦、路面开阔的笔直道路，长度尽量达到 2 km 以上，以进行拉远测试。

勘察前先通过地图设计拉远的路线，勘察过程中尽量安排对路线进行摸底，以确保路线没有明显的地形或建筑遮挡，道路没有断点，可以满足车辆持续行驶要求，如图 3.21 所示。

图 3.21　拉远测试

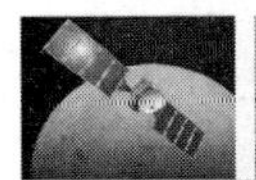

● 移动性测试：移动性测试需要小区间信号存在交集，通常 5G 频段较高，而选址时通常对覆盖只有简单评估，为保证可靠性，站间距需要有一定余量。

通常而言，在密集城区，3.5 GHz 站间距可以在 350 m 以内；在一般城区，间距在 550 m 以内，具体需要结合当地无线环境进行评估，如图 3.22 所示。

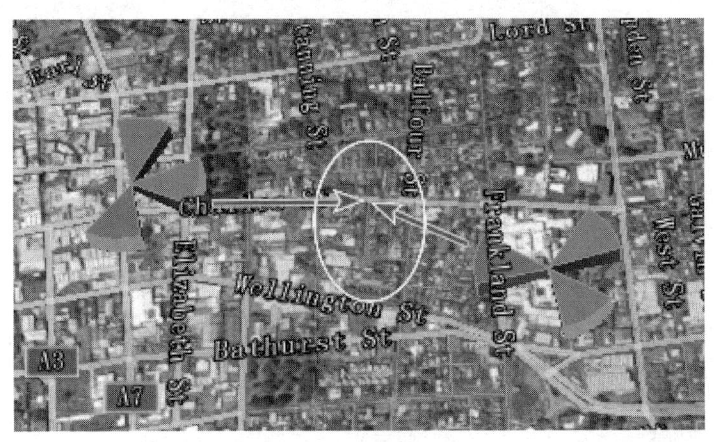

图 3.22　移动性测试

测试站点选择是实验网工勘的重点目标，直接影响后续性能测试的效果，由于考虑因素较多，并且单用户测试、多用户测试的场景需求有一定互斥性，因此选址过程中建议由性能测试团队的人员直接参与，或者详细记录现场环境照片，由性能专家根据工勘数据评审、确定最终站点位置。

2）工程实施评估

从工程实施角度，对天面空间、机房配套、隔离度等方面进行评估，以确定站点满足建设要求。

（1）工程评估——天面空间。

5G 站点均为新建 AAU，且 AAU 质量较大，天面需要有足够的空间和承重能力来安装。此外，实验网对天面的调测、优化工作可能较多，因此站点选址应尽量考虑工程实施的便捷性。

工勘中尽量选择楼顶站作为 5G 实验网站点，铁塔站由于天面空间紧张、安装施工较为不便，优先级较低。如果必须使用铁塔站点，则选择传统的四角铁塔，尽量不使用带美化性质的单管塔，否则空间、承重可能受限。

对于天面上已经存在大量天线设备的站点，可能需要对现网的天馈方案进行优化整改，精简部分设备，才能安装新 AAU，此时需要专业工程方案设计。

图 3.23 给出了典型天面整合方案，如果现有天面资源紧张，可以针对现有天面进行整合及改造，缩减现网天面数量，为 5G AAU 腾挪出安装空间。

现有天面整合会导致不同频段不同制式网络的再优化，天线挂高、倾角、方向角等参数需要提前考虑。

（2）工程评估——隔离度。

图 3.24 给出了隔离度的具体要求。

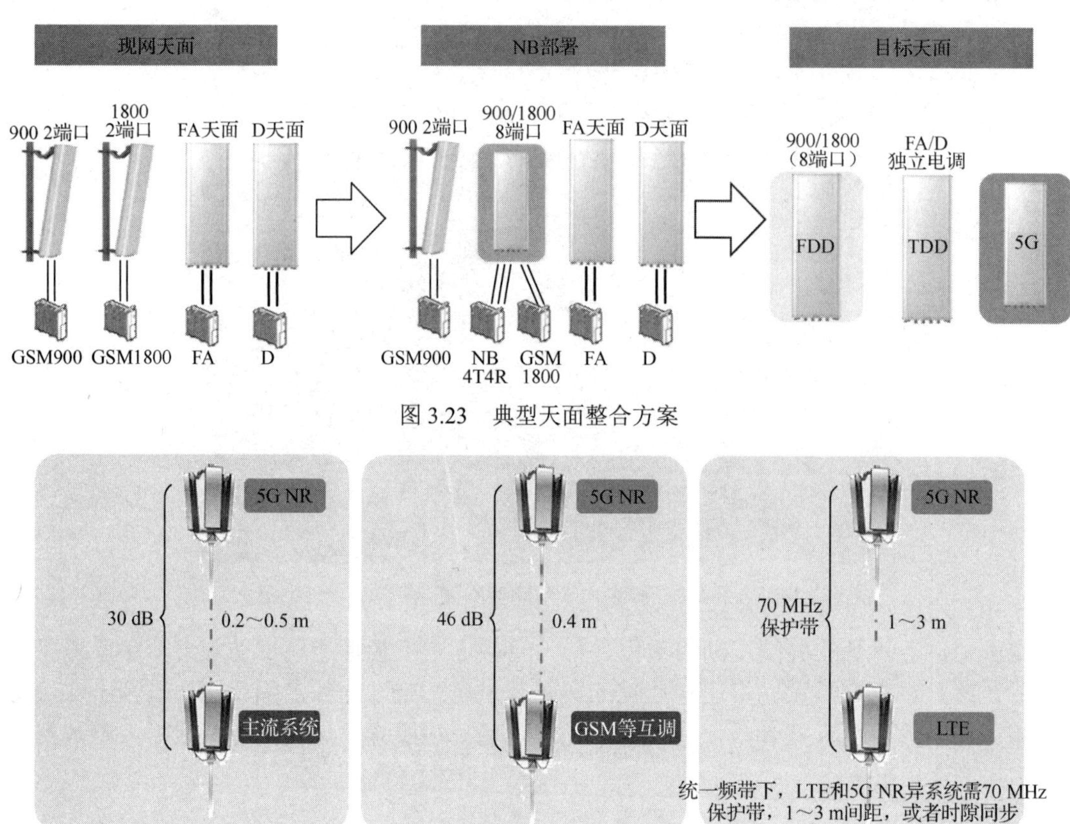

图 3.23　典型天面整合方案

图 3.24　隔离度的具体要求

一般情况下，异系统间需要 30 dB 隔离度，水平或垂直 0.2～0.5 m 即可，视频段而定，一般 0.5 m 基本满足需要。

GSM 等互调环境，异系统需 46 dB 隔离度，水平间距约 1 m，垂直间距约 0.4 m。

同一频带下，LTE 和 5G NR 异系统需 70 MHz 保护带，1～3 m 间距，或者保持时隙同步。

（3）工程评估——机房配套。

现阶段，5G 基站功耗很高，对传输资源要求也很高，现网站点的机房配套能力可能不匹配，需要进行评估，以便及时改造升级。

在有条件的情况下，尽量在勘察前大致了解机房配套，或者物业相关的情况，以提高选址的效率。图 3.25 为某站点基站勘察设备结构图。

● 5G 站点基础信息采集记录。

划分覆盖区域类型：需要考虑话务量和覆盖区地物环境。

话务量分类：综合考虑面积、人口、社会经济、竞争对手用户分布情况等因素。

地物环境分类：根据当地规划区经济发展情况，可将规划区分为四类，即密集城区、一般城区、郊区和农村地区。

● 采集站点勘察基本数据。

其主要涉及基站编号、基站名称、经纬度信息、天面高度、海拔高度等信息，如表 3.4

所示。勘察之后，针对规划区提出勘察建议。

距离最近的基站：记录距离、方位角；密集城区记录 2 km 范围内的基站；一般城区记录范围为 3～5 km；农村或郊区记录范围为 5～10 km；如果在这些范围内没有基站，记录最近的基站，并说明选择基站的理由，清楚地说明覆盖区的覆盖对象。

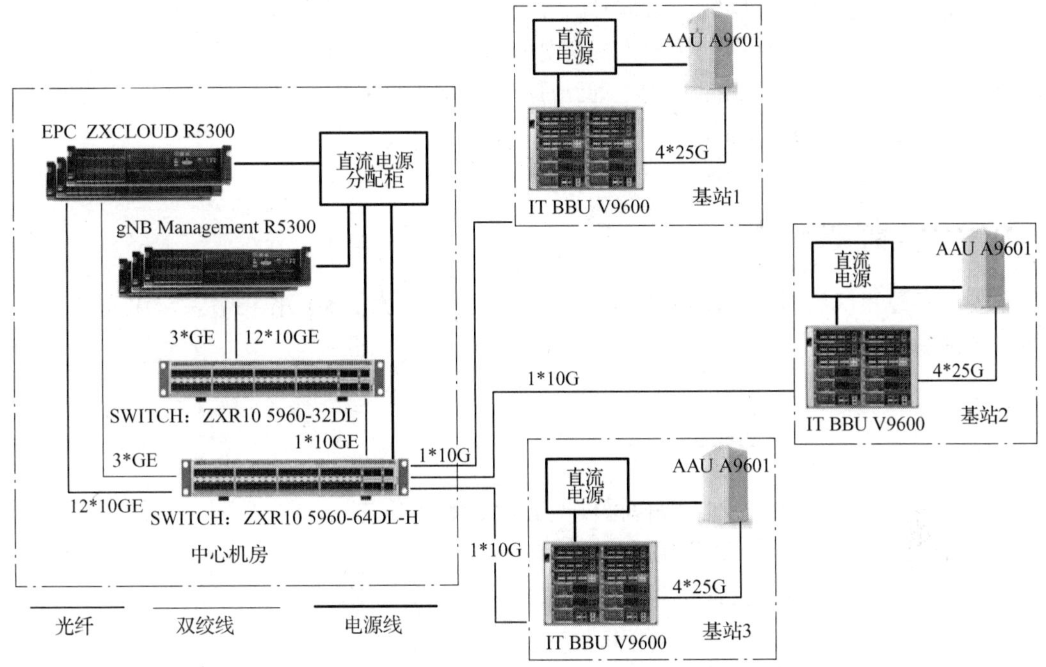

图 3.25 某站点基站勘察设备结构图

表 3.4 站点勘察清单要求

类　型	要　求
经纬度	尽量精确到扇区级，尤其是各扇区天线位置较远时，分别记录
高度	基于现网工参或建筑楼层，需考虑新建5G天线能否与现网设备在相同高度
周边环境	照片记录，尽量详细；对准备用于性能测试的位置，用照片或短视频专门记录信息
天面特殊情况	记录可能对工程实施存在影响的情况，如美化安装、挂墙安装、天面空间紧张、设备涂色等
配套信息	传输、供电等工程信息。5G实验设备对传输和供电要求很高，需要由现场工程团队进行专业评估以确保站点可用

采集站点周围无线环境的情况：一般需要从 8 个方向进行拍摄。各个方向的照片要求连续（请使用罗盘进行方向的确认）。照片要清晰，在能见度较好时拍摄，避免在有雾时或傍晚拍摄。

- 勘察报告填写注意事项。

基站经纬度测试由 GPS 完成，注意必须使 GPS 锁定卫星。

基站地理环境描述：主要描述站点周围的地理环境状况和大致地形。

小区环境描述：如地形阻挡、覆盖目标，必要时以图形或照片形式表达。

重点区域：为重点地区的必要补充，如政府办公楼、运营商的营业厅。

方向角：一律按照正北顺时针方向计。

传输方式：该站点拟采用的传输方式，如微波、光纤等。

在勘测表格中出现的天线、塔放、直放站等需要在总的勘测文档后附上这些器件的型号、主要性能指标、厂家等信息。

备选站点选取时注明原因。

3.5.4 任务实施

完成本任务知识点的学习，熟悉 5G 站点勘察要点、流程和工作内容，分组完成 5G 站点勘察报告输出。

习题 3

1．目前行业内存在的几个典型传播模型分别是哪几个？

2．简述站点勘察清单的要求有哪些？

3．描述 5G 站点 AAU 设备与其他站点天线的隔离度要求。

项目 4 5G 无线网络信息采集

项目概述

5G 无线网络信息采集是网络规划和优化的重要前置环节，是做好网络规划和优化的基础。本项目通过详细介绍 5G 基站物理信息、环境信息和投诉信息采集要点，使学生理解基站基础信息采集相关内容和要点，掌握投诉信息处理流程及采集重点。

学习目标

（1）掌握 5G 基站物理信息采集和环境信息采集；

（2）掌握投诉信息处理流程和采集重点。

任务 4.1 物理信息采集

扫一扫看物理信息采集教学课件

4.1.1 任务描述

在实际采集基站信息之前，需要学习基站物理架构和物理信息，了解站点设备相关信息。通过本任务的学习，学生可以完成站点相关物理信息采集。

4.1.2 任务目标

（1）了解基站物理架构；

（2）了解基站物理信息采集方法。

4.1.3 知识准备

1. 基站勘察目的

基站勘察是工程设计中的一个重要环节，运行环境对设备影响很大。在工程设计时，首先

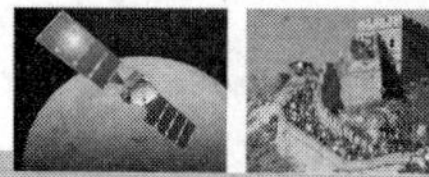

应考虑运行环境可使设备良好工作，避免将机房设在高温、易燃、易爆、低压及存在有害气体的地区；避开经常有大震动或强噪声的地区；尽量避开降压变电所和牵引变电所。另外，机房的配套设施（如供电、照明、通风、温控、地线、铁塔等）也将影响设备的安装、运行、操作和维护。因此，在勘察时，勘察工程师应严格检查设备的安装环境是否符合设计标准和设备运行条件。勘察工程师需按照理想站址实地察看，根据各种建站条件（包括电源、传输、电磁背景、征地情况等）将可能的站址记录下来，再综合其偏离理想站址的范围、对将来小区分裂的影响、经济效益、覆盖区域预测等各方面进行考虑，得出合适的建设方案，并取得基站工程设计中所需要的数据。

环境检查分为前期检查和工程安装前检查两个阶段。勘察工程师在工程勘察时进行前期检查，检查结果应如实反映在环境检查表中，对于不符合标准的部分，以书面形式通知用户整改，并随时跟踪了解其整改情况。工程督导在工程安装之前进行工程安装前检查，检查内容主要为对前次检查的结果和整改情况进行确认，以确保安装环境符合施工条件，以便工程安装能顺利进行。

在无线网络规划设计流程中，基站勘察包括站址勘察和详细勘察两部分，如图 4.1 所示。站址勘察对于复杂网络或新建网络有较大影响。基站勘察流程如图 4.2 所示。

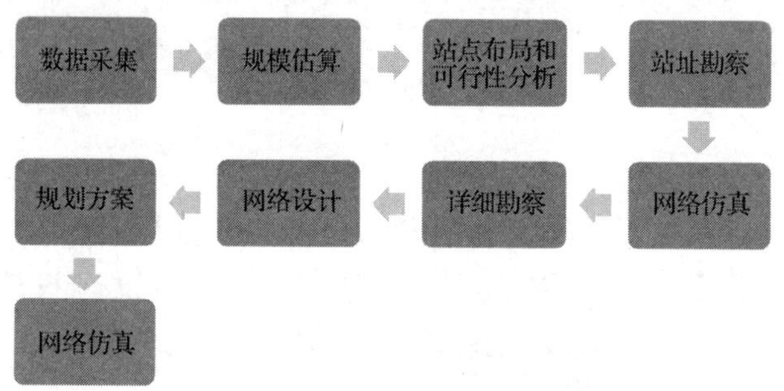

图 4.1　无线网络规划设计流程

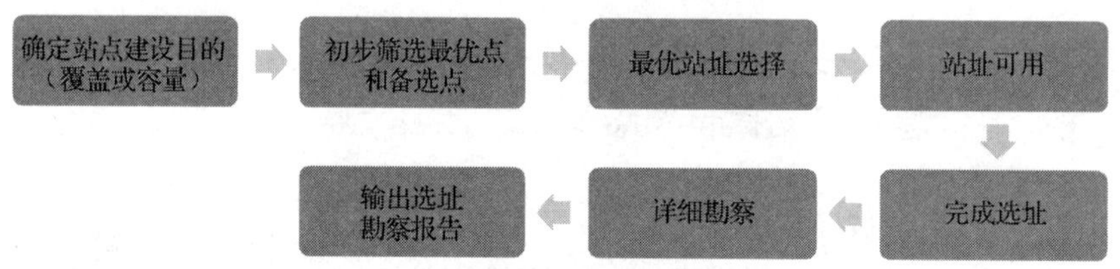

图 4.2　基站勘察流程

2. 基站主要设备构成

1）基站机柜

5G 基站包括两种基本机柜。

（1）基带柜。基带柜提供 5G 基站的电源部分和基带部分，如图 4.3 所示。

（2）电池柜。电池柜的主要功能是提供蓄电池的放置空间，如图 4.4 所示。

基带柜可单独部署，也可与电池柜叠加部署，如图 4.5 所示。

2）插箱

（1）风扇插箱。风扇插箱如图 4.6 所示，功能如下：

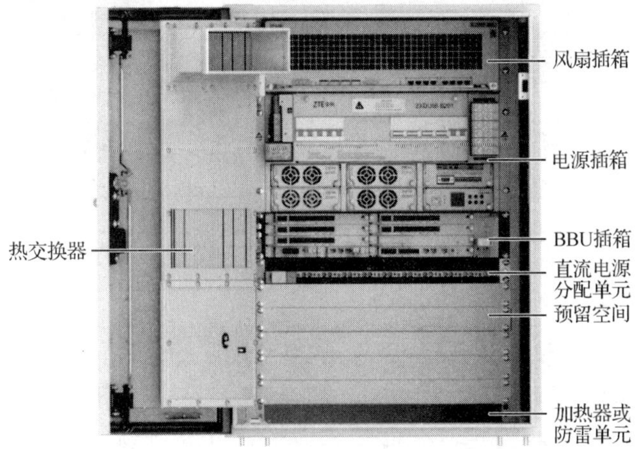

图 4.3　基带柜

图 4.4　电池柜

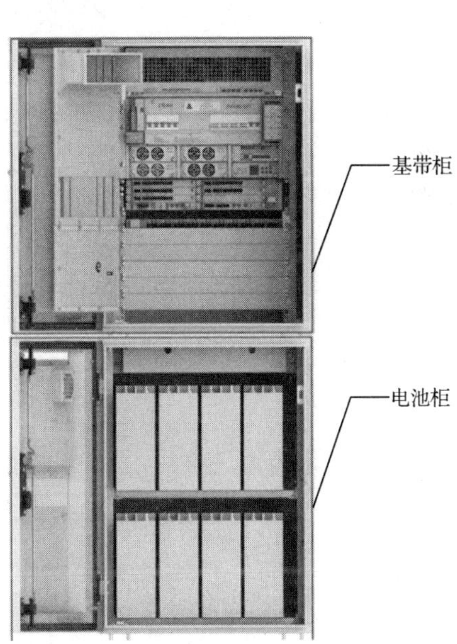

图 4.5　基带柜和电池柜叠加

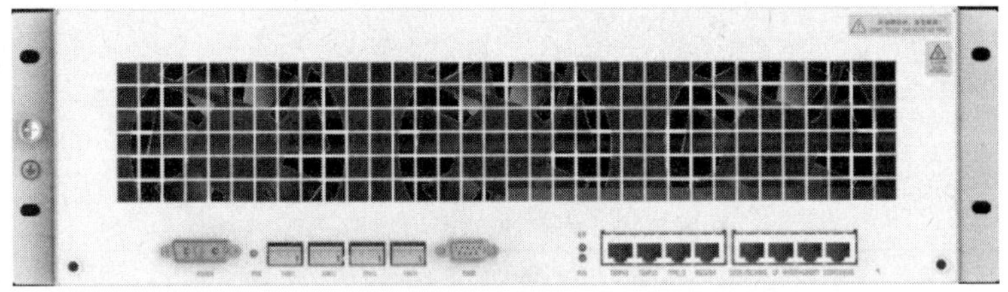

图 4.6　风扇插箱

- 完成对机柜内的散热处理。
- 实现对风扇状态的检测（包括风口温度检测，门禁、烟雾、水浸等环境告警）、监控与上报。

（2）电源插箱。电源插箱将外部输入的交流电转换为内部可使用的直流电，如图 4.7 所示。

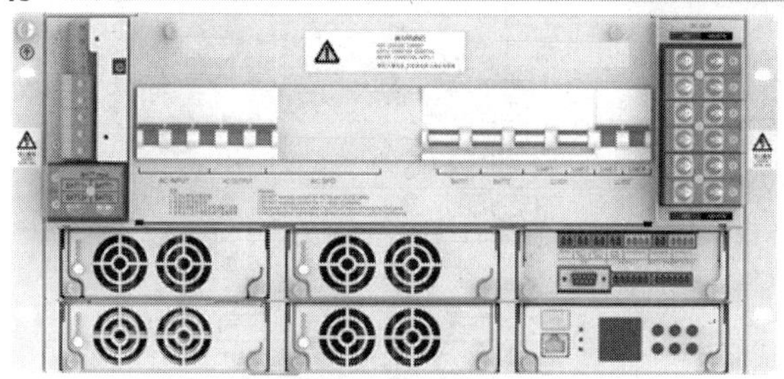

图 4.7　电源插箱

（3）BBU 插箱。5G 基站普遍采用 BBU+AAU 模式（有些场景采用 BBU+RRU 模式）。其中，BBU（Base Band Unit，基带单元）负责基带信号处理；RRU（Remote Radio Unit，拉远射频单元）负责基带信号和射频信号的转换，以及射频信号的处理；AAU（Active Antenna Unit，有源天线单元）为 RRU 和天线一体化设备。

3）BBU

BBU 可以集成在基带机柜内，连接外接分布式基站的 RRU 或 AAU，如图 4.8 所示。BBU 包括多个插槽，可以配置不同功能的单板。BBU 单板种类和功能如表 4.1 所示。

图 4.8　BBU 插箱

表 4.1　BBU 单板种类和功能

单板名称	功　能
主控板	实现基带单元的控制管理、以太网交换、传输接口处理、系统时钟的恢复和分发及空口高层协议的处理
基带板	用来处理 3GPP 定义的 5G 基带协议，功能如下： ● 实现物理层处理； ● 提供上行/下行信号； ● 实现 MAC、RLC 和 PDCP 协议
环境监控板	● 管理 BBU 告警； ● 提供干接点接入； ● 完成环境监控功能
电源模块	提供电源分配，功能如下： ● 实现-48 V 直流输入电源的防护、滤波、防反接； ● 输出支持-48 V 主备功能； ● 支持欠压告警； ● 支持电压和电流监控； ● 支持温度监控
风扇模块	● 系统温度的检测控制； ● 风扇状态监测、控制与上报

4）AAU

AAU 是集成天线、射频的一体化形态的设备，与 BBU 一起构成 5G NR 基站。AAU 外观如图 4.9 所示。

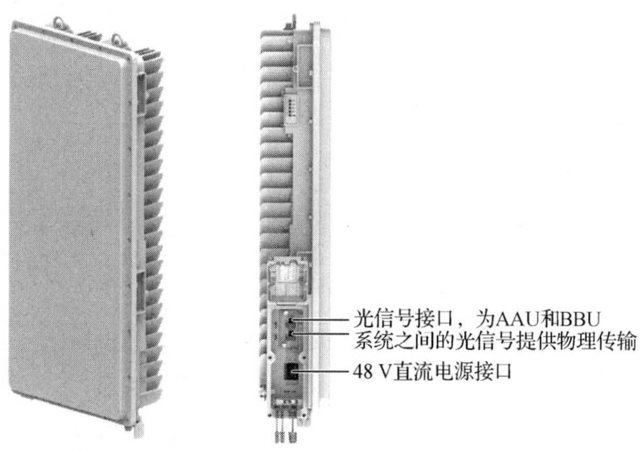

图 4.9　AAU 外观

AAU 由天线、滤波器、射频模块和电源模块组成。

（1）天线：多个天线端口，多个天线振子。

（2）滤波器：与每个收发通道对应，为满足基站射频指标提供抑制。

（3）射频模块：多个收发通道、功率放大、低噪声放大、输出功率管理、模块温度监控。

（4）电源模块：提供整机所需电源、电源控制、电源告警、功耗上报、防雷功能。

5）线缆

（1）电源线缆。电源线缆用于将外部-48 V 直流电源接入设备。BBU 和 AAU 电源线缆如图 4.10 所示。电源线缆的作用如表 4.2 所示。电源线缆需要现场裁剪制作。

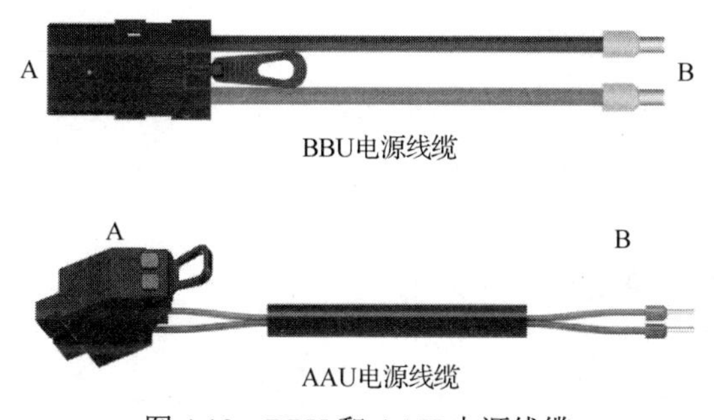

图 4.10　BBU 和 AAU 电源线缆

表 4.2　电源线缆的作用

BBU 电源线缆	线缆颜色	红色	-48 V GND
		蓝色	48 V DC
	线缆两端	A 端	BBU 的电源模块
		B 端	外部电源设备
AAU 电源线缆	线缆颜色	红色	-48 V GND
		蓝色	48 V DC
	线缆两端	A 端	AAU 供电端口
		B 端	外部电源设备

（2）接地线缆。接地线缆用于连接 BBU、RRU 和机柜的接地口与地网，提供对设备及人身安全的保护。接地线缆如图 4.11 所示。接地线缆的作用如表 4.3 所示。接地线缆的 B 端需要根据现场需求制作。

图 4.11　接地线缆

表 4.3　接地线缆的作用

A 端	BBU、RRU 和机柜的保护地接口
B 端	接地点

（3）光纤。5G 基站有两类光纤，如图 4.12 所示。光纤 1 用于 NG 接口，连接基站与核心网；光纤 2 用于 BBU 和 AAU 的连接。光纤的作用如表 4.4 所示。

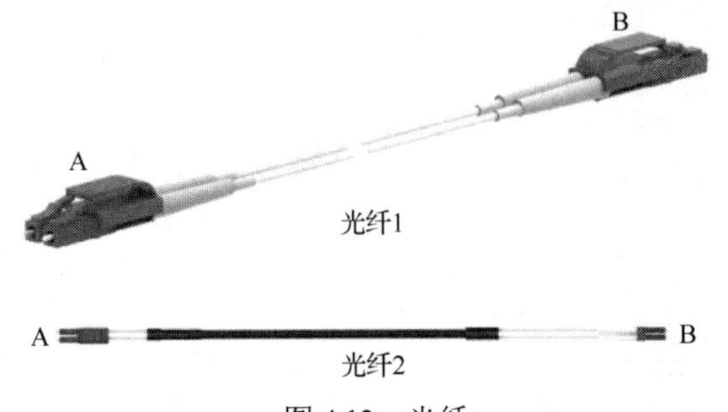

图 4.12　光纤

表 4.4　光纤的作用

光纤 1	A 端	BBU 的电源模块
	B 端	外部电源设备
光纤 2	A 端	AAU 供电端口
	B 端	外部电源设备

（4）GPS 线缆。GPS 线缆包括 GPS 跳线和 GPS 馈线，如图 4.13 所示。GPS 跳线用于 BBU 主控板和 GPS 防雷器的连接；GPS 馈线用于 GPS 防雷器和 GPS 天线的连接。GPS 线缆的作用如表 4.5 所示。

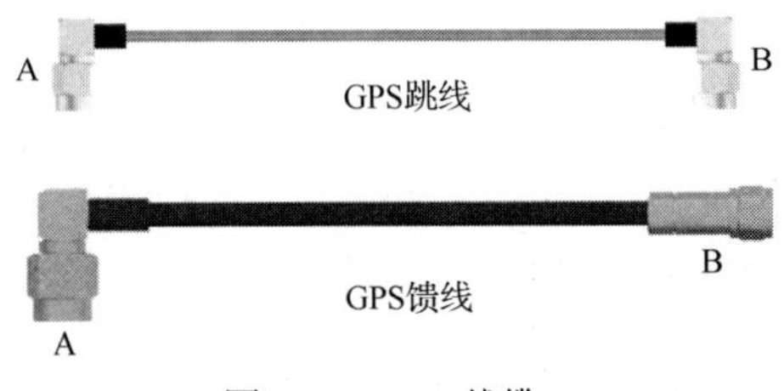

图 4.13　GPS 线缆

表 4.5　GPS 线缆的作用

GPS 馈线	A 端	GPS 防雷器
	B 端	GPS 天线
GPS 跳线	A 端	BBU 的主控板
	B 端	GPS 防雷器

3. BBU 单板配置示例

典型的 BBU 单板配置示例如图 4.14 所示。BBU 单板配置原则如表 4.6 所示。

<table>
<tr><td>8</td><td colspan="2">基带板</td><td>4</td><td>NULL</td><td rowspan="4">风扇模块</td></tr>
<tr><td>7</td><td colspan="2">基带板</td><td>3</td><td>NULL</td></tr>
<tr><td>6</td><td colspan="2">NULL</td><td>2</td><td>主控板</td></tr>
<tr><td>5</td><td>电源模块</td><td>环境监控板</td><td>1</td><td>主控板</td></tr>
</table>

图 4.14　典型的 BBU 单板配置示例

表 4.6　BBU 单板配置原则

单 板 名 称	配 置 原 则
主控板	固定配置在 1、2 槽位，可以配置一块，也可以配置两块。当配置两块主控板时，可设置为主备模式和负荷分担模式。 主备模式：一块主控板工作，另一块备份，当主用单板故障时进行倒换； 负荷分担模式：两块主控板同时工作，进行工作量的负荷分担
基带板	可以灵活配置在 3、4、6、7、8 槽位，根据实际用户量确定基带板数量。本例配置两块
电源模块	固定配置一块，固定配置在 5 槽位
环境监控板	固定配置一块，固定配置在 5 槽位
风扇模块	固定配置一块，固定配置在最右边槽位

传输设备有光端机、DDF、ODF、PTN 等，如图 4.15 所示。

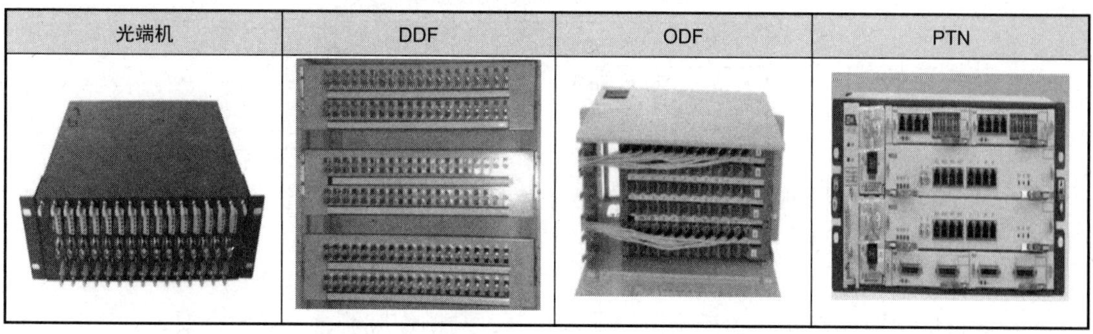

图 4.15　传输设备

4. 基站勘察前的准备工作

（1）工具准备：数码照相机、卷尺、测试手机、GPS、测距仪、指南针，如图 4.16 所示。

数码照相机	卷尺	测试手机	GPS	测距仪	指南针

图 4.16　专用工具

（2）资料准备：打印无线勘察表。

（3）在地图上找出无线勘察站点的位置，并对周边站点情况做进一步了解。

（4）了解站点大致覆盖范围，预估容量情况，初步判断其配置和方位角。

（5）了解站点位置的传输网络，初步确认传输网络路由、网络结构和容量。

（6）初步了解基站的建设方式。

（7）如果是共站建设，则要了解老站的相关信息，如机房大小、电源与电池的伏安数、机房设备图等。

5. 实施勘察要点

扫一扫看机房环境检查微课视频

1）机房环境检查

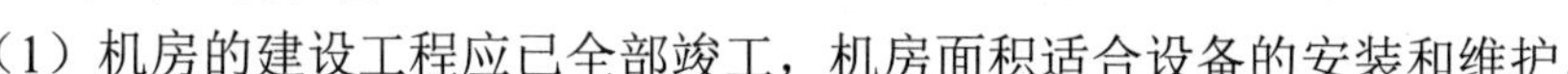
（1）机房的建设工程应已全部竣工，机房面积适合设备的安装和维护。

（2）室内墙壁应已充分干燥，墙面及顶棚涂以不能燃烧的白色无光漆或其他阻燃材料。

（3）门及内外窗应能关合紧密，防尘效果好。

（4）如需新立机架建议机房的主要通道门高大于 2 m、宽大于 0.9 m，以不妨碍设备的搬运为宜，室内净高 2.5 m；否则无此要求。

（5）地面每平方米水平差不大于 2 mm。

（6）机房通风管道应清扫干净，空气调节设备应安装完毕且性能良好并安装防尘网。

（7）机房温度、湿度要求如表 4.7 所示。

表 4.7 机房温度、湿度要求

序号	检查项目		机房
1	温度（注 1）	长期	-10～+55 ℃
2	湿度（注 1）	长期	5%～95%

（8）机房照明条件应达到设备维护的要求，日常照明、备用照明、事故照明等三套照明系统应齐备，避免阳光直射。

（9）机房应有安全的防雷措施，机房接地设施应符合要求。

（10）机房地面、墙面、顶板预留的工艺孔洞、沟槽均应符合工艺设计要求。工艺孔洞通过外墙时，应防止地面水浸入室内。沟槽应采取防潮措施，防止槽内湿度过大。所有的暗管、孔洞和地槽盖板间的缝隙应严密，应选用能防止变形和裂缝的材料。

（11）各机房之间相通的孔洞、布设缆线的通道应尽量封闭，以减少两室间灰尘的流动。

（12）应设有临时堆放安装材料和设备的置物场所。

（13）机房内部不应通过给水、排水及消防管道。

为了设备长期正常稳定地工作，设备运行环境的温度、湿度应满足一定要求。若当地气候无法保证机房的四季温度、湿度符合要求，用户应在机房内设置空调系统。

设备发热量是选用空调容量的主要依据，设备发热量的计算公式为：

$$Q=0.82UI$$

式中，Q——设备的发热量（J）；

U——直流电源电压（V）；

I——平均耗电电流（A）；

0.82——每瓦电能变为热能的换算系数 0.86 与电能在机房内变成热能系数 0.95 的乘积。

实际的空调容量设计应该根据机房的面积和设备的发热量来计算。计算的方法参见相关的工程设计规范书。

机房内的空调系统应在设备上电调试前安装调试完毕，并能正常工作。

2）室外宏站安装环境的检查

为了使系统处于良好的运行环境之中，建议：

（1）尽量避免将设备放在温度高、灰尘大和存在有害气体、易爆物品及气压低的环境中。

（2）尽量避开经常有强震动或强噪声的地方。

（3）尽量远离降压变电站和牵引变电所。

（4）检查天面的空间：天面上是否有足够的空间用来安装天线。天线正对方向 30 m 内不要有明显的障碍物。

（5）检查天面的承重：楼顶的承重（大于 150 kg/m^2）、铁塔的承重是否能够满足设备的安装要求。

（6）检查上天面方式：说明上到天面的方式是内爬梯还是外爬梯，是否需要找人拿钥匙开门，以及联系人和联系方式。

（7）检查抱杆的安装方式：在楼顶安装天线时，需要准备用于固定天线的抱杆。抱杆

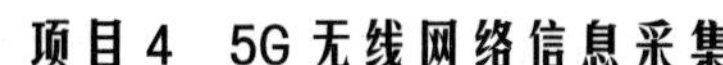

的高度应满足网络规划的要求，抱杆直径满足 60～120 mm，建议抱杆直径为 80 mm，同时应考虑防风和防雷的要求。采用抱杆安装天线时，每根抱杆应分别连接至避雷带。与接地线的连接处须做好防锈、防腐处理。

（8）核查天面最大风速：询问当地的最大风速情况（建议海边城市按 100 年一遇，内地城市按 50 年一遇标准）。

（9）天面的气候情况：询问当地的雨水、雷电情况。

（10）检查铁塔安装类型及高度：如落地塔、楼顶塔、单管塔或网格塔，检查塔体是否有良好的接地措施，检查塔身布线时能否进行线缆接地，塔体上是否有单独的接地扁铁等。

（11）电磁环境：天面是否有其他无线设备天线，如果有则应注明频段和功率，以及是否满足隔离度要求。

（12）勘察线缆从天线到机房的走线路由：走线路由的原则是线缆最短、走线最方便，如果线缆需要沿建筑物外墙走线，需要考虑线缆安装和维护的方便。

（13）避雷针的要求：与全向天线的水平距离不小于 1.5 m，同时要求天馈设备安装位置在避雷针的保护范围内，空旷地带和山顶保护范围为 30°，其他地域为 45°。定向天线的避雷针可直接安装在抱杆顶端。

（14）保证 GPS 接收天线上部±50°范围内没有遮挡物。GPS 天线应处于避雷针下 45°角的保护范围内。

（15）在采用铁塔方式安装天线时，需要安装铁塔。铁塔的设计和安装必须满足通信系统相关规范的要求，一般要求能够承受 200 km/h 的风速。铁塔需要由专业的公司来设计和安装，铁塔的防雷接地系统必须满足规范要求。基站所在地区土壤电阻率低于 700 Ω·m 时，基站地阻应小于 10 Ω；否则对基站地阻不做要求，但要求地网的等效半径不小于 20 m，并在地网四角敷设 20～30 m 的辐射型水平接地体。

（16）检查女儿墙的厚度、高度和材质，确定是否适合在上面钻孔安装设备或支架。

3）室内微站安装环境的检查

为了使系统处于良好的运行环境之中，建议：

（1）尽量避免将设备放在温度高、灰尘大和存在有害气体、易爆物品及气压低的环境中。

（2）尽量避开经常有强震动或强噪声的地方。

（3）避免将设备放在潮湿的环境中，检查墙面是否渗水。

（4）检查墙体的厚度、材质，确定是否适合在墙上钻孔安装设备或支架。

（5）了解业主对室内走线的要求。

（6）尽量避免安装环境存在安全隐患，如水管、暖气管、煤气管道等。

（7）检查弱电井里是否有鼠害。

（8）检查强电井里是否有电磁干扰。

（9）检查是否具备电源接入条件，电压、容量是否满足要求。

（10）检查室内是否具备走线条件。

4）安全检查

对于基站设备的安全性要求如下：

（1）机房内或安装地点附近严禁存放易燃易爆等危险物品，必须配备适用的消防器材。

（2）不同的电源插座应有明显的标志。动力电与照明电有明显区分。

（3）机房或安装地点附近不能有高压电力线、强磁场、强电火花及威胁机房或设备安全的因素。

（4）楼板处预留孔洞应配有安全盖板。

（5）所有电力线和传输线在从室外引入室内前均应有妥善的防雷措施。

5）电源及接地系统

基站系统电源电压的要求如下：

（1）交流电供电设施除了有市电引入线外，可配备柴油机备用电源。交流电源单独供电，电压范围为 380 V±10%；220 V±10%。

（2）直流配电设备供电电压应稳定，V9200 标称值为-48 V（-57～-40 V），A9611 标称值为-48 V（-57～-36 V）；功率足够，V9200 的最大功耗是 700 W，A9611 的最大功耗是 1500 W。

（3）如果直流电源设备由中兴通讯提供，则在勘察时应做电源勘察。

蓄电池组的标称电压和电压波动范围应符合基站设备的要求，蓄电池的供电方式采用浮充工作方式，其容量应能满足本期工程的要求。蓄电池的容量为：

$$C=P\times t/U$$

式中，C——蓄电池容量（Ah）；

P——负载功率（W）；

t——蓄电池放电时间（h）；

U——负载电压（V）。

蓄电池的放电时间（t）如表 4.8 所示。

电源欠流、欠压、过压均有声光告警。

直流电源安装时一定注意电源极性一致，以防极性反接，损坏设备。

表 4.8　蓄电池的放电时间（t）

项　目	移动交换局/h
二类供电方式	2
三类供电方式	8

6）电磁辐射防护要求

根据中华人民共和国国家标准《电磁环境控制限值》（GB 8702—2014），电磁辐射防护要求如下：

公众所受的照射场量限值：电磁辐射等效平面波功率密度（任意连续 6 min 内）小于 0.4 W/m^2（30～3000 MHz）。

7）接地及防雷要求

图 4.17 为移动通信基站接地地网示意图。基站接地及防雷的要求如下：

（1）机架的工作接地线、保护接地线应尽可能分别接地。

（2）机架间接地连线应正确互连。

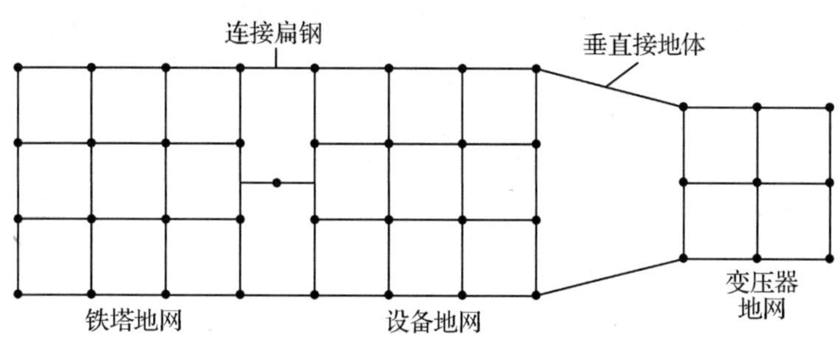

图 4.17　移动通信基站接地地网示意图

（3）基站天线、线缆、铁塔、机房正确接地。

基站工作地需采用联合接地系统时，基站所在地区土壤电阻率低于 700 Ω·m 时，基站地阻应小于 10 Ω；否则对基站地阻不做要求，但要求地网的等效半径不小于 20 m，并在地网四角敷设 20～30 m 辐射型水平接地体。GPS 馈线在接天线处、铁塔拐弯处和进机房前各接地一次。

所有电力线和传输线在室外引入室内前均应有妥善的防雷措施。

室内接地系统直接与接地排相连，所有设备接地均连接至接地排上，该地排与大楼总地线排相连。

室外型基站，产品具有很好的抗雷击性能，配电设备采用两级避雷防护。为了使设备在雷击大电流释放时不受影响，将避雷器释放地与机柜保护地分开接地，以提高产品抗雷击性能。

8）传输勘察

新建站点因为传输没有到位，需考虑该站点到最近站点的距离及其将来采用的传输方案。如果利用旧站点，应仔细勘察，确认现有传输容量及能否保证将来新增设备的传输需求。

机房的布局包括走线架布置和 BBU 的安装位置，根据机房平面图与机架结构尺寸按照工程设计书来画线定位。

如需新设机柜，机柜的摆放位置应充分考虑线缆到 BBU 的方向，馈线应尽可能短而且弯曲弧度不应太大；如果需要两个以上的机架时，主机架尽量放在中间位置。

此外，新设机柜的布置采用一排还是多排（与其他设备放同一机房时），由机房的大小和机柜的数量来决定。机柜布置满足以下要求：

（1）一排机柜与另一排机柜之间的距离不小于 0.8 m。

（2）机柜正面与障碍物的距离不小于 0.8 m，由于 BBU 机柜需要后开门，机柜背面与障碍物的距离也应不小于 0.8 m。

（3）机柜的放置应便于操作，多机架并排时，机柜排列应整齐美观。

（4）机柜左侧面与墙面距离应大于 40 cm，右侧面与墙面距离应大于 20 cm。

9）室外平台勘察

室外平台位置要有精确定位。如果是在野外，平台建设位置需要用喷漆做记号，要有室外平台的经纬度，并对其所在位置及周围环境进行拍照；如果是在楼顶则需要至少量出

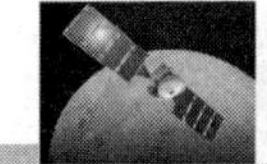

该平台到两处楼顶参照物的距离，要画出拟建的平台大小、结构及设备摆放的草图，并对草图进行拍照记录。

10）天面勘察

（1）记录站点经纬度，并对 GPS 数值进行拍照。

（2）确定好天线抱杆的位置，并站在楼房边缘的位置拍 360° 环境照片，每 45° 照一张，共 8 张。

（3）确定天线的方向角及下倾角、覆盖目标的距离。

（4）对站点天面进行拍照，要求站在天面的四个角落对天面进行全面无死角的拍照，如果天面过大，还需要站在天面中央对天面四周进行拍照，并对要立抱杆的位置进行重点拍照。

（5）绘制天面草图，草图上标注尺寸要精准，将天面周边的能占用天面的物件进行详细测量并记录。草图内容必须要能反映楼宇天面所有物件。

（6）如果站点天面存在共站点天线或其他运营商，需要对其天线与设备的位置、挂高、走线等进行拍摄记录，并在草图上体现。

11）勘察后的数据整理

（1）按勘察的实际信息填写电子档勘察记录表。

（2）整理拍摄的照片，按照机房、天面、方向照与站点覆盖区域进行命名整理。

（3）按照草图绘制电子档站点图纸。

（4）归档勘察资料。

4.1.4 任务实施

通过掌握基站勘察相关知识点，完成站点勘察表内容的填写并输出站点物理信息勘察报告。

任务 4.2 环境信息采集

扫一扫看环境信息采集教学课件

4.2.1 任务描述

基站环境信息采集在网络建设中具有极其重要的地位，通过本任务的学习，学生将能够描述如何对基站环境信息进行采集。

4.2.2 任务目标

（1）了解环境信息采集的准备工作；

（2）了解天线安装环境情况；

（3）掌握勘察数据采集。

4.2.3 知识准备

扫一扫看无线环境信息采集前准备阶段微课视频

1. 环境信息采集前准备阶段

网络信息准备：合同、服务区域范围划定、可选站点信息表、勘察信息采集表、地图等。

人员准备：勘察工程师、设计工程师、规划工程师、运维工程师等。

工具仪表：GPS、罗盘、测距仪、数码照相机、望远镜等。

车辆准备：勘察用车（含司机）。

提供本次勘察原则：中兴、客户、设计院等。

勘察计划准备：人员分工、分组计划；勘察范围划分；勘察路线和进度安排、职责划分等。

勘察技术准备：无线网络勘察工具的使用；无线网络规划知识。

2. 勘察站点信息准备

勘察前可以根据网络预规划的站点分布，结合 Google Earth、搜狗地图、SOSO 街景图等工具，熟悉需要勘察的站点的周边无线环境和建筑分布，对勘察的站点选择合适的建筑或位置点，制订勘察计划和路线，从而可以在实际勘察过程中明确目标，勘察效率更高。

3. 勘察总结交流

对勘察经验进行汇总，形成相关的经验库便于后期类似项目的勘察。

勘察总结包括两部分：信息整理和交流确认。

信息整理：信息整理分为阶段整理和汇总。阶段整理便于发现问题并及时处理；汇总所有勘察信息便于提供给网络详细规划和工程实施准确的依据。

交流确认：所有基站勘察、确认后，经勘察小组汇总形成最终文档提交勘察负责人，然后送项目经理绘制工程施工图纸；抄送网规负责人进行详细网络规划。

勘察人员获取相应资源后，按照勘察计划和勘察路线实施无线网络勘察，勘察过程中需要按照要求详细记录和确认有关数据，主要涉及：

扫一扫看勘察总结部分微课视频

（1）工程数据。

（2）无线传播环境数据。

（3）其他数据，如记录由于某种原因造成的个别基站勘察中止（注明原因、可能的解决办法——备选站点和照片信息）。

扫一扫看站址选择原则微课视频

4. 站址选择原则

站址选择主要从场强覆盖、话务密度分布、建站条件、经济成本等几个方面来考虑。站点分布要考虑以下几个因素。

（1）业务量和业务分布要求：基站分布与业务分布应基本一致，优先考虑热点地区。

（2）覆盖和容量要求：按密集城区—一般城区—郊区—农村的优先级考虑覆盖，此外对交通干道、重要旅游区也应优先考虑。

（3）基站周围环境要求：基站天线高度满足覆盖目标，一般要求天线主瓣方向 100 m 范围内无明显阻挡，同时天线不宜过高，避免小区越区重叠，影响网络容量和质量。基站所在建筑物高度、天线挂高要求如表 4.9 所示，实际工程中应根据具体情况进行适当调整。

表 4.9　基站所在建筑物高度、天线挂高要求

区域类型	天线挂高	建筑物高度要求
密集城区	30～40 m	不要选在比周围建筑物平均高度高 6 层以上的建筑物上，最佳高度为比周围建筑物平均高度高 2～3 层
一般城区		

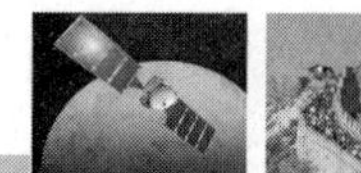

续表

区域类型	天线挂高	建筑物高度要求
郊区	30～50 m	不要选在比市郊平均地面海拔高度高很多的山上
农村	根据周围环境而定	

城区天线挂高应比周围平均高度高 10～15 m，郊区及农村应超出 15 m 以上。

要求站点天线挂高和规划所得高度比较接近，对于可以采用增高方式的站点，楼高度可以低于规划所得高度，但不能高于规划高度的 30%，如果楼顶有塔，规划所得高度最好位于楼面到塔的顶层平台之间。

站址选择的主要原则如下：

（1）基站应避免在大功率无线电台、雷达站、卫星地面站等强干扰源附近选站；与异系统共址时，要保证天面上有足够的垂直隔离空间。

（2）一般要求基站站址分布与标准蜂窝结构的偏差应小于站间距的 1/4，在密集覆盖区域应小于站间距的 1/8。

（3）站点周围没有高大障碍物的阻挡，即使有阻挡，阻挡夹角（站点与障碍物两侧连线的夹角）不大于 20°。

（4）基站所在楼房高度不宜超过规划高度的 1/2 倍以上（密集城区和一般城区均避免选择 50 m 以上的高楼）。

（5）不要在树林中选站，不要在高山上选站（广域覆盖除外）。

（6）不要在孤立的高楼上选站（限密集城区和一般城区，高出周围建筑物 20 m 以上者）。

（7）同一基站几个扇区天线高度差别不能太大。对于建筑天面较大的站点，为保证后续仿真及覆盖评估的准确性，需要采集各个扇区的经纬度信息。

5. 天线勘察选项原则

天线选型涉及的参数有天线增益、天线方向图、水平波瓣宽度、垂直波瓣宽度和下倾角度。

水平波瓣宽度的选择：天线的水平波瓣宽度和方位角决定覆盖的范围。水平波瓣宽度的选取原则如下：

（1）基站数目较多、覆盖半径较小、话务分布较大的区域，天线的水平波瓣宽度应选得小一点；覆盖半径较大，话务分布较少的区域，天线的水平波瓣宽度应选得大一些。

（2）对于业务信道定向赋形，全向天线的水平波瓣宽度的理论值为 35°；定向天线在 0°赋形时水平波瓣宽度的理论值为 12.6°，40°赋形时水平波瓣宽度的理论值为 17°。

（3）在城市适合 65°的三扇区定向天线，城镇可以使用水平波瓣角度为 90°，农村则可以采用 105°，对于高速公路、高铁可以采用 30°的高增益天线。

垂直波瓣宽度的选择：天线垂直波瓣宽度和下倾角决定基站覆盖的距离。覆盖区内地形平坦，建筑物稀疏，平均高度较低的，天线的垂直波瓣宽度可选得小一点；覆盖区内地形复杂、落差大，天线的垂直波瓣宽度可选得大一些。

天线增益的选择：天线增益是天线的重要参数，不同的场景要考虑采用不同的天线增益。

（1）对于密集城市，覆盖范围相对较小，增益要相对小些，降低信号强度，减少干扰。

（2）对于农村和乡镇，增益可以适度加大，达到广覆盖的要求，增大覆盖的广度和深度。

（3）公路和铁路，增益可以比较大，由于水平波瓣角较小，增益较高，可以在比较窄的范围内达到很长的覆盖距离。

下倾角的选择：圆阵智能天线可以进行电子下倾，但电子下倾角度不是任意可调的，一般是厂家预置，下倾角度在 0°～9°，天线阵列尚不能进行电子下倾的调节。

6. 天线勘察隔离度要求原则

空间隔离估算是干扰判断的重要阶段，通过系统间天线的距离、主瓣指向等计算得到理论的空间隔离距离。隔离方式一般分为水平隔离、垂直隔离和倾斜隔离，如图 4.18 所示。

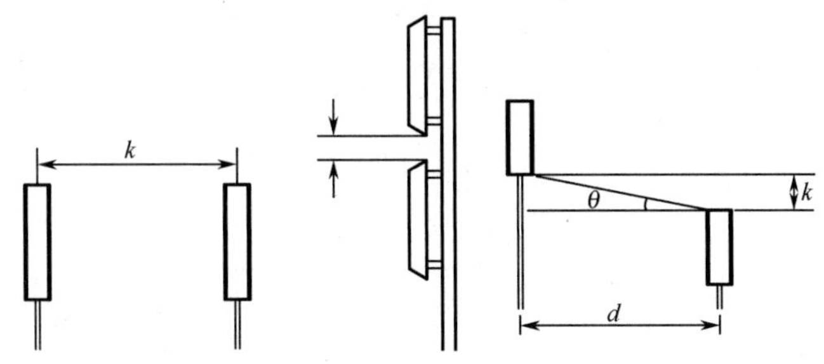

图 4.18　隔离方式

系统间隔离距离要求如表 4.10 所示。

表 4.10　隔离度要求

系　　统	隔离度（dB）	水平距离（m）	垂直距离（m）
TD-LTE 与 GSM900	38	2.1	0.6
TD-LTE 与 DCS1800	46	2.6	0.5
TD-LTE 与 TDA	30	0.4	0.2
TD-LTE 与 TDB	30	0.4	0.2
TD-LTE 与 WCDMA/CDMA2000	30	0.4	0.2

7. 勘察数据采集

划分覆盖区域类型需要考虑话务量和覆盖区地物环境。话务量分类需要综合考虑面积、人口、社会经济、竞争对手用户分布情况等因素；地物环境分类应根据当地规划区经济发展情况，将规划区域分为四类，即密集城区、一般城区、郊区和农村，如表 4.11 所示。

表 4.11　环境类型

环 境 类 型	覆盖区的范围和面积
密集城区	利用街道名称来确定封闭的覆盖区范围；以最北街道的、西北交道口为封闭环的起点，以街道为名称为“边”。北—东—南—西—北形成闭环区域。面积=长（东西）×宽（南北）
一般城区	利用街道名称来确定封闭的覆盖区范围；以最北街道的、西北交道口为封闭环的起点，以街道为名称为“边”。北—东—南—西—北形成闭环区域。面积=长（东西）×宽（南北）
郊区	把郊区和市区的界线描述清楚，以街道为分界线，还有需要覆盖的面积
农村	只需把农村的地形（地貌、地物）描述清楚即可

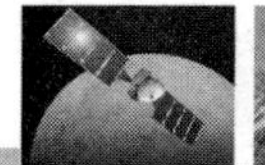

站点勘察采集的基本数据主要涉及基站编号、基站名称、经纬度信息、天面高度、海拔高度，如表 4.12 所示。

表 4.12　站点信息

客观信息	说　明
基站编号	由两个部分组成业务区缩写+序号
基站名称	地名+楼宇名，市区中，地名采用街道名称；在村、乡镇，以村、乡镇名称命名
经纬度信息	GPS 测得
天面高度	从架设天线的天面到地面的相对高度，使用测距仪或高度计测得
海拔高度	使用 GPS 记录基站站址的海拔高度，即绝对高度

根据采集数据，可以对网络提出规划建议，如表 4.13 所示。

表 4.13　站点规划建议

建议站型	建议方位角	建议下倾角	建议天线挂高	实现方式	GSM 隔离距离
S111	30°、190°、270°	4°	35	增高架	垂直隔离
S111	0°、160°、250°	4°	26	增高架	垂直隔离
S111	20°、160°、280°	4°	32	抱杆	垂直隔离
S111	80°、200°、310°	4°	67	抱杆	垂直隔离
S111	0°、140°、260°	4°	28	增高架	垂直隔离
S111	0°、120°、250°	4°	63	抱杆	垂直隔离
S111	20°、130°、250°	4°	37	增高架	垂直隔离
S111	30°、110°、270°	4°	39	增高架	垂直隔离
S111	45°、170°、280°	4°	57	抱杆	垂直隔离
S111	30°、160°、290°	4°	58	抱杆	垂直隔离

勘察之后，针对规划区域提出勘察建议，如表 4.14 所示。

表 4.14　勘察建议

最近站点信息	站址选择理由
锦江、华联、新业	覆盖 CNC 机房和附近的工业区及居民区
美港、银河	覆盖范围有限，需建塔
明旺、三湘	7 层楼顶，需要加增高架，25 m，有移动 GSM900 MHz 网络
美港、锦江	覆盖中山西路高架北部
明旺、古北湾	覆盖高架
银河	覆盖虹桥路及周围密集城区
三湘、漕河泾	覆盖目标是周边居民小区和交通要道，以及连续覆盖
新业、漕河泾	5 楼，高 21 m
新业	覆盖马路和学校、居民区
漕河泾、党校	覆盖周围写字楼和工厂、马路

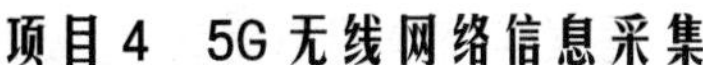

距离最近的基站：记录距离、方位角；密集城区记录 2 km 范围内的基站；一般城区记录范围为 3～5 km；农村或郊区记录范围为 5～10 km；如果在这些范围内没有基站，记录最近的基站，并说明选择基站的理由，清楚地说明覆盖区的覆盖对象。

采集站点周围无线环境的情况主要包括：一般需要从 8 个方向进行拍摄。各个方向的照片要求连续（请使用罗盘进行方向的确认），照片要清晰，在能见度较好时拍摄，避免在有雾时或傍晚拍摄。

4.2.4　任务实施

通过环境信息采集知识的学习，完成站点环境评估勘察报告。

任务 4.3　投诉信息采集

扫一扫看投诉信息采集教学课件

4.3.1　任务描述

通过学习投诉信息处理规范，熟悉投诉信息处理流程，掌握现场投诉信息收集的工作要领，能够独立完成现场问题沟通、无线环境排查，并完成投诉外场信息表反馈。

4.3.2　任务目标

（1）了解投诉信息定义及分类；
（2）了解投诉信息处理的原则和流程；
（3）掌握投诉现场信息采集。

4.3.3　知识准备

1. 投诉的定义

用户在使用运营商提供的产品或接受运营商提供的服务过程中，通过多种途径或渠道对其所使用的产品和服务明确提出不满，并提出相关需求需要运营商进行解决和答复的行为即为投诉。

2. 投诉的分类

按照投诉流程执行的优先紧急程度和时限要求可以将投诉分为普通投诉和紧急投诉。

普通投诉是指客户通过营业厅、服务热线、客户经理、网站等常规渠道就某一问题向公司首次反映，公司通过内部处理流程，在时限范围内回复客户的投诉请求。

紧急投诉是指因客户的重要程度、投诉内容、投诉来源等特殊情况，直接由领导或上级部门要求在特别规定时间内处理的投诉需求。紧急投诉需要安排专人跟进处理流程，时间安排上需要优先处理，其中包括以下几类紧急投诉情况。

（1）重大投诉：可能或已经对客户感知造成重大负面影响的问题；可能或已经造成媒体大量报道、社会关注、政府干预、诉讼仲裁等严重影响公司正常运营，对公司声誉产生负面影响的投诉。

（2）升级投诉：客户通过上访、来电、传真、信函等方式向工信部、通管局、集团公

司、省级以上政府部门、省级以上媒体、省级以上消协及其他同级别社会团体、省公司领导、省监督热线等渠道进行投诉，且经以上渠道转派的省升级投诉处理中心的投诉；以及市公司根据内部流程不能独立处理而上升到省公司协调处理的投诉。

（3）批量投诉：60 分钟内有超过 10 个普通客户和 5 个 VIP 客户对同一网络问题或时限内后台查证影响客户数量超过 10 人以上的投诉。

（4）重复投诉：客户对于 3 个月以内已经处理完毕并回复归档的同一网络问题进行再投诉。

（5）跨区域投诉：需跨省或跨市解决的网络投诉。

（6）重要客户投诉：金卡以上级别客户、A 级集团客户及其联系人产生的网络投诉。

（7）敏感客户投诉：其他由市公司和客服中心认定的特殊客户产生的网络投诉。

3. 投诉处理的原则和流程

扫一扫看投诉基本流程微课视频

1）投诉处理的原则

（1）首问责任制。受理投诉的始发部门要对整个投诉处理过程跟踪负责，并对重大、升级、批量、重复等问题做好分析。

受理投诉的始发人对待客户务必不推诿、不怀疑，要勇于处理客户的意见。

（2）预处理原则。服务一线对接到客户特殊诉求，必须按照公司规定的应答技巧及相应的承诺原则进行预处理，杜绝因服务态度问题激化投诉升级。

（3）逐级处理，逐级上报原则。对出现的重大投诉必须采用逐级处理，逐级上报原则。服务一线对接到的客户投诉按照公司相应的流程进行处理，如属于重大投诉，须逐级上报并按要求填写《重大投诉处理申报表》。各级投诉处理机构的第一负责人必须对客户投诉高度重视，督促本部门严格按照流程进行重大投诉的处理工作，并为投诉处理的有效实施确定和调配管理资源，杜绝出现推诿到其他界面。

（4）及时申报原则。一旦出现各类重大投诉情况，应按相应的时限尽快通报投诉处理的各级部门，以便在最短的时间内处理好客户的投诉。

（5）信息准确性原则。各级报告人须保证上报信息的及时性、有效性和准确性，并保持联络渠道的畅通。

2）投诉处理的流程

（1）普通投诉处理流程。首问员工在接到客户一般投诉后，先判断客户的问题所在，通过系统、业务规范等信息向客户解释，并保证每次的沟通过程在半个工作日内录入投诉一体化系统。

（2）服务厅员工接待的投诉必须填写《服务厅服务登记表》。对于无法当场解决的问题，必须在半个工作日内转单相关支撑、职能部门，在查询的过程中遇到任何问题，务必保证与客户保持沟通，每 48 小时向客户反馈处理的步骤和成果，并将沟通的详细过程录入《服务厅服务登记表》和投诉一体化系统。

（3）重大投诉处理流程。首问员工必须在安抚客户情绪后及时反馈服务厅客户经理主管，主管人员在 1 小时内给予处理意见，首问员工务必在 24 小时内根据主管人员和支撑部门处理意见回复客户。

4. 投诉信息的收集和定位

在现场与用户进行沟通和交流收集投诉信息的过程中，用户只想为了尽快解决手机无法正常使用问题，从而对造成手机无法正常使用的原因及相应的现象的描述会很杂乱、很烦琐，这就要求投诉处理人员将其中与导致投诉问题产生的原因的信息及有可能造成手机无法正常使用的信息提取出来，对定位投诉问题、提出解决方案和方案实施有着至关重要的作用。

1）投诉信息预处理

投诉处理人员在接到无线网络运营商服务台下发的投诉处理单后，所要做的工作主要分为以下几个方面。

（1）确定具体投诉地点。确定具体投诉地点的目的在于提高投诉处理的及时性和准确性，具体要做的工作包括：

- 查看投诉地点周围基站分布情况，确定周围基站是否存在硬件故障，核查投诉地点周围站点+历史告警信息。若周围站点运行正常，则需要派人现场处理；若周围站点存在故障或告警，则电话联系用户，反映实际情况，告知用户会尽快排除基站故障和告警，并建议用户继续观察，同时不需要派人进行现场处理。
- 查看历史投诉统计，确定是否之前该区域也有类似投诉，若存在类似投诉，同时问题还未解决，则告知用户会尽快处理，并建议用户继续观察；若不存在类似投诉或投诉问题为新问题（和历史投诉统计相对比而言），则需要派人进行现场处理。

（2）用户相关信息确认。在前往投诉现场之前，应先电话联系用户，确定用户是否在投诉地点、用户是否有空闲时间配合投诉处理人员进行问题处理、用户在投诉之前是否对问题自行处理过（检测手机、检测手机卡、更换手机、更换手机卡）等。若用户不在投诉地点或用户正忙，则不必前往现场进行处理，但要预约用户进行处理，并对投诉进行跟踪。

投诉派单：投诉问题已经确认为是新问题，投诉点周围基站运营正常，无故障和告警，用户身在投诉地点，同时，用户也希望进行现场处理，则可派人前往投诉地点，进行现场处理。

扫一扫看投诉现场信息采集微课视频

2）投诉现场信息采集

现场投诉处理人员在进行现场网络测试时，要结合投诉地点实际情况，参考投诉点周围无线网络环境，进行全面的、详尽的测试（包括室内测试、室外测试），因为无线网络环境的复杂程度在客观上对网络的覆盖情况有着很大的影响，如阻挡、反射、衰减等，这也是导致用户手机无法正常使用的一个重要原因。

在测试前要先了解投诉点周围的无线网络环境，观察投诉地点周围是否有高层阻挡、是否有室内分布（室内投诉）、是否有大型发电厂、是否有可能产生强电磁场干扰的企业和厂家存在、是否有军事机构和政要机关。

现场测试时，着重关注几个网络指标：2G、3G、4G 和 5G 的网络覆盖情况和质量情况。这些网络指标的好坏是对网络质量的一个综合评定，也是对投诉点网络覆盖的一个客观反映。

在现场拨打测试过程中，现场投诉处理人员一定要拿起手机，听一听通话效果，看是否有杂音、语音断续、语音模糊、单通（主叫听不到被叫声音、被叫听不到主叫声音），观

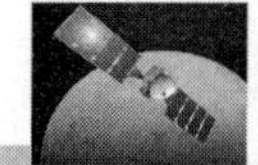

察视频播放是否流畅，微信视频是否存在较长缓冲，打开主流网页是否存在延迟等现象，并对出现的语音和数据业务问题进行详细记录。

扫一扫看投诉现场问题定位微课视频

3）投诉现场定位问题

对于投诉现场定位问题，不能仅凭几个主要网络指标好坏而定，应联系实际，结合投诉点周围的无线网络环境，进行全面的、系统的定位。在处理投诉过程中，一般遇到的问题主要有信号不稳定、无信号、语音模糊、语音断续、通话有杂音、单通、难以接入、无法被叫、掉话、数据业务上网速率低等情况，同时这些情况也是用户在使用手机过程中最可能遇到的，而造成这些现象的主要原因无非就是网络、终端和手机卡。

在现场测试过程中，投诉处理人员应结合投诉点周围无线网络环境着重关注投诉点实际网络覆盖情况，如果发现投诉点实际网络覆盖的确很差，同时也已经排除终端和手机卡造成手机无法正常使用的可能，从而可以肯定导致手机无法正常使用的根本原因是网络。在定位问题的过程中，不能只根据表面现象粗略定位，要从本质上对问题进行定位。例如，网络覆盖差，是因为投诉点处于基站覆盖边缘导致网络覆盖差还是投诉点本身就是覆盖盲区、导频污染导致网络覆盖差还是因为存在外界干扰导致网络覆盖差、高楼阻挡导致网络覆盖差，还是因为没有室内分布导致覆盖差等。

对于现场难以定位的网络问题，应该联系 OMC 后台人员进行协助处理，根据实际测试情况，确定是否需要 OMC 后台跟踪信令、更改参数、添加邻区等，同时还可以将现场测试情况对 OMC 后台人员做一个简洁明了的汇报，这样可以提高问题定位的准确性。

现场定位问题对投诉处理人员的理论基础、工作经验及数据分析能力要求较高，这就要求投诉处理人员在平时的工作当中多交流、多讨论，同时注重理论知识的学习和工作经验的积累。

4.3.4 任务实施

通过掌握投诉信息采集相关知识点，完成投诉现场信息采集并反馈采集信息表。

习题 4

1. 简述基站勘察的整体流程。
2. 简述 BBU 的主要板卡功能。
3. BBU 板卡基带板可以配置在哪些槽位上？
4. 基站勘察需要准备的工具清单有哪些？
5. 简要描述站址选择的主要原则？

项目 5

5G 无线网络测试

项目概述

5G 无线网络测试数据收集是评估网络质量，发现和定位网络问题的重要手段。本项目详细介绍 DT 和 CQT 的内容及测试中常见的异常问题处理思路。通过本项目的学习，学生能够掌握无线网络测试工作重点，独立完成测试采集工作。

学习目标

（1）掌握 DT 和 CQT 测试前准备工作；
（2）掌握 DT 和 CQT 软件的使用，完成前场测试数据采集；
（3）能够解决测试过程中突发的异常问题。

任务 5.1 DT 测试准备和执行

扫一扫 DT 测试准备和执行教学课件

5.1.1 任务描述

路测（Drive Test，DT）是通信行业中对道路无线信号的一种最常见的测试方式，为了提高测试效率，测试人员都是坐在车内，用专业的测试仪表对整个道路进行测试。路测是对无线网络的下行信号，也就是各无线网络的空中接口进行测试，其作用主要是对网络质量的评估和无线网络的优化。

5.1.2 任务目标

（1）了解 DT 的基本概念；
（2）掌握 DT 测试工具；

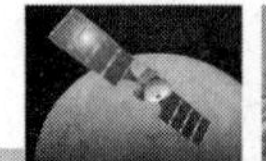

（3）掌握 DT 前期准备和数据采集执行工作；

（4）了解 DT 测试结果记录情况。

5.1.3 知识准备

扫一扫看路测基本概念微课视频

1. DT 基本概念

DT 是指在行驶中的测试车上借助专门的测试设备来对移动台的通信状态、收发信令和各项性能参数进行记录的一种测试方法。DT 数据从抽样的观点反映了网络的运行质量，测试设备可以记录无线网络环境参数及移动台与基站之间的信令通信。DT 系统具有对测试记录数据分析与回放的功能。它的目的是模拟移动用户的呼叫状态，记录数据并分析这些数据，把这些数据与原来的网络设计数据相比较，若有差异及异常的呼叫信息，则设法修改各种参数，以便优化网络。DT 是网络优化的重要手段。DT 所采集的参数、呼叫接通情况及测试者对通话质量的评估，为运营商提供了较为完备的网络覆盖情况，也为网络运行情况的分析提供了较为充分的数据基础。DT 的记录并回放测试过程中的所有信息的功能对故障定位和效果评估，特别是对掉话点的定位有非常大的作用。

DT 是进行网络性能评估、网络故障定位和网络优化时必不可少的测试手段。测试时间建议安排在话务忙时，可以参考网管话务统计。参考话务忙时为：10:00—12:00；16:00—19:00。

2. DT 的作用

DT 在网络优化过程中起着重要的作用：首先是对网络质量的评估，其次是对定点优化的测试。当进行网络质量的评估时，DT 可以模拟高速移动用户的通话状态。由于 DT 设备可以记录测试全过程及测试路线上的所有无线参数，因此通过 DT 可以全面完整地评估网络质量。当进行定点优化的测试时，DT 的作用是对故障点、掉话点的定位和优化后的效果进行验证。

3. DT 工具

DT 工具如表 5.1 所示。

表 5.1　DT 工具

工具分类	设备名称
硬件	GPS
	测试手机和数据线
	笔记本电脑
	扫频仪（可选）
	车载逆变器
	测试车辆
软件	DT 前台采集软件
	DT 后台分析软件

其中，测试工具软件中的 DT 前台采集软件需要在 DT 开始前安装在测试用笔记本电脑

中，并在整个测试过程中持续运行，监视和记录测试数据。DT 后台分析软件则是在测试数据收集完成后结合相关信息对各项采集数据进行回放、分析和统计等，以便于网络优化工程师更好地评估网络性能和分析网络异常的原因。常用 DT 前台采集软件有华为 Probe、中兴 CXT、鼎利 Pilot Pioneer 等。

4. DT数据采集阶段

扫一扫看 DT 测试路线的选择微课视频

1）DT 测试路线的选择原则

DT 的目的是反映网络的性能、系统的运行状态或定位网络问题，因而在测试开始前应设计好测试路线，使测试结果能够尽量准确地反映网络实际情况。DT 线路可以选择一条或多条，一般遵循以下原则：

（1）穿越尽可能多的基站。

（2）包含网络覆盖区域的主要道路，由于测试路线具有方向性，测试时应沿相同方向进行，并在主要道路上进行来回两个方向的测试。

（3）在测试路线上，车辆以不同的速度行驶。

（4）包含不同的电波传播环境。

（5）穿越小区间的切换区域。

（6）包含用户投诉较多的区域。

扫一扫看 DT 测试前准备阶段任务微课视频

2）DT 测试前设备准备阶段

测试人员在 DT 测试之前完成设备准备工作，确认携带安装 DT 前台采集软件的笔记本电脑、测试手机和连接线、扫频仪（可选）、GPS、逆变器、地图和路测记录本上测试车辆。将测试手机放在车内后座，GPS 安装到车顶。

（1）确认所有测试设备均已连接完成。

（2）确认所有测试工具和测试手机已经打开，运行 DT 前台采集软件进行相关调试确保测试设备能够正常连接。

（3）确认 GPS 连接状态和卫星接收状态，是否能够正常在地图上打点。

（4）正确配置相关测试任务，并确认测试计划可以顺利执行。

扫一扫看 DT 测试数据采集记录阶段微课视频

3）DT 测试数据采集结果记录阶段

在测试过程中，测试人员需要确认测试设备运行状态并记录异常问题相关信息。在采集过程中如果遇见突发的测试设备中断、故障或异常问题，需要及时停止 DT，重新调整设备配置并确认设备连接正常情况下，再重新开始 DT 测试。

（1）在测试过程中出现异常问题，应记录下事件发生的时间、地点和现场的一些情况，以便后台优化人员进行后续的数据信息分析。

（2）在测试过程中如果连续出现异常问题，需要及时联系后台优化人员，排查原因。

（3）全部完成测试后，先停止测试终端的业务，再停止测试记录，确保测试采集数据的完整。

（4）测试完成后确认采集数据的有效性，并及时将测试数据和异常事件信息传递给后台优化人员。

5.1.4 任务实施

通过学习 DT 的基本知识，能够完成软件安装，设备连接调试、测试计划设置及测试数据采集交付任务。

任务 5.2 CQT 准备和执行

扫一扫看 CQT 准备和执行教学课件

5.2.1 任务描述

CQT（Call Quality Test，呼叫质量测试）主要用来检验网络性能。往往在正式测试之前会对测试结果有一个明确的要求，CQT 是指针对预先定义的重点区域分别进行拨打测试，感受实际业务情况，根据相应的验收标准对业务接通、掉话、业务质量等多项指标进行考核。与 DT 相比，CQT 验收指标更多来自验收人员的主观感受。CQT 需要针对不同业务分别进行，一般采用间歇呼叫的方式，一次通话保持一定时间后断开，再继续呼叫。

5.2.2 任务目标

（1）了解 CQT 工具；
（2）掌握 CQT 准备；
（3）掌握 CQT 执行；
（4）掌握 CQT 结果记录。

5.2.3 知识准备

扫一扫看 CQT 测试工具介绍微课视频

1. CQT 工具介绍

WING 是一款基于 Android 系统，运行在特定商用智能手机上的便携式无线网络空口测试软件，可以真实反映实际用户的网络感知情况，如图 5.1 所示。与传统 DT 相比，它具有体积小巧、方便携带、无须外接测试设备等诸多优点。WING 拥有芯片级数据采集的能力，可以记录丰富、全面、准确的空口测量信息，支持 GSM、CDMA、EVDO、WCDMA、TD-SCDMA、LTE 和 5G 制式的测试。

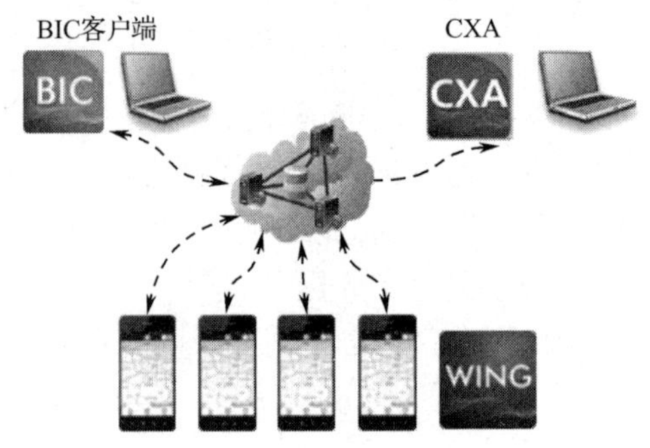

图 5.1 WING 测试软件

WING 主要特性如下：

（1）革新传统 DT，采用商用智能手机，更接近真实网络运行情况，真实反映客户对网

络的感知情况。它不受地理条件的限制，可适应复杂的环境和地理条件，适合商务楼宇、酒店、高铁、机场候机大厅等传统 DT 不便测试的场所。一部测试终端代替了复杂的传统测试系统，降低了测试成本。

（2）云“翼”结合，测试数据可实时传输到 BIC 云服务中心，在 BIC 中查看覆盖情况。它支持连接 BIC 服务器获取统一的测试计划，支持日志文件上传到 BIC，在 BIC 中查看详细参数、统计分析，或者导入 CXA 中进行详细分析，支持展示 BIC 的分析结果，网络情况一目了然。

（3）芯片级数据采集能力，它支持底层芯片参数、信令，支持 GSM、WCDMA、TD-SCDMA、LTE、CDMA、EVDO、NB-IOT 网络，超轻量级日志文件，支持长时间测试。

（4）灵活的测试功能，它支持多种业务测试：FTPDownload、FTPUpload、Ping、语音呼叫、语音应答、CSFB 测试、短信彩信测试；支持 VoLTE、CA 及 NB-IOT 测试；测试计划操作简单，方便随时随地测试；方便灵活的室内无 GPS 测试。

（5）地理化展示，它支持百度地图、网络及 GPS 定位结合的方式；支持在线、离线地图，离线方式保证 DT 过程中无多余流量干扰；支持本地导入基站信息，并实时显示在地图上，实时显示小区连线、距离等信息；支持从 BIC 获取工参，并实时显示周边小区。

2. CQT 主要作用

扫一扫看 CQT 测试主要作用微课视频

相对于 DT 来说，CQT 针对指定地点安排测试的方式，利用专用测试工具对特定局部区域排查了解网络覆盖和网络质量情况。CQT 是 DT 的有效补充，可以在 DT 测试车辆无法进入的建筑物或区域内部进行测试，从用户的角度直观地评估网络质量情况，作为定点测试，可以对故障点、投诉问题点和无线优化前后效果进行验证测试工作。

3. CQT 工作内容

扫一扫看 CQT 测试工作内容微课视频

测试时间要求：选择非节假日的周一到周五，每日 9:00—21:00 时段作为安排测试时段。

测试地点要求：主要考虑选择交通枢纽场景（如飞机场、火车站和长途汽车站）、商业区域场景（如商场、超市、宾馆、写字楼和酒店等娱乐场所）、居民区场景、旅游景点场景及客户指定的测试地点。

测试人员和设备要求：根据 CQT 测试区域场景规模安排人员和测试设备，一般大规模场景区域安排 3～5 组测试人员，中小规模场景安排 1～2 组测试人员，每组人员携带两部 CQT 测试手机和测试用 SIM 卡，作为主被叫测试终端设备。

现场测试工作要求：对于语音业务测试情况，采用同一测试点的两部测试手机之间互相拨测的形式，评估语音呼叫质量，在每个测试点要求主被叫各 10 次，每次通话时长不低于 30 s，呼叫间隔为 15 s 左右，如出现未接通现象，在 15 s 后重新拨打。对于室内点，要求在人员密集的地方拨打，包括大堂、餐厅、娱乐购物场所、电梯、地下停车场、商务楼层、客房等公共场所。对于有电梯的场所需要进行电梯内测试，并记录标注。对于多层建筑，要求在底层（含地下停车场）、中层和高层三部分进行测试，拨测的位置在测试区域合理分布，避免在一个位置进行多次拨测，电梯和地下室要保证至少一次拨测。对于景点应在景区售票处和游客接待区域进行拨测，记录语音测试过程中主被叫的话音质量情况，如断续、背景噪声、单通、回声和串话情况。对于数据业务测试部分，测试点要为语音测试

点的 20%以上，和语音测试同时进行，每个测试点需要完成网页访问速度和时延、FTP 上传和下载速率、Ping 包测试等数据业务质量测试。

测试完成后记录相关的测试信息，如测试时间、测试点、测试设备型号、测试卡号、测试人员、语音主被叫质量情况、数据业务质量情况，汇总记录后输出相应的场景测试文档，最终以图表化格式输出场景测试结果。

5.2.4 任务实施

在掌握 CQT 测试终端的基础上，以小组形式完成 CQT 测试表格并输出汇总报告。

任务 5.3 测试问题处理

扫一扫看测试问题处理教学课件

5.3.1 任务描述

在 DT 和 CQT 的测试过程中由于各种原因存在异常问题，通过完成常见问题的解决处理，掌握测试问题处理思路和解决手段。

5.3.2 任务目标

（1）硬件问题处理；

（2）软件问题处理；

（3）协调问题处理。

5.3.3 知识准备

扫一扫看测试中 GPS 异常问题微课视频

1. GPS 异常问题

测试开始前需要关注：DT 软件启动后，连接设备观察 GPS 采样点是否能够正常输出，如果不能正常输出经纬度位置，考虑重新安装 GPS 驱动，并重新插拔 GPS 的 USB 端口，尽量在测试中使用环天（BU353）GPS 天线，在使用 GPS 之前观察 USB 接口是否存在生锈情况，设备外观是否完整。

扫一扫看测试终端异常问题处理微课视频

2. 测试终端异常问题

调试 DT 软件之前，保证终端已正常开机，手动拨测无异常，主被叫测试终端信号不出现较大偏差问题，并确认测试终端与笔记本电脑正确连接，优先排除终端自身故障原因，对于部分特殊终端，如创毅、华为终端要注意安装对应操作版本的终端驱动。由于笔记本电脑的 USB 端口可能存在异常问题，建议尽量选择多 USB 端口的笔记本电脑作为测试电脑，避免使用 USB 扩展接口方式减少端口冲突的异常问题。

扫一扫看扫频仪异常问题处理微课视频

3. 扫频仪连接异常问题

扫频仪一般使用网线连接笔记本电脑，需要重点关注本地连接的 IP 地址和子网掩码配置要按照扫频仪产品手册的要求正确配置，如果未能正确配置，测试软件将无法连接扫频仪设备；同时需要关注，扫频仪设备的 GPS 天线和接收天线是否正常连接，外观是否存在破损，端口是否存在进水的问题。

扫一扫看车载逆变器异常问题处理微课视频

4. 车载逆变器故障问题

该设备为 DT 设备持续供电，取电位置为车辆的点烟器口，由于测试车辆一般车况都较为老旧，容易出现因为负载设备电流过大导致逆变器过载问题，影响测试设备供电。一般考虑选择车况较好，公里数较低的测试车辆。逆变器连接点烟器后观察其风扇是否能够正常工作，保险丝状态是否正常，尽量考虑逆变器设备只给一台测试笔记本电脑、测试终端和扫频仪设备供电。

扫一扫看测试软件 license 异常问题微课视频

5. 测试软件异常问题

测试软件往往都存在硬件加密设备，加密设备携带的密钥或 license 文件都存在时间限制情况，如果密钥或 license 超时会导致软件无法正常启动或测试功能受限，需要及时对密钥或 license 进行更新处理。

扫一扫看测试软件无法连接设备异常处理微课视频

6. 测试软件无法连接测试设备

首先确认测试设备正常并且正确连接到测试笔记本电脑，然后确认测试设备端口配置正确。如果无法连接，尝试重新插拔连接接口，再重新安装测试设备的相关驱动程序，然后尝试重启软件和笔记本电脑，如果还是无法连接测试设备，则尝试重新安装测试软件和相关的密钥及 license 文件，最后如果仍然无法连接测试设备，考虑更换另一台笔记本电脑进行调试。测试软件调试部分就是一个不断地使用排除法的过程，由于该步骤需要较长时间，因此需要测试人员在安排测试任务之前就完成测试软件和设施设备的连接调试工作，并确认可以正常采集数据。

扫一扫看测试软件无法存储采集数据问题处理微课视频

7. 测试软件无法存储测试设备采集的数据

测试软件采集数据信息与软件连接的测试设备的多少有一定的相关性，测试设备越多，对应的测试采集数据存储量就越大，因此在测试之前需要保证测试笔记本电脑上有足够的存储空间，最少应保证硬盘中有 10GB 以上的存储空间。

扫一扫看测试车辆资源协调问题处理微课视频

8. 测试车辆和设备等资源协调问题

在收到测试安排之后，测试人员就需要根据测试计划进度，安排协调车辆和测试设备。目前实际测试过程中，集团要求道路遍历性测试中对于道路渗透率和重复率及测试时段有严格的限制，因此需要测试人员提前完成测试区域路线规划工作，对于测试车辆和设备需要提前协调、提前安排。

5.3.4　任务实施

通过对测试问题处理的学习，能够了解可能出现的应急突发情况，并且完成测试中异常问题的应对处理。

习题 5

1. 简述 DT 路测阶段的准备工作有哪些？
2. CQT 的测试时间选择在什么时段最好？
3. DT 测试阶段需要完成哪些工作？

项目6

5G 无线网络信息管理

项目概述

5G 无线网络信息管理（简称“网管”）是指对网络运行状态、参数配置和检查进行管理。通过本项目的学习，掌握 5G 无线网络运行监控、参数检查和配置。

学习目标

（1）掌握 5G 无线网络运行监控；

（2）掌握 5G 无线网络参数检查和配置。

任务 6.1 描述 5G 网管架构和功能

扫一扫看 5G 网管架构和功能教学课件

6.1.1 任务描述

在使用 5G 网管进行相关操作前，需要对其架构进行系统学习。本任务介绍 5G 网管架构和功能，通过本任务的学习，为后续相关操作打下基础。

6.1.2 任务目标

（1）能描述 5G 网管基本架构；

（2）能描述 5G 网管软硬件组成；

（3）能描述 5G 网管功能组件。

6.1.3　知识准备

扫一扫看 UME 架构组成微课视频

1. 5G 网管基本架构

5G 网管采用 NFV 架构，如图 6.1 所示。

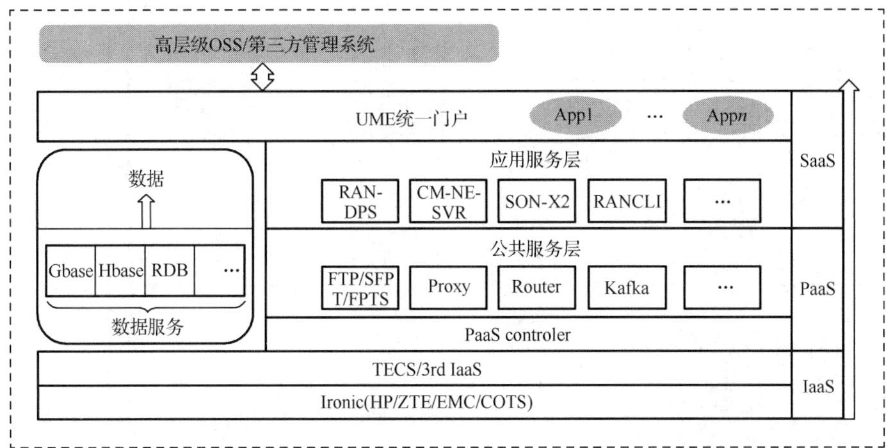

图 6.1　5G 网管架构

SaaS：Software as a Service，软件即服务。

PaaS：Platform as a Service，平台即服务。

IaaS：Infrastructure as a Service，基础设施即服务。

SaaS、PaaS 和 IaaS 的解释可参考图 6.2。

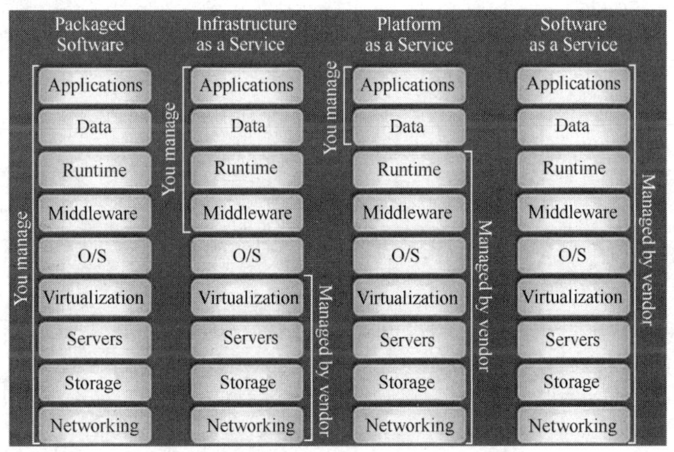

图 6.2　SaaS、PaaS 和 IaaS 的解释

5G 网管具备以下优点：

（1）Web 方式的用户界面。

（2）统一的 RAN 网络管理（如 4G/5G 融合）。

（3）RAN 网络智能分析。

（4）开放的 API 接口。

（5）虚拟化部署。

2. 5G 网管软硬件组成

扫一扫看 UME
软硬件部署策
略微课视频

5G 网管软硬件组成如图 6.3 所示。

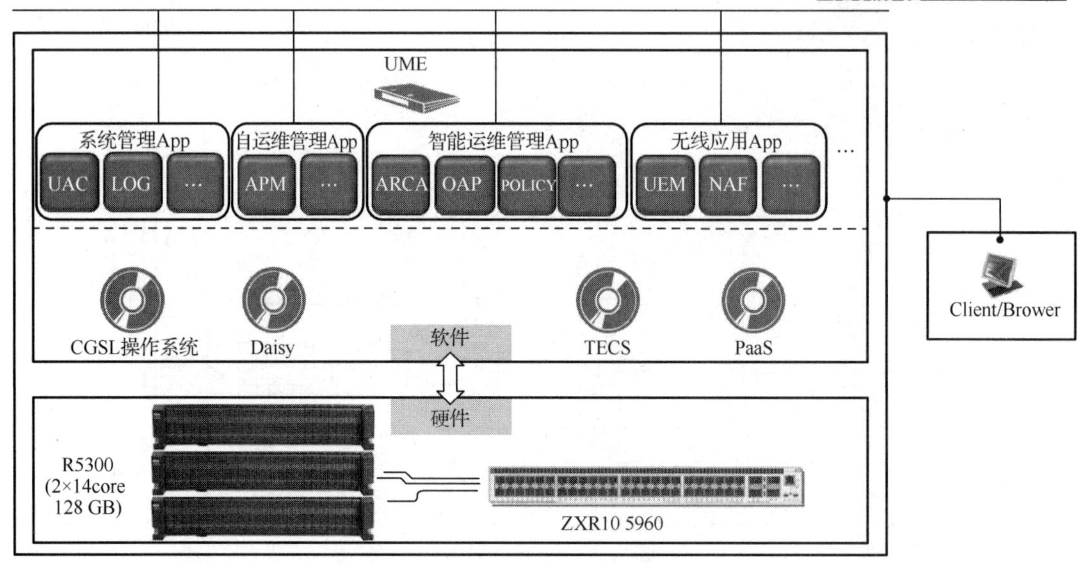

图 6.3　5G 网管软硬件组成

5G 网管底层采用 R5300 服务器提供基础的 CPU、内存、存储等物理资源，通过 TECS 平台抽取具体资源形成虚拟网管平台，然后向高层提供网管功能，包括系统管理、自运维管理、智能运维管理和无线应用等 App 功能。客户端可远程接入 5G 网管。

3. 5G 网管功能组件

扫一扫看 UME
网管功能组件
微课视频

5G 网管功能组件如图 6.4 所示。

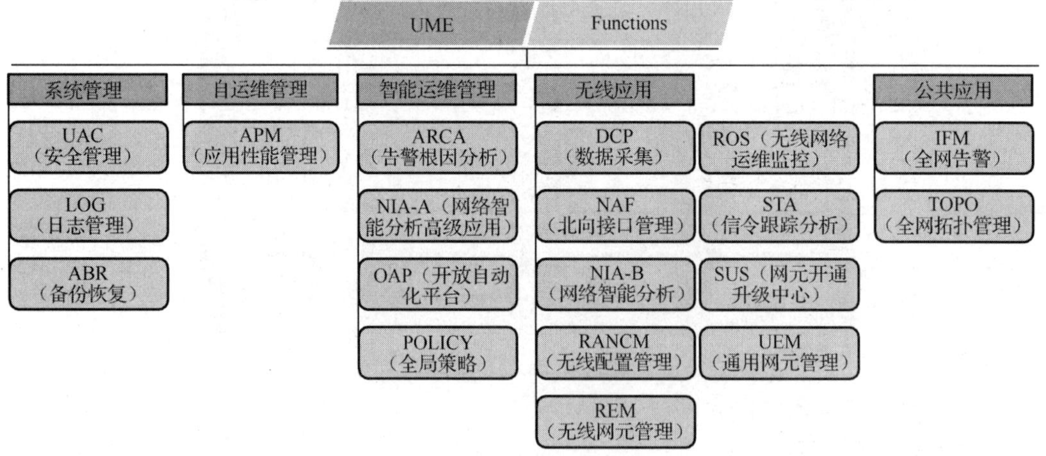

图 6.4　5G 网管功能组件

5G 网管功能组件如下：

（1）系统管理提供安全管理、日志管理和备份恢复功能。

（2）自运维管理提供应用性能管理。

（3）智能运维管理提供告警根因分析、网络智能分析高级应用、开放自动化平台和全局策略管理。

（4）无线应用提供数据采集、北向接口管理、网络智能分析、无线配置管理、无线网元管理、无线网络运维监控、信令跟踪分析、网元开通升级中心和通用网元管理。

（5）公共应用提供全网告警和全网拓扑管理。

6.1.4　任务实施

描述以下技术概念：

（1）描述5G网管基本架构；

（2）描述5G网管软硬件组成；

（3）描述5G网管功能组件。

要求：分组讨论；使用PPT制作演示材料；能够描述清楚相应的概念。

任务6.2　5G无线网络运行监控

扫一扫看5G无线网络运行监控教学课件

6.2.1　任务描述

学习5G网管用户管理和告警管理，能够初步完成网管故障定位和处理。

6.2.2　任务目标

（1）掌握5G网管使用基础；

（2）熟悉网管故障管理；

（3）掌握故障处理流程。

6.2.3　知识准备

1. 实现原理

UME告警管理的系统原理如图6.5所示。

告警上报和呈现的过程如下。

（1）UME维护人员可以通过客户端的告警监控功能，对被管理网元产生的告警进行实时监控。

（2）当被管理网元发生故障时，会产生告警事件，并实时上报给UME服务器。

（3）UME服务器对网元上报的告警进行收集，并储存在自身的数据库中。

（4）UME服务器可以将当前的告警信息集中呈现在客户端上。

（5）维护人员可以在UME浏览器上查看当前告警和历史告警，并能完成各种告警处理的功能。

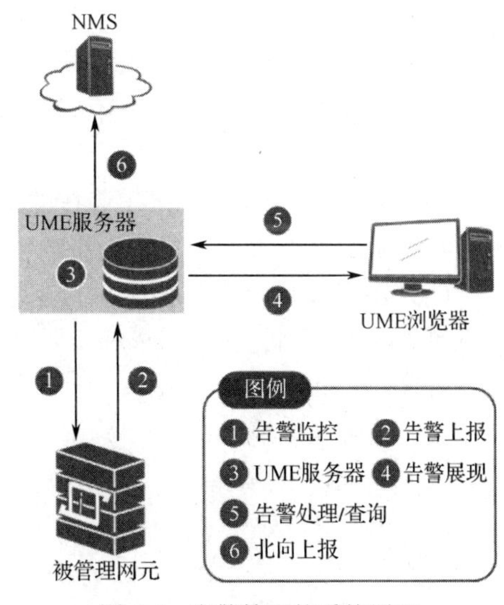

图6.5　告警管理的系统原理

（6）通过 UME 服务器的北向接口，网元的告警信息可以提供给上级 NMS，供北向用户分析。

2. 告警和通知

1）告警的定义

告警是对被管理网元以及 UME 系统本身在运行过程中发生的异常情况进行报告，提醒维护人员进行相应的告警处理。当异常或故障出现时，告警管理系统将及时准确地显示相应的告警信息。告警信息一般会持续一段时间，在问题或故障消失后，告警信息才会消失，并返回相应的告警恢复消息。

2）通知的定义

通知是对被管理网元以及 UME 系统在运行中的一些操作或异常信息提示，以便维护人员及时掌握各模块的运行状况。

3）告警和通知的区别

告警：UME 或被管对象发生了异常或故障，若不处理，会引起业务异常。告警可以被确认和清除。

通知：UME 或被管对象发生了某种变化，不一定会引起业务的异常。通知不能被确认和清除。

4）告警和通知的标志方法

告警/通知的唯一标志方法：资源类型+告警码/通知码。

资源类型：用来进行告警码的分类。

告警码/通知码：是一个整型字段。用于唯一的标志一条告警/通知。

3. 告警的级别

级别分类：根据对系统的影响程度，告警分为严重、主要、次要和警告四种级别。

（1）严重：表示正常业务受到严重影响，需要立即修复。

（2）主要：表示系统出现影响正常业务的迹象，需要紧急修复。

（3）次要：表示系统存在不影响正常业务的因素，但应采取纠正措施，以免发生更严重的故障。

（4）警告：表示系统存在潜在的或即将影响正常业务的问题，应采取措施诊断纠正，以免其转变成一个更加严重的，影响正常业务的故障。

此外还可以重定义告警级别，系统初始化时设置了每条告警的默认告警级别，维护人员也可以根据不同的业务需求和实际环境调整告警的级别。

告警共有如下几种状态：

（1）未确认未清除；

（2）已确认未清除；

（3）未确认已清除；

（4）已确认已清除。

告警状态转换关系如图 6.6 所示。

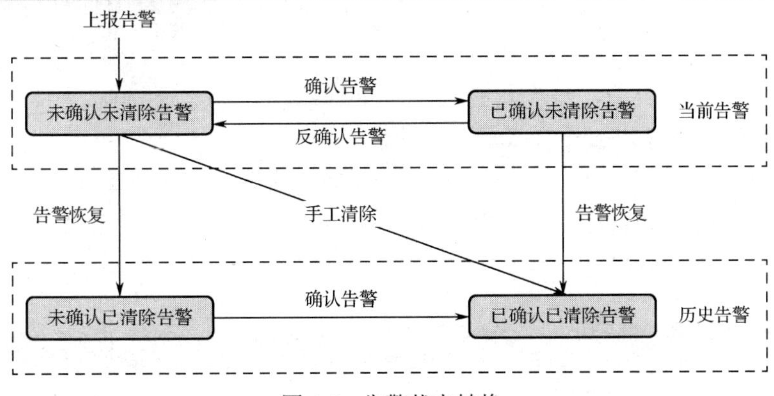

图 6.6　告警状态转换

（1）确认告警表示维护人员正在处理该告警。告警被确认后，由未确认状态变成已确认状态。

（2）反确认告警表示将已确认状态的告警重新变成未确认告警。

（3）当故障排除后，告警会由未清除状态变为已清除状态，该告警变为历史告警，被记录在告警数据库中。

维护人员也可以通过手工清除的方式，将未清除的告警变为已清除状态。如果网元的故障依然存在，网元可能会再次上报该告警。

（4）未确认未清除和已确认未清除状态的告警被称为当前告警，存放当前告警的库叫当前告警库。

（5）未确认已清除和已确认已清除状态的告警被称为历史告警，存放历史告警的库叫历史告警库。

4. 告警的管理页面

在 UME 主页面中，选择“告警管理”命令项，打开“告警管理”页面，如图 6.7 所示。

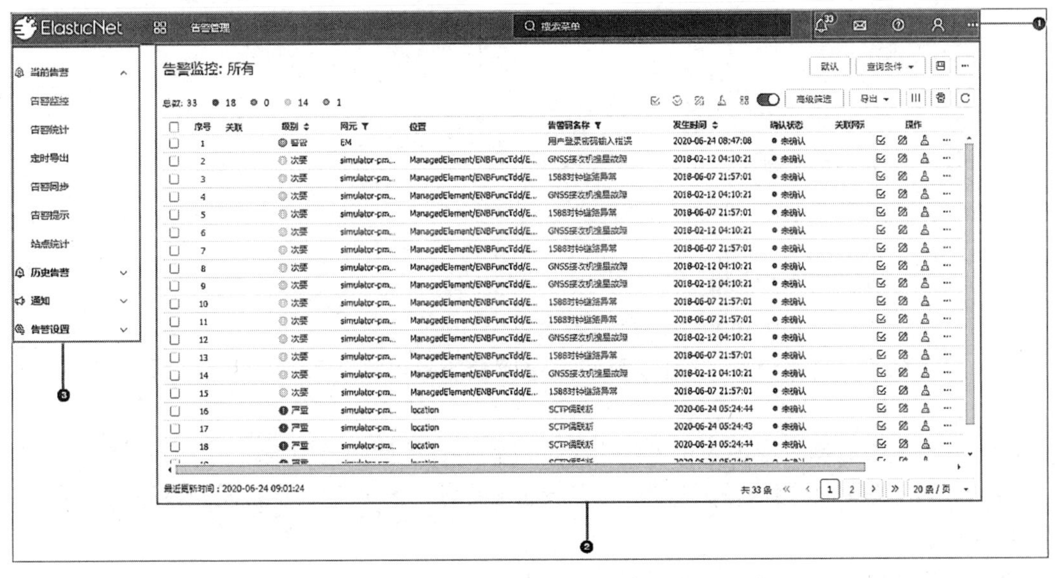

图 6.7　“告警管理”页面

1）快捷菜单栏

：告警灯。若有告警，右上角的数字表示告警总数。光标指向此图标，展示各级别告警的数目，单击可快速进入相应级别告警的查询页面。

告警灯在默认状态下不显示，如需显示，需要通过菜单命令“配置中心”→“系统配置”来设置。选择“告警设置”→“告警灯显示”命令，设置“告警灯显示”为“打开”，单击“确定”按钮，如图 6.8 所示。

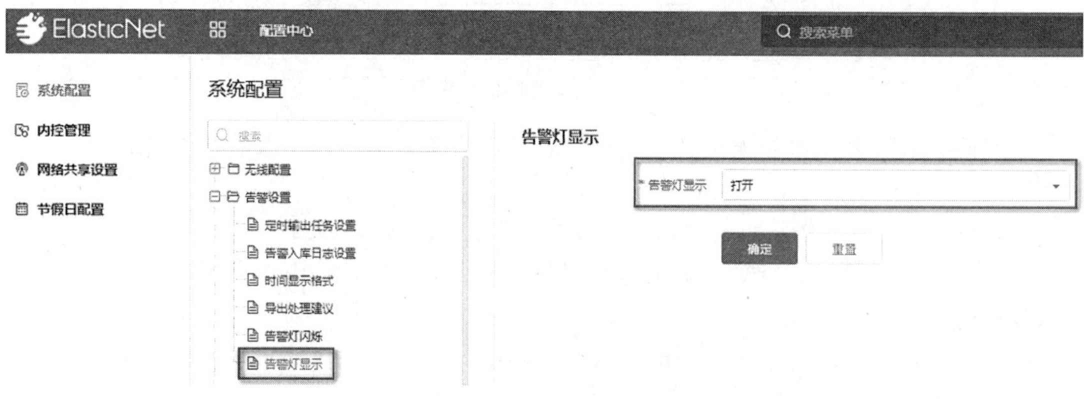

图 6.8　告警灯显示设置

：系统通知信息。

：帮助。光标指向此图标，可打开操作与维护、故障管理手册。

：用户。光标指向此图标，可查看用户名、密码修改页面和注销状态。

：设置。单击可设置当前的导航菜单是否使用新标签页打开，显示语言、时区和夏令时。

2）告警监控栏

查看当前网元告警。

3）导航栏

进入各功能页面的导航栏。

5. 告警管理模块说明

告警管理可分为以下操作模块。

（1）监控告警：维护人员查询、查看告警。

（2）处理告警：维护人员根据告警信息定位故障后，对告警进行确认、清除、前转等操作。

（3）管理告警数据：维护人员导出告警，设置定时统计任务和定时输出任务。

（4）告警设置：设置告警的属性、告警处理规则、告警抑制计划任务，以及设置自定义告警处理建议。

各模块包含的子模块及操作说明参见表 6.1。

表 6.1 告警管理模块说明

模 块	子 模 块	模 块	子 模 块
监控告警和通知	查询当前告警	管理告警数据	导出告警
	查询历史告警		导出通知
	查询通知		管理定时统计任务
	监控通知		管理定时导出
	查看告警详情		重定义告警级别
	查看当前告警统计	设置告警	设置告警锁定
	查看站点统计		设置告警同步
	查看历史告警统计		设置告警确认任务
	确认告警		设置告警前转模板
处理告警	自定义告警处理建议		设置告警提示
	清除告警		定制告警码
	前转告警		设置告警声音和颜色
	停止实时刷新告警		设置告警处理规则
	同步当前告警		设置告警抑制计划任务

6.2.4 任务实施

1. 监控告警和通知

1）查询当前告警

在 UME 的告警监控页面，可通过以下几个方式快速定位到要监控的告警：自定义查询条件进行查询，按告警级别进行查询，按已有查询条件进行查询。

（1）按自定义查询条件进行查询。

摘要：用户按自定义的告警设置查询当前告警。

步骤：

■ 在告警管理主页面的导航栏选择菜单“当前告警”→“告警监控”，打开“告警监控”页面。

■ 单击“高级筛选”按钮 高级筛选 。

■ 参考表 6.2 设置查询的条件，根据需要选择设置一个或多个条件。

表 6.2 条件设置说明

设 置 条 件	说 明
资源	支持按对象或按类型查询
网元类型	选择按类型查询时，该条件生效，支持选择一个或多个需要查询的网元类型
对象类型	选择按对象查询时，该条件显示，支持按分组或网元对象进行告警查询
告警码	在搜索栏输入告警码或告警码名称来查找到要选择的告警码。单击告警码右侧的小箭头，如图 6.9 所示。进入右侧框的告警码表示已选中

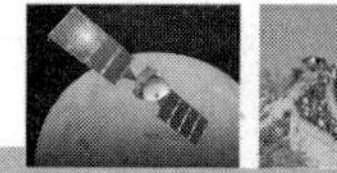

续表

设置条件		说明
时间条件	发生时间	网元侧告警产生的时间
	确认时间	网元侧告警确认的时间
	服务端时间	告警在网管侧入库的时间
	改变时间	网元上报更新消息所携带的时间
其他条件	确认状态	勾选一个或多个状态
	清除状态	勾选一个或多个状态
	可见性	勾选可见性，可见或不可见
	告警级别	选择一个或多个告警级别
	根源衍生告警	勾选根源告警、衍生告警中的一个或两个。根源告警是故障或异常事件直接引发的告警。衍生告警是由根源告警衍生出的告警
	告警类型	勾选需要的告警类型
	确认用户	输入确认告警的用户名
	对象原始流水号	输入对象原始流水号
	注释	输入注释内容
	告警原因	输入告警原因
排序规则	排序列	选择排序列方式，包含有服务端时间、发生时间、告警级别、告警类型、告警码
	排序方式	勾选降序或升序

图 6.9　选择告警码

■ 单击“查询”按钮开始查询。

（2）按告警级别进行查询。

摘要：通过告警级别查询当前告警。

步骤：

■ 在告警管理主页面的导航栏选择菜单“当前告警”→“告警监控”，打开“告警监控”页面。

■ 选择下列方式之一，按告警级别（严重、主要、次要和警告，鼠标置于圆圈上方显示告警级别）分类查询，查询结果如图 6.10 所示。

告警监控: 所有　　默认　查询条件

总数: 33　● 18　● 0　● 14　● 1　　高级筛选　导出

	序号	关联	级别	网元	位置	告警码名称	发生时间	确认状态	关联网元名	操作
	1		警告	EM		用户登录密码输入错误	2020-06-24 08:47:08	未确认		···
	2		次要	simulator-pm...	ManagedElement/ENBFuncTdd/E...	GNSS接收机搜星故障	2018-02-12 04:10:21	未确认		···
	3		次要	simulator-pm...	ManagedElement/ENBFuncTdd/E...	1588时钟链路异常	2018-06-07 21:57:01	未确认		···
	4		次要	simulator-pm...	ManagedElement/ENBFuncTdd/E...	GNSS接收机搜星故障	2018-02-12 04:10:21	未确认		···

图 6.10　查询结果

直接单击查询栏的告警级别，圆圈为实心表示已选择，圆圈为空心表示未选择，如图 6.11 所示。

单击告警管理主页面右上方的“告警灯”图标按钮，如图 6.12 所示，在下拉菜单中选择相应的告警级别。

图 6.11　查询告警级别

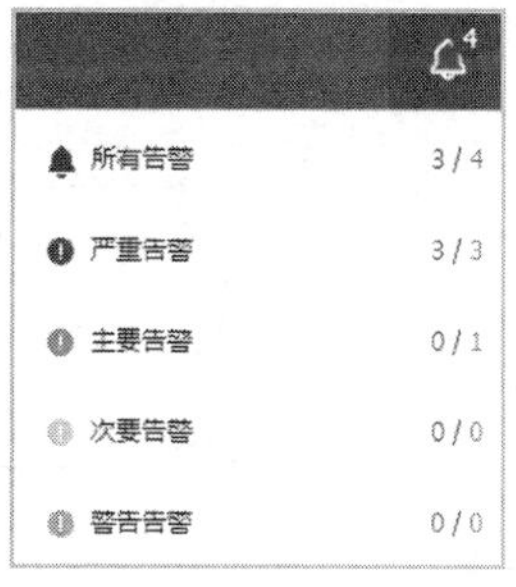

图 6.12　单击“告警灯”按钮

（3）按已有查询条件进行查询。

摘要：通过已有查询条件查询当前告警。

步骤：系统默认提供三种默认查询条件：所有、最近一天和最近两天。用户自定义的查询保存后，也会在查询条件的选项中。

■ 在告警管理主页面的导航栏选择菜单“当前告警”→“告警监控”，打开“告警监控”页面。

■ 单击“查询条件”按钮。

■ 在下拉菜单中选择需要的条件，如图 6.13 所示，开始查询。

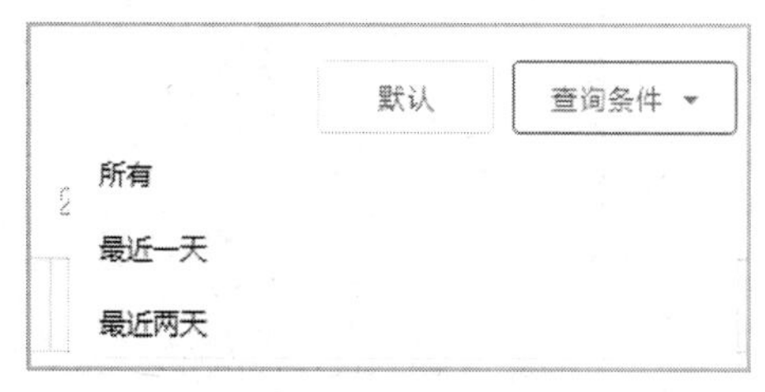

图 6.13　按查询条件查询

2）查询历史告警

历史告警指在当前告警被恢复或者清除后，存放在历史告警库中的告警。

历史告警查询有以下两种方式：自定义查询条件进行查询，按已有查询条件进行查询。

（1）按自定义查询条件进行查询。

摘要：历史告警指在当前告警被恢复或者清除后，通过自定义查询条件进行查询存放在历史告警库中的告警。

步骤：

- 在告警管理主页面的导航栏选择菜单“历史告警”→“告警查询”。
- 单击“高级筛选”按钮。
- 参考表 6.3 设置查询的条件，根据需要选择设置一个或多个条件。

表 6.3　条件设置说明

设置条件		说明
资源		支持按对象或按类型查询
网元类型		选择按类型查询时，该条件生效，支持选择一个或多个需要查询的网元类型
对象类型		资源选择按对象查询时，该条件显示，支持按分组或网元对象进行告警查询
告警码		在搜索栏输入告警码或告警码名称来查找到要选择的告警码。 单击告警码右侧的小箭头，如图 6.14 所示。进入右侧框的告警码表示已选中
时间条件	发生时间	网元侧告警产生时间
	确认时间	网元侧告警确认时间
	服务端时间	告警在网管侧入库时间
	改变时间	网元上报更新消息所携带的时间
其他条件	确认状态	勾选一个或多个状态
	清除状态	勾选一个或多个状态
	可见性	勾选可见性，可见或不可见
	告警级别	选择一个或多个告警级别
	根源衍生告警	勾选根源告警、衍生告警中的一个或两个。 根源告警是故障或异常事件直接引发的告警。 衍生告警是由根源告警衍生出的告警
	告警类型	勾选需要的告警类型
	确认用户	输入确认告警的用户名
	对象原始流水号	输入对象原始流水号
	注释	输入注释内容
	告警原因	输入告警原因
排序规则	排序列	选择排序列方式，包含有服务端时间、发生时间、告警级别、告警类型、告警码
	排序方式	勾选降序或升序

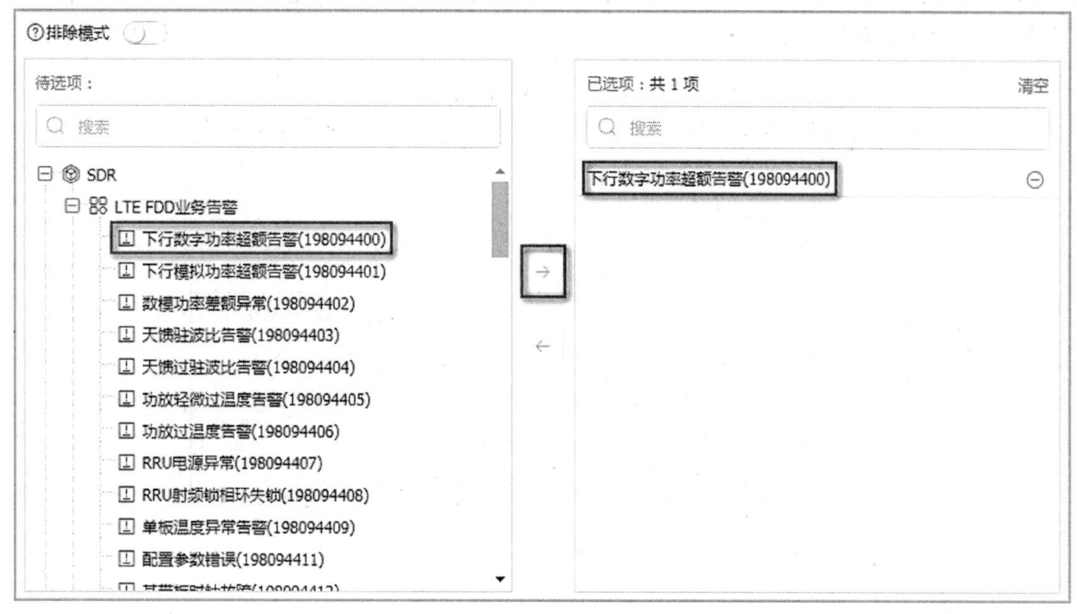

图 6.14　选择告警码

■ 单击“查询”按钮开始查询。

（2）按已有查询条件进行查询。

摘要：历史告警指在当前告警被恢复或者清除后，通过已有查询条件进行查询存放在历史告警库中的告警。

步骤：

■ 在告警管理主页面的导航栏选择菜单“历史告警”→“告警查询”命令。

■ 单击页面右上方的“查询条件”按钮。

■ 在下拉菜单中选择查询条件，如图 6.15 所示，开始查询。

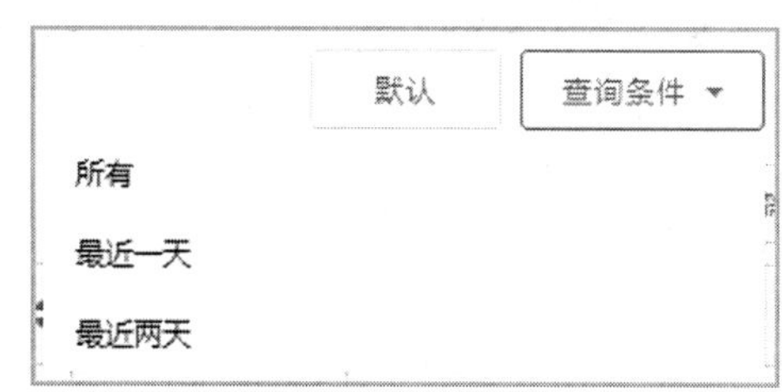

图 6.15　选择查询条件

3）查询通知

维护人员可按默认状态下的查询条件或按自定义查询条件来查询 UME 系统的通知。查询通知是查询 UME 已经上报的通知信息。有两种方式可以查询通知：自定义查询条件查询通知和按已有查询条件查询通知。

（1）按自定义查询条件查询通知。

摘要：维护人员按自定义查询条件来查询 UME 系统的通知。查询通知是查询 UME 已经上报的通知信息。

步骤：

■ 在告警管理主页面的导航栏，选择菜单“通知”→“通知查询”，打开“通知查询”页面。

■ 单击“高级筛选”按钮，打开“高级查询设置”页面。

■ 参考表 6.4 设置查询条件。

表 6.4 条件设置说明

设置条件	说明
资源	选择按对象或按类型
网元类型	选择一个或多个需要查询的网元类型
对象类型	选择支持按分组或网元等的对象
通知码	在搜索栏输入通知码或通知码名称来查找到要选择的通知码。单击通知码右侧的小箭头，进入右侧框的通知码表示已选中
时区	时区可选网元时区或客户端时区
发生时间	将发生时间设置为全部、最近几天或时间区段
虚拟化标志	虚拟化标志可选择告警来源，包括虚拟网元和物理网元

■ 单击“查询”按钮。

（2）按已有查询条件查询通知。

摘要：维护人员按已有查询条件来查询 UME 系统的通知。通知查询是查询 UME 已上报的通知信息。系统默认提供三种默认查询条件：所有、最近一天和最近两天。用户自定义的查询保存后，也会在查询条件的选项中。

步骤：

■ 在告警管理主页面的导航栏，选择菜单“通知”→“通知查询”，打开“通知查询”页面。

■ 单击“查询条件”按钮，如图 6.16 所示。

🔒为默认查询条件标记，将某个查询条件设置为默认的方法如下。

■ 单击“查询条件”按钮下的查询条件。

■ 单击“默认”按钮，如图 6.17 所示。

图 6.16 查询通知

图 6.17 设置默认查询条件

■ 设置成功后，查询条件前出现 🔒 标记，如图 6.18 所示。

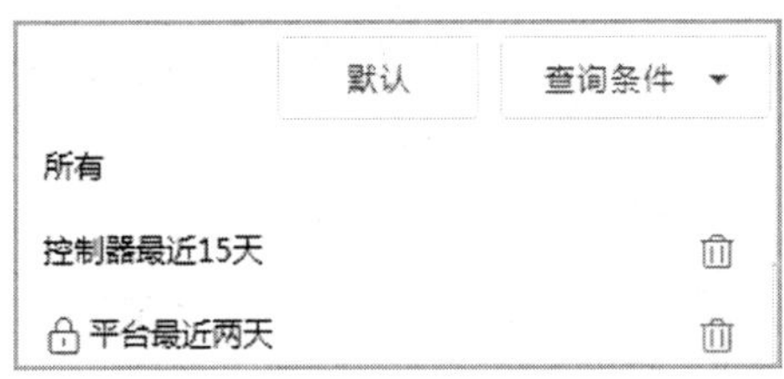

图 6.18 设置默认查询条件结果

4）监控通知

摘要：通知监控是实时性的，可以立即看到 UME 通知信息。可以刷新和导出通知信息。

步骤：在告警管理主页面的导航栏，选择菜单“通知”→“通知监控”，如图 6.19 所示。

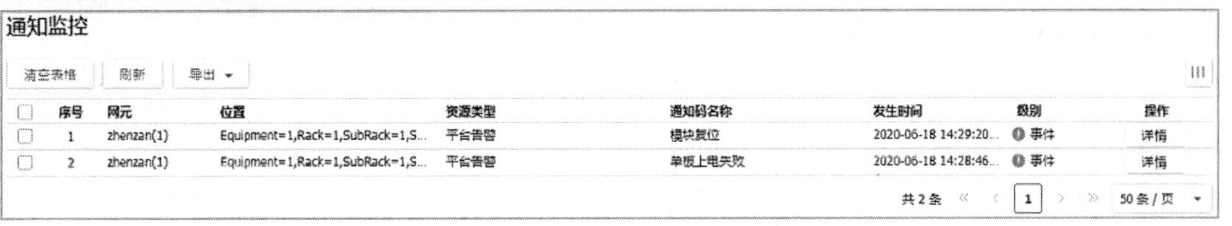

通知监控

清空表格　刷新　导出

序号	网元	位置	资源类型	通知码名称	发生时间	级别	操作
1	zhenzan(1)	Equipment=1,Rack=1,SubRack=1,S...	平台告警	模块复位	2020-06-18 14:29:20...	事件	详情
2	zhenzan(1)	Equipment=1,Rack=1,SubRack=1,S...	平台告警	单板上电失败	2020-06-18 14:28:46...	事件	详情

共2条　1　50条/页

图6.19　通知监控页面

5）查看告警详情

摘要：查看当前告警和历史告警的基本信息、处理建议、活跃期告警轨迹和相关规则。

步骤：

（1）根据需要，打开相应页面。

如果…	那么…
当前告警	在告警管理主页面的导航栏，选择菜单“当前告警”→“告警监控”，打开“告警监控”页面
历史告警	在告警管理主页面的导航栏，选择菜单“历史告警”→“告警查询”，打开“告警查询”页面

（2）单击所在行的“详情”按钮，如图6.20所示。

告警码名称	发生时间	确认状态	操作
网元链路断	2019-12-13 14:32:17	未确认	…
性能门限越界	2019-12-13 11:09:50	未确认	详情
自动备份失败	2019-12-13 01:00:32	未确认	前转
自动备份失败	2019-12-12 01:00:32	未确认	…

图6.20　查看告警详情

（3）在打开的页面中查看该告警的详情和处理建议，如图6.21所示。

属性　活跃期告警轨迹　相关规则

打印

详情

网元	simulator-pm-5G-348092909(4-234)	告警码名称	网元链路断
关联		资源类型	网元管理系统
告警码	1014	发生时间	2020-07-21 00:16:39
告警原因		级别	严重
确认状态	未确认	告警ID	1594938903227
确认/反确认用户		服务器时间	2020-07-21 00:16:39
确认/反确认时间		改变时间	2020-07-21 00:33:38
确认/反确认系统		确认/反确认原因	
链路		对象原始流水号	
告警类型	通信告警	网元类型	ITBBU
注释用户		闪断计数	0
注释系统		注释时间	
位置		业务	
切片和子切片			
注释信息			
虚拟化标识	物理网元		

图6.21　告警详情

（4）切换到活跃期告警轨迹，查看告警变化记录，如图 6.22 所示。

属性　活跃期告警轨迹　相关规则

序号	服务端时间	操作者	操作	详情
1	2019-06-19 15:07:27	告警消息	收到当前告警上报消息	

图 6.22　活跃期告警轨迹

（5）切换到相关规则，查看告警相关规则，如图 6.23 所示。

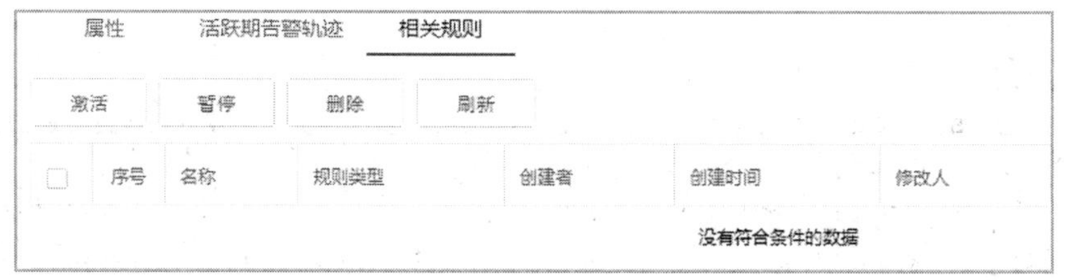

图 6.23　查看相关规则

6）查看告警提示

摘要：告警提示是指维护人员定制的重要告警，当这些告警产生或状态变化时进行提示，以区别于其他告警。“告警提示”页面仅实现告警提示功能，在“告警提示”页面中，告警表格中展示了满足提示规则的告警列表。告警提示列表只显示最多 100 条告警。

步骤：

（1）在“告警管理”→“告警设置”→“其他设置”页面中的“提示设置”选项卡创建告警提示规则。

（2）在“告警管理”→“当前告警”→“告警提示”页面中查看满足提示规则的告警列表，如图 6.24 所示。

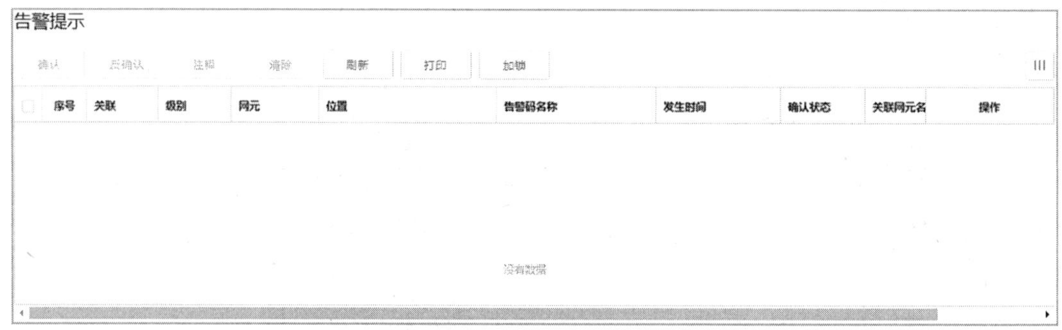

图 6.24　“告警提示”页面

7）查看当前告警统计

摘要：UME 系统支持按网元统计和按网元类型统计告警数量和百分比，方便维护人员监控当前设备和网络状态。

步骤：在告警管理主页面，单击导航栏的“当前告警”→“告警统计”命令，结果如图 6.25 和图 6.26 所示。

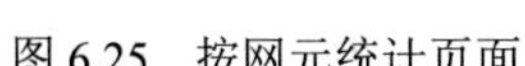

图 6.25 按网元统计页面

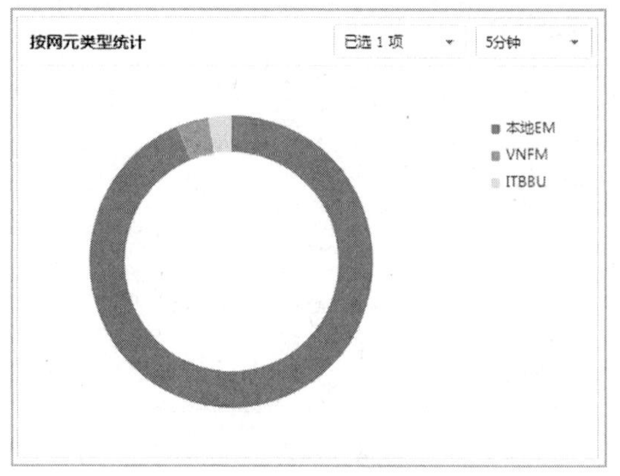

图 6.26 按网元类型统计页面

8）查看站点统计

摘要：站点统计是指按照站点类型统计从刷新页面起 6 小时以内的当前告警，方便维护人员监控当前设备和网络状态。站点统计是以单位为间隔显示各告警级别下的当前告警数量。

步骤：在告警管理主页面，选择菜单“当前告警”→“站点统计”，结果如图 6.27 所示。

图 6.27 按站点统计页面

9）查看历史告警统计

历史告警统计指：按某个属性，对历史告警的平均时长，或告警发生次数进行统计汇总。UME 系统支持四种统计类型：基础统计、忙时统计、重要告警码统计和故障/故障率频次统计。

（1）查看基础统计。

摘要：基础统计是对所有符合设定条件的历史告警进行统计。用户可以通过告警码、告警类型或告警级别统计项来设定统计条件。

步骤：

- 在告警管理主页面，单击导航栏的“历史告警”→“告警统计”命令，进入“告警统计”页面中，切换到“基础统计”选项卡，如图 6.28 所示。
- 在“基础统计”页面中，单击查询条件下需要的模板，下方列表会列出相应的告警码。

图 6.28　选择基础统计

■ 查看统计结果（可选），如图 6.29 所示，可单击“表格”“环状图”“柱状图”按钮，来切换统计结果显示形式。

图 6.29　统计结果列表

相关任务：在“基础统计”页面中，选择“新建”或“修改”按钮，进行新建或修改告警统计操作，参考表 6.5 设置统计条件。

表 6.5　统计模板条件设置说明

设置项	子项	说　　明
基本信息	名称	设置基础统计的名称
动作	统计行	设置行的统计项，维度一和维度二可选内容为告警码和告警类型
	统计列	设置列的统计项，选择无或级别
	最大显示条数	设置最大显示条数，范围为 5～500

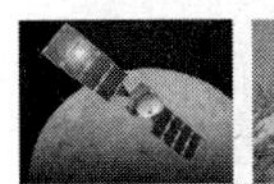

续表

<table>
<tr><th>设置项</th><th>子项</th><th>说　明</th></tr>
<tr><td rowspan="2">资源</td><td>网元类型</td><td>选择一个或多个网元类型</td></tr>
<tr><td>对象类型</td><td>选择一个或多个要查询的对象</td></tr>
<tr><td colspan="2">告警码</td><td>在搜索栏输入告警码或告警码名称来查找到要选择的告警码。
单击告警码右侧的小箭头，进入右侧框的告警码表示已选中</td></tr>
<tr><td rowspan="4">时间条件</td><td>发生时间</td><td>将发生时间设置为所有、最近几天或一个具体日期段</td></tr>
<tr><td>确认时间</td><td>将确认时间设置为所有、最近几天或一个具体日期段</td></tr>
<tr><td>清除时间</td><td>将清除时间设置为所有、最近几天或一个具体日期段</td></tr>
<tr><td>持续时间</td><td>将持续时间设置为全部，或设置某一持续时间跨度范围</td></tr>
<tr><td rowspan="7">其他条件</td><td>确认状态</td><td>勾选一个或多个状态</td></tr>
<tr><td>告警级别</td><td>勾选一个或多个告警级别，有严重、主要、次要和警告</td></tr>
<tr><td>根源衍生告警</td><td>勾选包含根源衍生告警：根源告警、衍生告警。
根源告警是故障或异常事件直接引发的告警。
衍生告警是由根源告警衍生出的告警</td></tr>
<tr><td>告警类型</td><td>勾选需要的告警类型</td></tr>
<tr><td>清除类型</td><td>勾选需要的清除类型</td></tr>
<tr><td>确认用户</td><td>输入确认用户名称</td></tr>
<tr><td>注释</td><td>输入注释内容</td></tr>
<tr><td rowspan="2">更多条件</td><td>虚拟化标志</td><td>选择虚拟网元或物理网元</td></tr>
<tr><td>工程状态</td><td>选择网元工程状态，可多选，有普通、调测、新建三种选择</td></tr>
</table>

（2）查看忙时统计。

摘要：对某种业务范围内或某些时段，用户比较关注历史告警的平均时长，或者历史告警发生次数。忙时统计指只统计业务繁忙时刻的历史告警。用户可以通过选择告警的平均时长或告警频次，来统计告警。

步骤：

■ 在告警管理主页面，单击导航栏的“历史告警”→“告警统计”命令，进入“告警统计”页面，切换到“忙时统计”选项卡，如图6.30所示。

图6.30　选择“忙时统计”选项卡

■ 在“忙时统计”页面中，单击“新建”按钮，如图 6.31 所示，参数设置参考表 6.6。

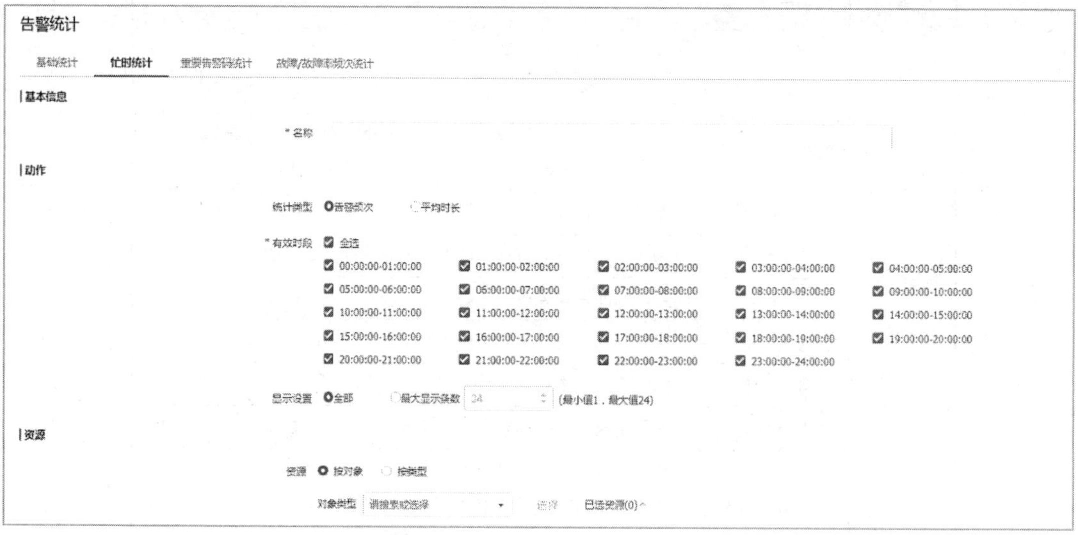

图 6.31　新建忙时统计页面

表 6.6　忙时统计参数说明

设置项	子项	说　　明
基本信息	名称	在名称文本框中输入一个自定义的名称，用来辨识统计条件
动作	统计类型	设置统计类型为告警频次或平均时长
	有效时段	设置有效时段，全选或勾选部分小时段
	显示设置	设置显示设置为全部或最大显示的条数
资源	网元类型	选择一个或多个网元类型。
	对象类型	选择一个或多个对象。
告警码		在搜索栏输入告警码或告警码名称来查找到要选择的告警码。单击告警码右侧的小箭头，进入右侧框的告警码表示已选中
时间条件	发生时间	将发生时间设置为所有、最近几天或一个具体日期段
	确认时间	将确认时间设置为所有、最近几天或一个具体日期段
	清除时间	将清除时间设置为所有、最近几天或一个具体日期段
	持续时间	将持续时间设置为全部、或设置某一持续时间跨度范围。
更多条件	虚拟化标志	选择虚拟网元或物理网元
	工程状态	选择网元工程状态，可多选，有普通、调测、新建三种选择

■ 单击“统计”按钮，显示统计结果，如图 6.32 所示。

■ 单击环状图、柱状图、表格（可选），可切换统计结果的显示方式。

（3）查看重要告警码统计。

摘要：重要告警码统计是根据用户选择的网元、告警码及发生时间条件，对告警的发生频次进行统计。

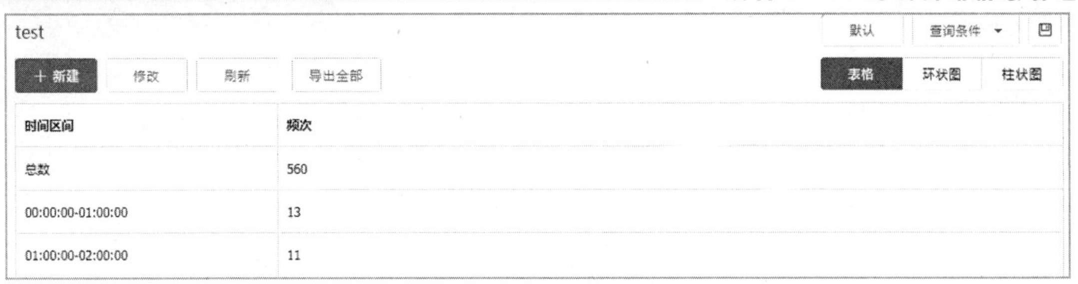

图 6.32　忙时统计列表

步骤：

■ 在告警管理主页面，单击导航栏的“历史告警”→“告警统计”命令，进入“告警统计”页面，切换到“重要告警码统计”选项卡，如图 6.33 所示。

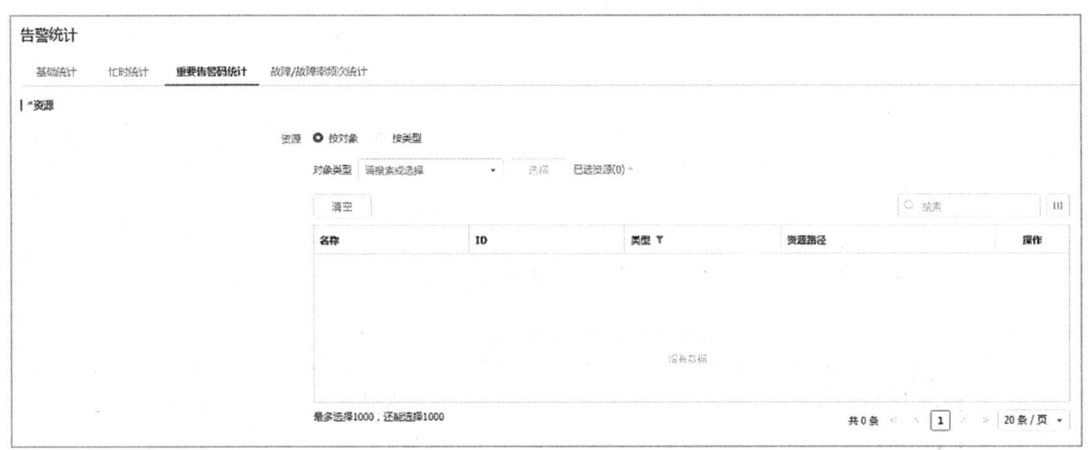

图 6.33　选择“重要告警码统计”选项卡

■ 在“重要告警码统计”页面中，设置告警的网元类型、位置、告警码、发生时间和更多条件。

■ 单击“统计”按钮，页面会显示统计结果。

（4）查看故障/故障率频次统计。

摘要：故障/故障率频次统计是指统计分析全网或部分区域的故障率和故障次数，并输出报表。故障次数是指在 UME 管理的范围或者部分区域内按月统计设备类的硬件故障出现次数（厂商提供设备硬件故障的类型）。故障率是指故障次数与该 UME 内或该区域内设备的总数量的比值。

步骤：

■ 在告警管理主页面，单击导航栏的“历史告警”→“告警统计”命令，进入“告警统计”页面，切换到“故障/故障率频次统计”选项卡，如图 6.34 所示。

■ 在“故障/故障率频次统计”页面中，单击“条件”按钮，显示如图 6.35 所示，参考表 6.7 说明设置条件。

■ 单击“统计”按钮，完成故障次数和故障率的统计。

图 6.34　选择故障/故障率频次统计

图 6.35　故障/故障率频次统计条件设置

表 6.7　故障/故障率频次统计条件说明

设置项	子项	说　明
资源	网元类型	选择一个或多个网元类型
	对象类型	选择一个或多个要查询的对象
告警码		在搜索栏输入告警码或告警码名称来查找到要选择的告警码。单击告警码右侧的小箭头，进入右侧框的告警码表示已选中
时间条件	发生时间	将发生时间设置为所有、最近几天或一个具体日期段
	确认时间	将确认时间设置为所有、最近几天或一个具体日期段
	清除时间	将清除时间设置为所有、最近几天或一个具体日期段
	持续时间	将持续时间设置为全部、或设置某一持续时间跨度范围
其他条件	确认状态	勾选一个或多个状态
	告警级别	勾选一个或多个告警级别，有严重、主要、次要和警告
	根源衍生告警	勾选包含根源衍生告警：根源告警、衍生告警。 根源告警是故障或异常事件直接引发的告警。 衍生告警是由根源告警衍生出的告警
	告警类型	勾选需要的告警类型
	清除类型	勾选需要的清除类型
	确认用户	输入确认用户名称
	注释	输入注释内容
更多条件	虚拟化标志	选择虚拟网元或物理网元
	工程状态	选择网元工程状态，可多选，有普通、调测、新建三种选择

2. 处理告警

1）确认告警

摘要：确认告警表示某条告警由当前用户跟踪处理，其他用户不需要太多关注。确认后告警状态变成已确认。已确认的告警若需要取消，则执行反确认操作。反确认后告警状态变成未确认。

步骤：

■ 在告警管理主页面的导航栏，选择菜单“当前告警”→“告警监控”，打开“告警监控”页面。

■ 勾选当前页面显示的告警，可选择一个或多个，如图 6.36 所示。

图 6.36　选择确认告警

■ 单击☑按扭，被确认的告警确认状态更新为已确认，如图 6.37 所示。

	序号	关联	级别	网元	位置	告警码名称	发生时间	确认状态
☑	1		警告	EM		用户登录密码输入错误	2020-06-24 08:47:08	已确认

图 6.37　已确认告警

2）自定义告警处理建议

对于告警处理的建议，维护人员可以自定义。在 UME 系统，可以通过以下三个途径之一自定义告警处理：集中自定义、单个自定义和导入自定义。

（1）集中自定义。

摘要：集中自定义是在自定义处理建议页面批量对告警处理建议进行自定义。

步骤：

■ 在告警管理主页面的导航栏，选择菜单“告警设置”→“处理建议设置”，打开“处理建议设置”页面。

■ 在搜索框中输入告警码或告警码名称，选择目标告警码，选中的告警码的默认处理建议会显示出来，如图 6.38 所示。

图 6.38　自定义处理建议页面

■ 在“自定义处理建议”文本框中输入新的内容。

■ 单击“保存”按钮。

（2）单个自定义。

摘要：单个自定义可以在查看单个告警码的详情时自定义该告警的处理建议。

步骤：

■ 在告警管理主页面的导航栏，选择菜单“当前告警”→“告警监控”，打开“告警监控”页面。

■ 对于一个告警，单击所在行的“详情”按钮。

■ 切换到“属性”页面，在下拉处理建议中，查看默认处理建议，如图 6.39 所示。

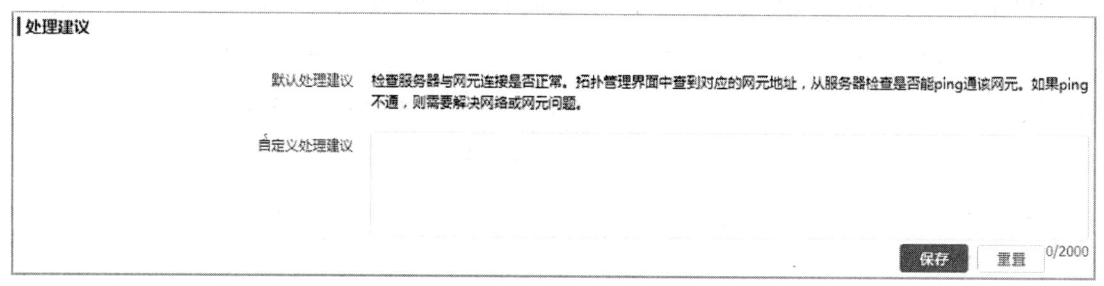

图 6.39　处理建议

■ 在“自定义处理建议”文本框中输入自定义的处理建议内容。

■ 单击“保存”按钮。

若要恢复默认处理建议，单击“重置”按钮。

（3）导入自定义。

摘要：导入自定义通过导入处理建议对告警处理建议进行自定义。

步骤：

■ 在告警管理主页面的导航栏，选择菜单“告警设置”→“处理建议设置”，打开“处理建议设置”页面，如图 6.40 所示。

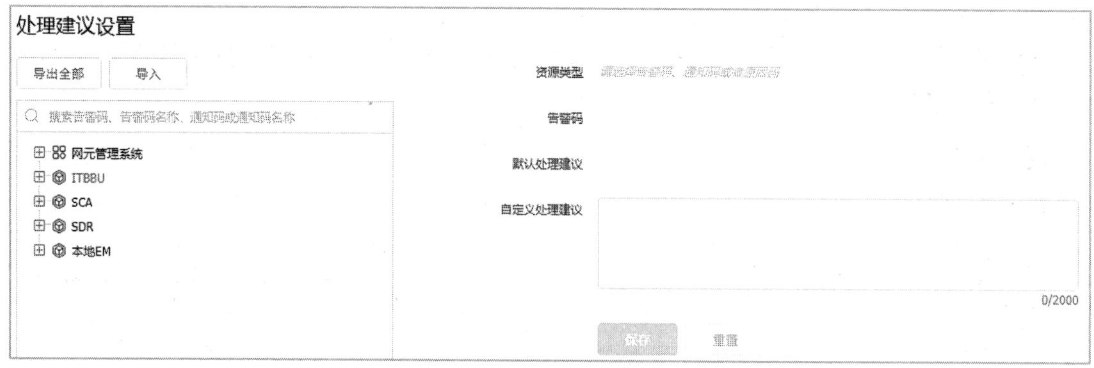

图 6.40　自定义处理建议页面

■ 单击“导出全部”按钮，导出全部告警码处理建议。

■ 解压导出的压缩文件，打开处理建议文件后找到需要修改处理建议的告警码，修改其处理建议并保存，将修改好的处理建议文件压缩为 zip 文件包。

■ 单击“导入”按钮，选择上一步的处理建议为压缩包导入。

3）清除告警

摘要：故障排除后告警无法自动清除时，需要维护人员手动清除告警。

手动清除告警前，需要确认：

（1）告警无法自动清除。

（2）已确认网元不存在该告警。

（3）已确认 UME 上不存在该告警。

步骤：

■ 在告警管理主页面的导航栏，选择菜单“当前告警”→“告警监控”，打开“告警监控”页面。

■ 根据需要进行操作。

如果...	那么...
清除单个告警	单击该告警所在行的“清除”按钮
清除多个告警	勾选多个告警，单击操作按钮区的按钮

■ 在弹出的确认清除该告警的对话框中，单击“清除”按钮。

3. 管理告警

1）同步当前告警

摘要：由于网络中断等原因，可能造成 UME 的告警数据与网元告警数据不一致。通过手动同步操作，可以将选中网元的当前告警数据同步到 UME。前提是资源服务中存在要同步的网元，且网元已经建链。

步骤：

（1）在告警管理主页面的导航栏选择菜单“当前告警”→“告警同步”，打开“告警同步”页面，如图 6.41 所示。

告警同步

全网同步 同步 请输入网元名称

	序号	网元	网元类型	网元北向标识	链路状态	最近同步发起时间	最近同步完成时间	详情
☐	1	vnfm	cn.vnfm	1	正常	2019-12-13 17:18:27	-	2019-12-13 17:18:27 同步命令下发成功
☐	2	simulator-pm-5...	ITBBU	576230113	正常	-	-	
☐	3	simulator-pm-5...	ITBBU	576230106	正常	-	-	
☐	4	simulator-pm-5...	ITBBU	576230112	正常	-	-	

共4条 « ‹ 1 › » 50条/页

图 6.41 “告警同步”页面

（2）根据需要进行网元同步操作。

如果...	那么...
全网元同步	单击“全网同步”按钮，完成全网元同步操作
部分网元同步	勾选需同步的网元，单击“同步”按钮，完成所选网元同步操作

（3）查看同步结果，如图 6.42 所示。

告警同步

全网元同步　同步　请输入网元搜索

	序号	网元	网元类型	网元ID	链路状态	最近同步发起时间	最近同步完成时间	详情
	1	controller_11111	EMS	COMM:EMS=3...	●断链	-	-	
	2	vnfm	VNFM	1	●正常	-	-	
	3	simulator-pm-5...	ITBBU	589773547	●断链	-	-	
	4	simulator-pm-5...	ITBBU	589773538	●断链	-	-	
	5	simulator-pm-5...	ITBBU	419933539	●正常	2020-05-24 19:28:57	2020-05-24 19:28:57	2020-05-24 19:28:57 同步成功
	6	simulator-pm-5...	ITBBU	998027849	●正常	2020-05-24 19:28:57	2020-05-24 19:28:57	2020-05-24 19:28:57 同步成功
	7	simulator-pm-5...	ITBBU	286832638	●正常	-	-	
	8	simulator-pm-5...	ITBBU	623577032	●正常	-	-	
	9	simulator-pm-5...	ITBBU	381528909	●正常	-	-	

共 9 条　1　50 条 / 页

图 6.42　同步结果查看

2）导出告警

（1）手动导出告警。

摘要：手动导出告警是将当前全部告警导出到指定类型的文件中，方便通过文件查看告警。

步骤：

- 在告警管理主页面的导航栏，选择菜单“当前告警”→“告警监控”，打开“告警监控”页面。
- 单击“导出”按钮，选择“导出已选”或“导出全部”，如图 6.43 所示。
- 设置文件名和文件类型，类型包括 csv、xml、txt、html 或 xlsx。
- 单击“确定”按钮，文件会以 zip 包的形式下载到浏览器默认的文件夹。

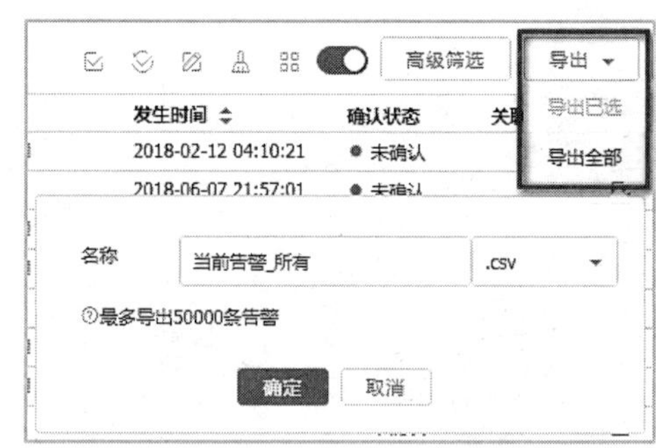

图 6.43　导出告警页面

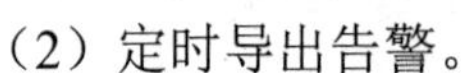

（2）定时导出告警。

摘要：定时导出功能指 UME 定期导出符合条件的告警，保存到文件，并将文件上传至默认的 FTP 服务器。维护人员可以新建定时输出任务，还可以激活、暂停和删除定时输出任务。

步骤：

■ 根据需要，进入对应页面。

如果...	那么...
处理当前告警	在告警管理主页面的导航栏选择菜单“当前告警”→“定时导出”，进入“定时导出”页面
处理历史告警	在告警管理主页面的导航栏选择菜单“历史告警”→“定时导出”，进入“定时导出”页面

■ 根据需要，执行对应的管理操作。

如果...	那么...
新建	（1）单击“新建”按钮，参考表 6.8 设置任务的信息。 （2）单击“确认”按钮
部分网元同步	勾选需同步的网元，单击“同步”按钮，完成所选网元同步操作
激活	在“定时导出”页面激活已挂起的任务。 激活单个任务：单击任务所在行的“激活”按钮。 激活多个任务：勾选多个任务，单击列表上方的“激活”按钮，如图 6.44 所示
挂起	在“定时导出”页面挂起已激活的任务。 挂起单个任务：单击任务所在行的“挂起”按钮。 挂起多个任务：勾选多个任务，单击列表上方的“挂起”按钮，如图 6.44 所示
删除	在“定时导出”页面删除任务。 删除单个任务：单击任务所在行的“删除”按钮。 删除多个任务：勾选多个任务，单击列表上方的“删除”按钮，如图 6.44 所示
刷新	单击“刷新”按钮
查看日志	单击一个任务所在行的“日志”按钮

表 6.8　定时输出任务设置说明

设置项	子项	说　明
基本信息	名称	设置任务名，用于辨识不同的任务
	描述	为任务设置描述信息
	激活	设置任务创建后的状态，勾选或去勾选激活
	导出格式	任务导出时保存文件的文件格式，有 csv、txt、xml、html 和 xlsx 可选
	导出策略	可选增量数据和全量数据，默认增量数据策略。
高级筛选	启用第三方 FTP	设置是否启用第三方 FTP 服务器来保存输出的文件。 是：表示将文件保存到第三方服务器。需要设置第三方 FTP 服务器的 IP、文件路径、端口、用户名和密码，单击测试连接来测试是否 UME 是否能正常连接到此第三方服务器。 否：表示使用默认服务器
	周期设置	设置周期天数
资源	网元类型	选择一个或多个网元类型
	对象类型	选择一个或多个对象

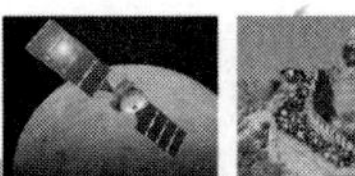

续表

设置项	子项	说明
告警码		在搜索栏输入告警码或告警码名称来查找到要选择的告警码。 单击告警码右侧的小箭头，进入右侧框的告警码表示已选中
时间条件	发生时间	将发生时间设置为所有、最近几天或一个具体日期段
	确认时间	将确认时间设置为所有、最近几天或一个具体日期段
	清除时间	将清除时间设置为所有、最近几天或一个具体日期段
	持续时间	将持续时间设置为全部、或设置某一持续时间跨度范围
其他条件	确认状态	勾选一个或多个状态
	告警级别	勾选一个或多个告警级别，有严重、主要、次要和警告
	根源衍生告警	勾选包含根源衍生告警：根源告警、衍生告警。 根源告警是故障或异常事件直接引发的告警。 衍生告警是由根源告警衍生出的告警
	告警类型	勾选需要的告警类型
	清除类型	勾选需要的清除类型
	确认用户	输入确认用户名称
	注释	输入注释内容

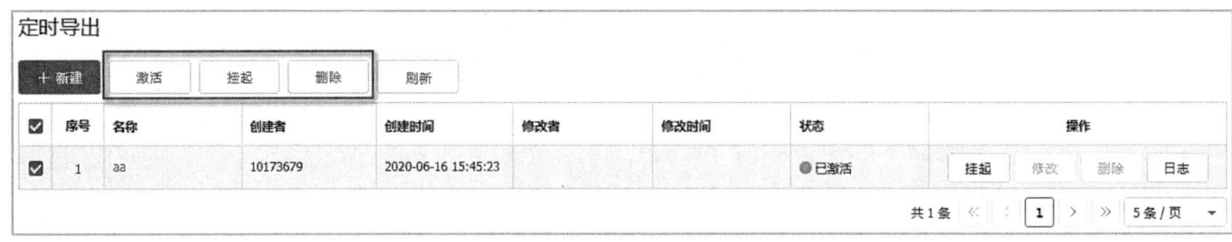

图 6.44　批量处理按钮

3）导出通知

摘要：在通知监控页面和通知查询页面中实现导出通知功能，方便通过文件查看通知。通知监控是实时性的，可以立即看到 UME 通知信息。

步骤：

（1）以下两个页面中都可以导出通知。

在告警管理主页面的导航栏，选择菜单“通知”→“通知查询”，打开“通知查询”页面。

在告警管理主页面的导航栏，选择菜单“通知”→“通知监控”，打开“通知监控”页面。

（2）单击“导出”按钮，选择“导出已选”或“导出全部”，如图 6.45 所示。

（3）设置保存的文件名和文件类型，类型包括 csv、xml、txt 或 html。

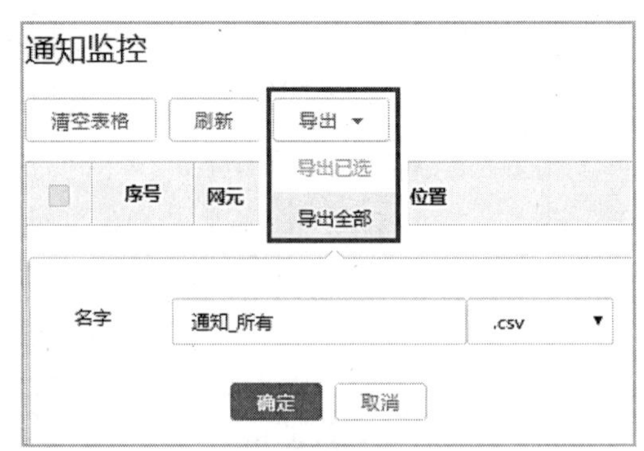

图 6.45　导出通知页面

（4）单击“确定”按钮，文件会以 zip 包的形式下载到浏览器默认的文件夹。

4）定时统计任务

摘要：定时统计任务指定时执行统计模板，把统计结果输出到固定的目录下面的任务。定时统计任务支持三种执行计划：按天执行、按周执行、按月执行。一个定时统计任务一天只能执行一次。前提已经定义好历史告警统计模板。

步骤：

（1）在告警管理主页面的导航栏，选择菜单“历史告警”→“定时统计”。

（2）根据需要，执行对应操作。

如果...	那么...
新建任务	（1）单击“新建”按钮。 （2）设置任务的名称、时间范围、选择模板名称、状态和执行计划，如图 6.46 所示。 （3）单击“确认”按钮
激活任务	在“定时统计”页面激活已挂起的任务。 激活单个任务：单击任务所在行的“激活”按钮。 激活多个任务：勾选多个任务，单击列表上方的“激活”按钮，如图 6.47 所示
挂起任务	在“定时统计”页面挂起已激活的任务。 挂起单个任务：单击任务所在行的“挂起”按钮。 挂起多个任务：勾选多个任务，单击列表上方的“挂起”按钮，如图 6.47 所示
删除任务	在“定时统计”页面删除任务。 删除单个任务：单击任务所在行的“删除”按钮。 删除多个任务：勾选多个任务，单击列表上方的“删除”按钮，如图 6.47 所示
刷新任务	单击“刷新”按钮
查看日志	单击一个任务所在行的“日志”按钮

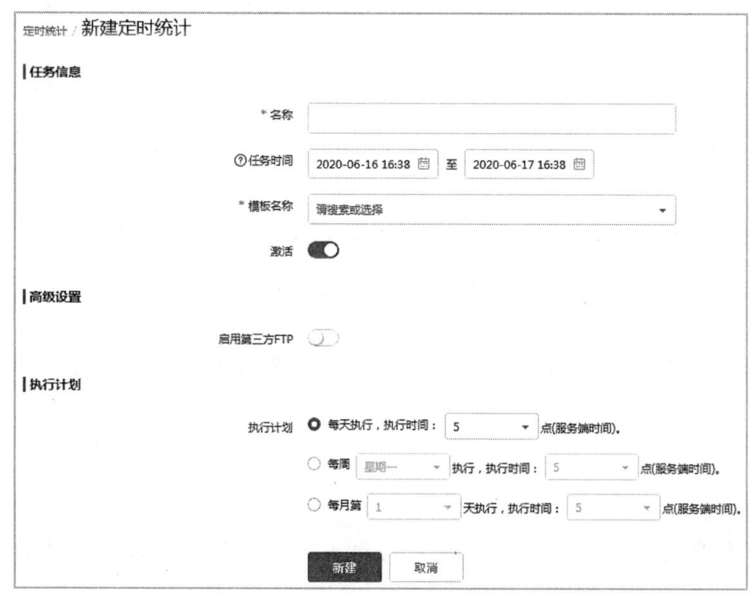

图 6.46　新建任务

图 6.47　批量处理按钮

4. 设置告警

1）重定义告警级别

摘要：系统初始化时设置了每条告警的默认告警级别，级别重定义设置的功能就是在系统运行过程中，根据不同的业务需求和实际环境修改告警级别，以引起维护人员的关注。

步骤：

（1）在“其他设置”页面下，切换到“级别重定义”选项卡，如图 6.48 所示。

图 6.48　“级别重定义”选项卡

（2）单击“资源类型”按钮，在下拉菜单中选择要修改的告警资源类型，以便于查找到告警。

（3）选择重定义的告警后，单击“重定义级别”列的下拉菜单，选择新级别，如图 6.49 所示。

（4）单击“保存”按钮。

2）设置告警锁定

摘要：告警锁定设置将已清除的告警直接进入历史告警库，或将已清除未确认的告警作为当前告警。

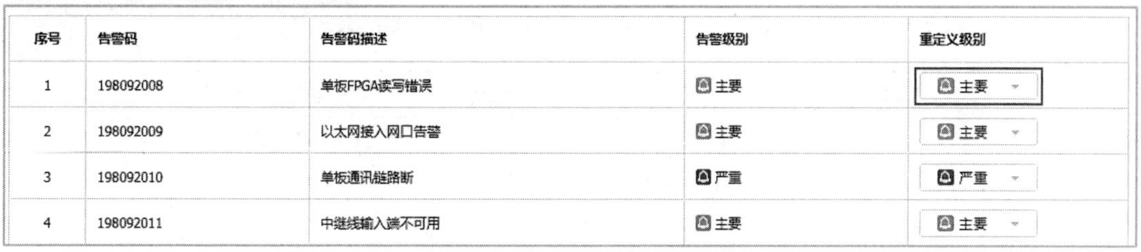

序号	告警码	告警码描述	告警级别	重定义级别
1	198092008	单板FPGA读写错误	主要	主要
2	198092009	以太网接入网口告警	主要	主要
3	198092010	单板通讯链路断	严重	严重
4	198092011	中继线输入端不可用	主要	主要

图 6.49　重定义告警级别

步骤：

（1）在“其他设置”页面下，切换到“锁定告警设置”选项卡，打开页面如图 6.50 所示。

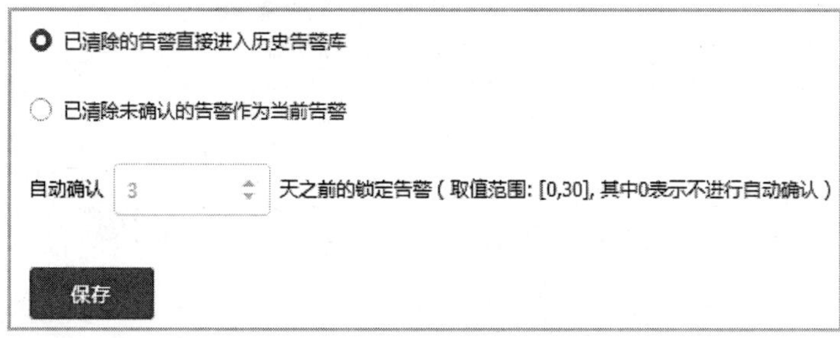

图 6.50　锁定告警页面

（2）选择“已清除未确认的告警作为当前告警”项后，将这种状态的告警称为锁定告警。

（3）单击“保存”按钮，完成锁定设置。

3）设置告警同步

摘要：由于网络中断等原因，可能造成 UME 的告警数据与网元告警数据不一致。通过设置告警同步方式，可以将选中网元的当前告警数据同步到 UME 服务器上。

步骤：

（1）在“其他设置”页面下，切换到“同步设置”选项卡，打开页面如图 6.51 所示。

图 6.51　同步设置页面

（2）根据需要进行同步设置，包括周期同步设置和自动同步设置。

如果...	那么...
周期同步设置	（1）周期设置以天、时为单位，打开“激活”按钮，完成设置。 （2）单击“保存”按钮，开启周期同步
自动同步设置	（1）打开“激活”按钮。 （2）单击“保存”按钮，开启自动同步

4）设置告警确认任务

摘要：历史告警会在设置的告警自动确认天数下自动确认。

步骤：

（1）在“其他设置”页面下，切换到“确认任务设置”选项卡。

（2）单击“设置”按钮，可以设置自动确认历史告警的天数，如图 6.52 所示。

（3）单击“确定”按钮，设置完成。

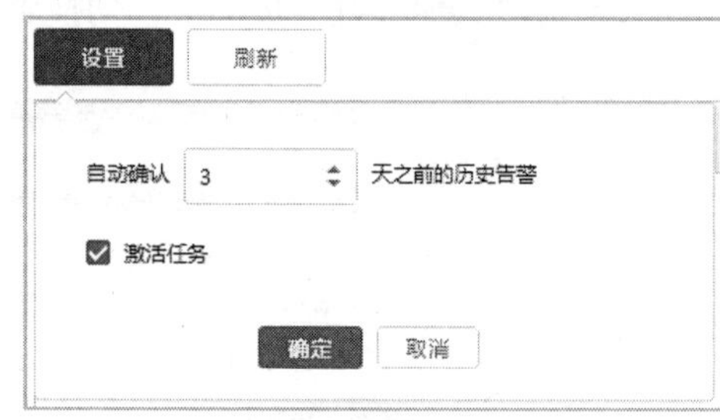

图 6.52　自动确认告警页面

5）设置告警前转模板

摘要：设置告警前转至邮箱或者手机的内容模板，即前转给邮箱或手机的消息格式。

步骤：

（1）在“其他设置”页面下，切换到“前转模板设置”选项卡。

（2）在文本框中输入字段内容，或单击“默认”按钮，设置成默认模板。

（3）单击“校验”按钮。若校验通过，文本框后有✔标记，如图 6.53 所示。若检验不通过，修订至检验通过后，单击“保存”按钮。

图 6.53　校验通过

6）设置告警提示

摘要：UME 提供了多种告警的显示方式或声音提示规则。根据需要可以修改告警提示规则，通过不同的通知方式获取最新的告警信息。

步骤：

（1）在“其他设置”页面下，切换到“提示设置”选项卡。

（2）单击“新建”按钮，打开页面如图 6.54 所示，参数设置时参考表 6.9。

其他设置 · 提示设置 / 新建告警提示

基本信息

* 名称

描述

0/200

激活

资源

资源 按对象 按类型

对象类型 请搜索或选择 选择 已选资源(0)

图 6.54 “新建告警提示”页面

表 6.9　告警提示参数设置说明

设置项	子项	说　明
基本信息	名称	设置告警提示任务名，用于辨识不同的告警提示任务
	新建	告警提示任务时，不允许和现有的告警提示任务名称重复
	描述	为告警提示任务设置描述信息
	激活	设置告警提示任务创建后的状态，勾选或去勾选激活
网元类型		选择告警的网元类型
对象类型		资源选择按对象时，该条件显示，支持选择网元对象
告警码		在搜索栏输入告警码或告警码名称来查找到要选择的告警码。单击告警码右侧的小箭头，进入右侧框的告警码表示已选中
其他条件	告警级别	选择相应的告警级别
	告警类型	选择相应的告警类型

（3）单击“新建”按钮，完成新建提示任务，新建成功后如图 6.55 所示。

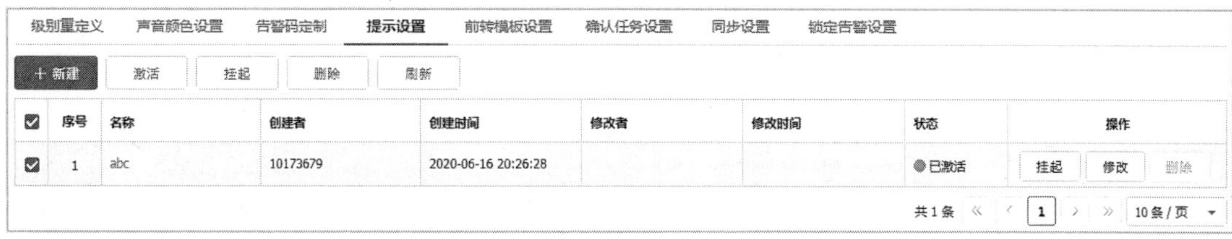

图 6.55　告警提示显示

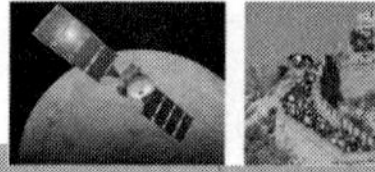

7）定制告警码

摘要：在创建自定义的性能指标时，对告警码的定制可以为该指标设定一个自定义的告警级别。根据不同的网元或网元类型设置自定义的告警级别。

步骤：

（1）在“其他设置”页面下，切换到“告警码定制”选项卡。

（2）单击“资源类型”按钮，在下拉菜单中选择要修改的告警资源类型，以便于查找到告警。

（3）单击要修改的告警码对应的“修改”按钮，如图 6.56 所示。

图 6.56　自定义告警码级别

（4）单击“自定义告警码级别”下拉框，选择告警码级别。

（5）在“自定义告警码名称”文本框中输入新名称。

（6）单击“确定”按钮。

8）设置告警声音和颜色

摘要：维护人员可以定制不同级别告警发生时，在 UME 系统上的提示声音和告警信息显示的颜色，从而及时提醒用户关注系统发生的故障或事件。

步骤：

（1）在“其他设置”页面下，切换到“声音颜色设置”选项卡，打开页面如图 6.57 所示。

其他设置 / 声音颜色设置

级别重定义　声音颜色设置　告警码定制　提示设置　前转模板设置　确认任务设置　同步设置　锁定告警设置

设置	严重告警	主要告警	次要告警	警告告警	事件告警	操作
声音	默认.wav	默认.wav	默认.wav	默认.wav	默认.wav	重置　开启声音
颜色	#de4040	#de8f40	#e9d426	#86bcdb	#10e310	重置

图 6.57　告警设置页面

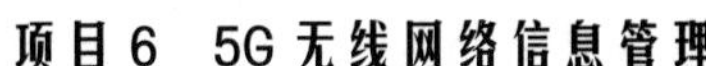

（2）在声音设置行中，单击需要自定义的告警声音，弹出打开窗口。选择本地要上传的声频文件，单击“打开”按钮。

（3）单击声音行操作列中的“关闭声音”或“开启声音”按钮，如图6.58所示。

（4）单击声音行操作列中的“重置”按钮（可选），重置设置的声音提示，如图6.59所示。

图6.58　关闭/开启声音提示

图6.59　重置声音提示

（5）在颜色设置行中，单击需要自定义的告警颜色，弹出颜色窗口，单击所需要的颜色，如图6.60所示。

（6）单击颜色行操作列中的“重置”按钮（可选），重置设置的颜色提示，如图6.61所示。

图6.60　自定义颜色

图6.61　重置颜色提示

9）设置告警处理规则

告警处理是指当指定的告警或通知满足一定条件时，UME 系统将自动触发处理操作。告警触发条件和需要执行的动作由维护人员设置。

UME 系统的告警/通知规则多样，每个规则类型的应用说明参见表6.10。

表6.10　告警规则类型说明

规则名称	应用说明
告警显示过滤规则	符合条件的告警会被过滤，即按设定的操作进入当前告警库，不显示在UME系统操作界面上。 若告警既满足抑制计划任务（参见“设置告警抑制计划任务”），又满足显示过滤规则，将直接被抑制计划任务过滤
告警确认规则	符合条件的告警会被自动确认
告警清除规则	符合条件的告警会被自动清除

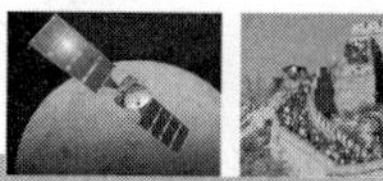

续表

规则名称	应用说明
闪断告警规则	在短时间内频繁上报并恢复的告警，符合条件时自动执行指定的操作，如将多条相同的告警合并显示为一条告警。 闪断规则产生的告警不再被其他规则处理
通知过滤规则	符合条件的通知会被直接丢弃，不显示在 UME 的操作界面上，也不会保存在数据库。此规则只对新上报的通知生效
告警前转规则	符合条件的告警上报时或持续一定时间未恢复时，将其通过邮件或手机短信发送到指定人员
上报过滤规则	当告警上报时，符合条件的告警会被自动过滤丢弃，不上报到 UME 系统
告警延迟规则	上报后立即恢复的告警，若符合条件，延迟一段时间后上报。 若符合条件的告警在指定时间内恢复，则不显示在 UME 界面
告警计时规则	对符合条件的告警所持续的某种状态计时，若持续时间达到指定时间长度，执行指定操作（如告警级别改变、产生一条新告警） 此规则对规则建立后上报的告警数据生效
北向过滤规则	符合条件的告警，在被过滤后将不上报到北向上级管理系统。 此规则可能导致北向上级管理系统与 UME 系统告警不一致
重复历史告警过滤规则	距最近一条历史告警（包括已被过滤的）一定时间内上报的重复历史告警（发生位置和告警码相同）会被自动过滤丢弃。查询历史告警时可以看到历史告警上报的次数。此规则对新上报的重复历史告警生效
重复通知过滤规则	距最近一条通知（包括已被过滤的）一定时间内上报的重复通知（发生位置和告警码相同）会被自动过滤丢弃。查询通知时可以看到通知上报的次数。此规则对新上报的重复通知生效
告警归并规则	用于合并由相同故障引起的告警，并显示其中的一条告警来表示这些告警。此规则不影响北向
频发告警规则	频发告警规则在动态间隔内，对告警唯一性标志相同的告警反复上报、恢复的情况进行归并。规则生效期间，产生的衍生告警被归并。当频发次数大于门限值时，会将根源告警的计数单元格标注为红色

步骤：

（1）在告警管理主页面选择菜单“告警设置”→“规则设置”，打开“规则设置”页面。

（2）根据需要，执行对应操作。

目的	步骤
新建规则	新建 UME 系统会记录规则的创建人和创建时间，便于后续跟踪查询。如图 6.62 所示，单击“新建”按钮，参数设置参见表 6.11
激活规则	（1）勾选要激活的规则。 （2）单击“激活”按钮
挂起规则	（1）勾选要挂起的规则。 （2）单击“挂起”按钮
删除规则	（1）单击要删除的规则所在行的“挂起”按钮，勾选要删除的规则。 （2）单击“删除”按钮
修改规则	（1）除频发告警规则，支持修改激活状态下的其他规则，如要修改，单击要修改的规则所在行的“修改”按钮，在弹出的页面中修改规则。 （2）修改完成，单击“确认”按钮保存修改

图 6.62　新建规则

表 6.11　自动处理规则设置说明

设置项	子　项	说　明
基本信息	名称	设置规则名，用于辨识不同的规则。输入规则名称不能和已有规则重复
	规则类型	选择一个规则类型，规则类型说明参见表 5-2
	描述	为规则设置描述信息
	激活	设置规则创建后的状态，勾选或去勾选激活
资源	网元类型	选择一个或多个网元类型
	对象类型	选择告警来源，可设置选择网元
告警码		在搜索栏输入告警码或告警码名称来查找到要选择的告警码。单击告警码右侧的小箭头，进入右侧框的告警码表示已选中
时间条件	发生时间	设置告警发生的时间段。 （1）勾选复选框，单击“自定义”按钮。 （2）选择时间段。 （3）单击“确认”按钮
其他条件	告警级别	勾选一种或多种告警级别：严重、主要、次要、警告
	告警类型	勾选一个或多个告警类型
	位置（模糊匹配）	仅“上报过滤规则”支持，填写位置信息，符合条件的告警将会被过滤。 附加信息仅“上报过滤规则”支持，填写附加信息，“%[/”不能作为条件输入，可以输入多个条件，用“,”分隔，不包含逗号前后的空格。若条件中含有逗号，请输入“\,”。各条件之间是“或”的关系。符合条件的告警将会被过滤
更多条件	工程状态	选择告警工程状态：普通、调测、新建，支持多选
	虚拟化标志	选择网元类型：虚拟网元、物理网元，支持多选
	单板类型	选择上报告警来源的单板类型

10）设置告警抑制计划任务

摘要：抑制计划任务是对工程割接、倒换等任务期间产生的告警进行抑制管理。在抑制计划任务生效期间，若有满足任务条件的告警上报时，页面会出现一条 1023 告警，满足任务条件的告警会被此告警抑制且不会出现在告警页面中。告警抑制计划任务可以根据设置隐藏这些人工造成的非正常告警，确保告警显示更准确。

步骤：

（1）在告警管理主页面选择菜单“告警设置”→“抑制计划”，打开“抑制计划”页面。

（2）根据需要，执行对应操作。

■ 新建抑制计划。

a. 单击“新建”按钮，打开“新建抑制计划”页面，如图 6.63 所示。

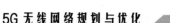

图 6.63 “新建抑制计划”页面

b. 设置抑制计划的信息，参见表 6.12。

表 6.12 抑制计划参数说明

设置项	子项	说　明
基本信息	名称	设置抑制计划任务名，用于辨识不同的抑制计划任务。新建抑制计划任务时，不允许和现有的抑制计划任务名称重复
	激活	设置抑制计划任务创建后的状态，勾选或去勾选已激活
	备注	为抑制计划任务设置描述信息
	工程任务描述	为抑制计划设置工程任务描述信息
	联系人	为抑制计划设置联系人
	任务周期	设置抑制计划任务的开始时间和结束时间
动作	上报北向	设置抑制计划任务产生的新告警是否上报到北向上级管理系统
	工程状态	设置抑制计划任务的工程状态，包括普通、调测、新建
网元类型		选择抑制计划的网元类型
对象类型		资源选择按对象时，该条件显示，支持选择网元对象

c. 单击“确定”按钮。

■ 挂起抑制计划。

说明：只有处于激活状态的抑制计划任务才能被挂起。

单击某条抑制计划操作栏中的“挂起”按钮，如图 6.64 所示，抑制计划状态变为“已挂起”。

■ 激活抑制计划。

说明：只有处于挂起状态的抑制计划任务才能被激活。

单击某条抑制计划操作栏中“激活”按钮，如图 6.65 所示。抑制计划状态变为“已激活”。

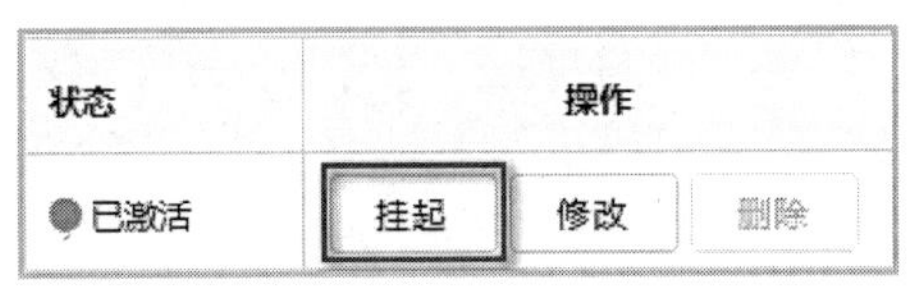

图 6.64　挂起抑制计划

图 6.65　激活抑制计划

■ 修改抑制计划。

说明：只有处于挂起状态的抑制计划任务才能被修改。

a. 单击某条抑制计划操作栏中的“修改”按钮，如图 6.66 所示。

b. 在“修改抑制计划”页面，重新设置抑制计划的信息。

c. 单击“确定”按钮。

■ 删除抑制计划。

说明：只有处于挂起状态的抑制计划才能被删除。

a. 单击某条抑制计划操作栏中的“删除”按钮，如图 6.67 所示。

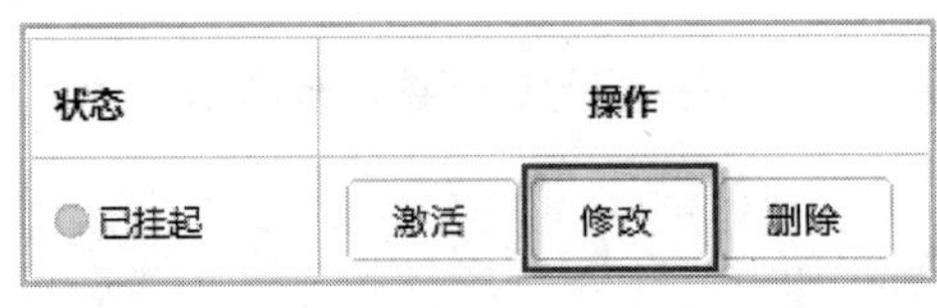

图 6.66　修改抑制计划

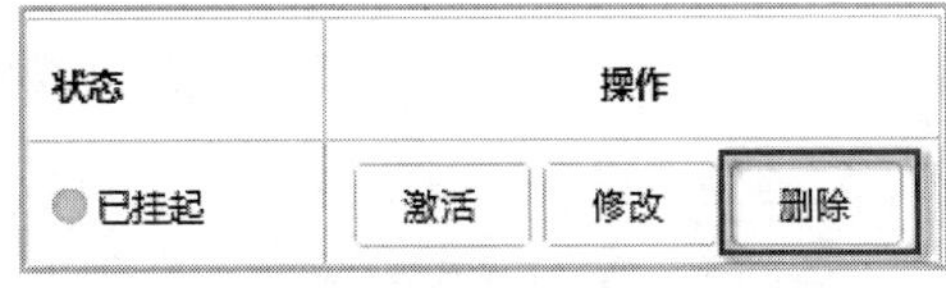

图 6.67　删除抑制计划

b. 在弹出的“确认删除此任务？”对话框中，单击“确认”按钮。

（3）批量激活、挂起、删除抑制计划（可选）可以进行如下操作：勾选某条或某几条抑制计划，单击抑制计划页面上方的“激活”“挂起”“删除”按钮，如图 6.68 所示。

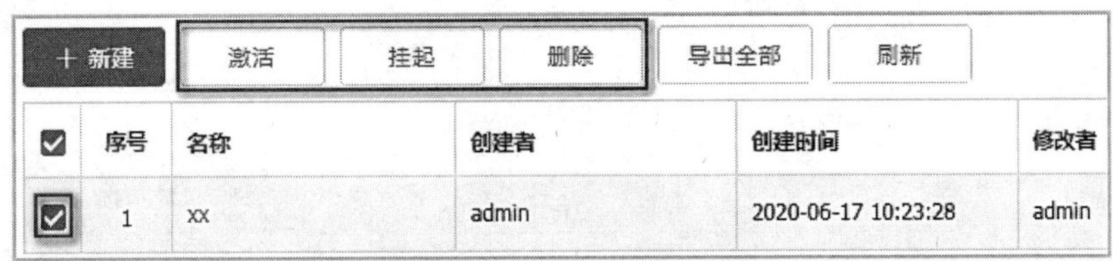

图 6.68　批量处理抑制计划

（4）支持导出全部抑制计划，单击抑制计划页面上方的“导出全部”按钮，如图 6.69 所示。

图 6.69　导出全部抑制计划

任务 6.3　5G 无线网络参数检查

扫一扫看 5G 无线网络参数检查教学课件

6.3.1　任务描述

学习 5G UME 网管的配置操作部分，熟悉常用配置位置，掌握参数导入和导出功能，熟悉参数配置比较。

6.3.2　任务目标

（1）了解网管配置管理；

（2）熟悉参数导入和导出功能；

（3）理解 5G 基站参数；

（4）掌握参数配置比较。

扫一扫看 UME 登录和基础概念微课视频

6.3.3 知识准备

1. UME 登录界面

在 Elastic Net UMER18（以下简称 UME）系统登录界面输入用户名和密码，如图 6.70 所示。单击“登录”按钮进入主界面，如图 6.71 所示。UME 主界面主要包括安全管理、系统管理、文档、配置部署和网络监控等功能。

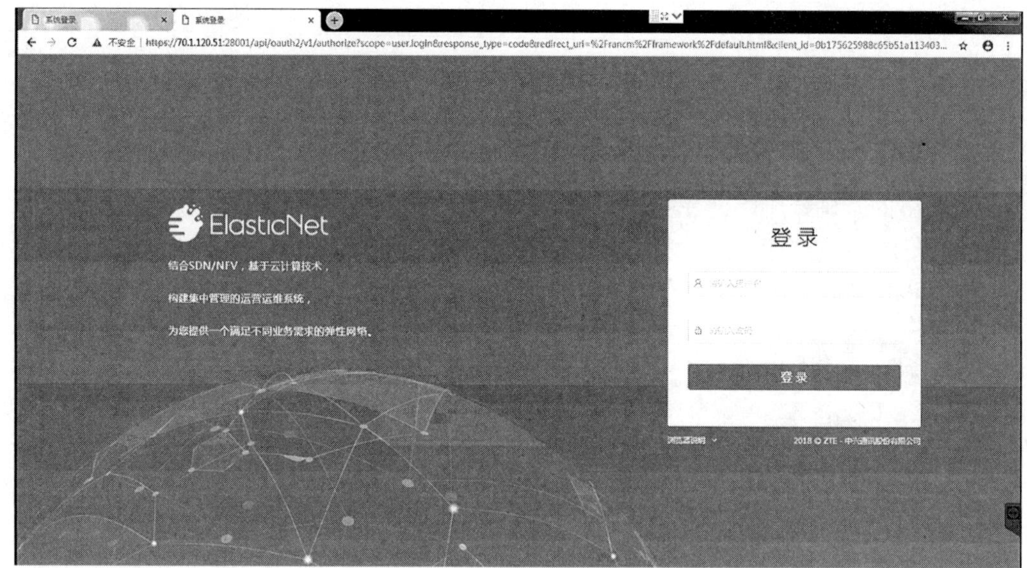

图 6.70　UME 登录界面

UME 主要功能有：

（1）TOPO 管理功能支持业务对象间的拓扑关系的展现，包括拓扑图层和表格两种方式。业务对象包括子网、网元、小区及代理。

（2）支持实时显示网络的运行状态，实现配置监视、告警监视。

（3）支持 5G 网元和代理的接入管理。

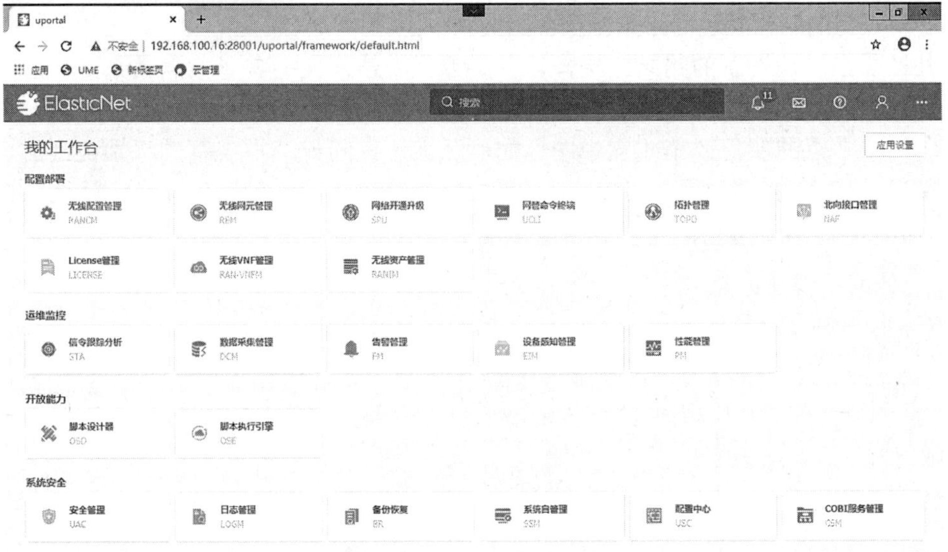

图 6.71　UME 主界面

（4）支持网元的添加、修改、删除等操作，接入网管的网元将在拓扑图中显示。

（5）支持代理的创建、启动/停止、同步等操作，接入网管的代理将在拓扑图中显示。

（6）支持对接入的网元和代理进行分组管理。

2. UME 系统 TOPO 图

登录 UME 系统后，打开 UME 主界面，单击“拓扑管理（TOPO）”图标，默认打开“拓扑管理”界面的“逻辑视图”子界面，如图 6.72 所示。

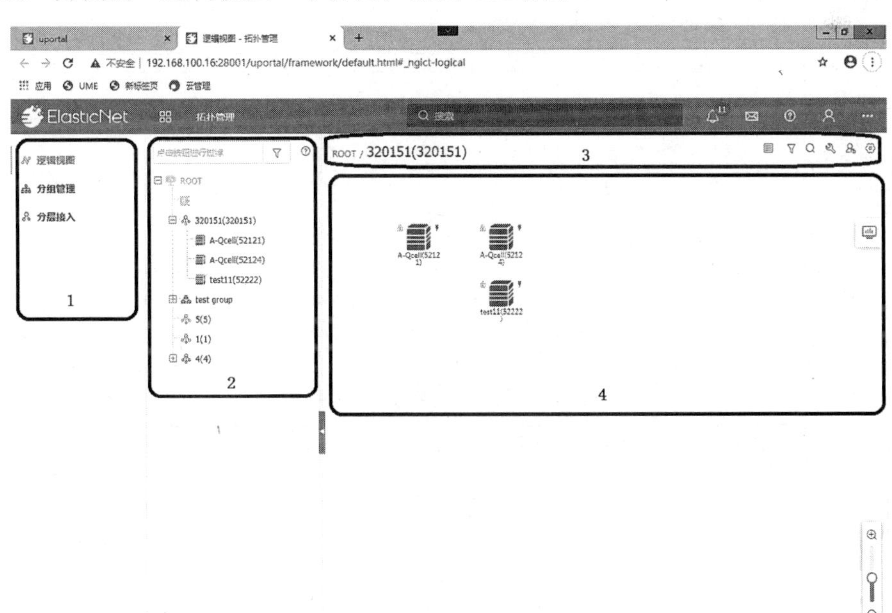

说明：1—菜单栏；2—拓扑树；3—工具栏；4—拓扑图。

图 6.72　“拓扑管理”界面

拓扑树以树的结构显示网络系统全部的拓扑节点。

拓扑图显示管理设备的网络结构，以分层方式表达网元的父子归属关系，以连线方式表达网元的连接关系。

拓扑树中节点的颜色或拓扑图中图标的颜色表示该网元节点现存的级别最高的告警颜色。告警颜色代表的告警级别：红色为严重告警；橙色为主要告警；黄色为次要告警；蓝色为警告。

3. 无线网元管理页面

（1）首先登录 UME 系统，进入 UME 的“配置部署”界面，如图 6.73 所示。

图 6.73　UME 的“配置部署”界面

（2）单击“无线网元管理（REM）”图标，打开“无线网元管理”界面，如图 6.74 所示。无线网元管理功能说明如表 6.13 所示。

图 6.74　“无线网元管理”界面

表 6.13　无线网元管理功能说明

功　能	说　明
网元工具	1．查询无线网元。 2．导航到无线网元控制应用相关的功能。 （1）MO Browser：查看网元的 MO 数据。 （2）单站可视化管理：通过机架图管理单个站点。 （3）配置数据导入导出：备份和恢复网元 MO 数据。 （4）RANCLI：通过命令维护选定的网元。 （5）基站本地维护终端：操作维护单个站点。 （6）Web 维测工具：维护测试单个站点

续表

功　能	说　明
网元模型管理	提供对模型的管理功能，包括导入、查询
插件管理	提供站点插件管理功能，包括导入
节点管理	分为节点统计、子网管理、增加网元、增加 EMS 网元、和编辑网元的功能
标签管理	分为标签管理和规则管理两种功能
AISG 管理	分为 AISG 开通和 AISG 运维两种功能
网元健康度检查	提供网元健康度检查任务管理功能

（3）在查询条件文本框中输入网元名称或网元 ID 或高级查询语句，单击“搜索”按钮，表格中显示查询到的网元，如图 6.75 所示。

图 6.75　查询界面

（4）MO Browser 提供对单个网元 MO 数据的查看功能。在“无线网元管理”的“无线网元操作”子界面，选择需要查看 MO 数据的网元。单击“MO Browser”按钮，打开“MO Browser”界面，如图 6.76 所示。

图 6.76　“MO Brower”界面

（5）单站可视化管理提供以下功能：站点的机架图展示；查看设备信息，支持查看网元信息、机框信息、单板信息、拓扑信息、端口信息；单板状态的查看和操作，包括单板的闭塞和解闭塞；单板操作，包括复位、上电、下电、下电复位；查看告警信息。

首先在“无线网元管理”的“无线网元操作”子界面，筛选并选择需要操作的网元。

单击“单站可视化管理”按钮，进入“单站可视化管理”界面，如图 6.77 所示。

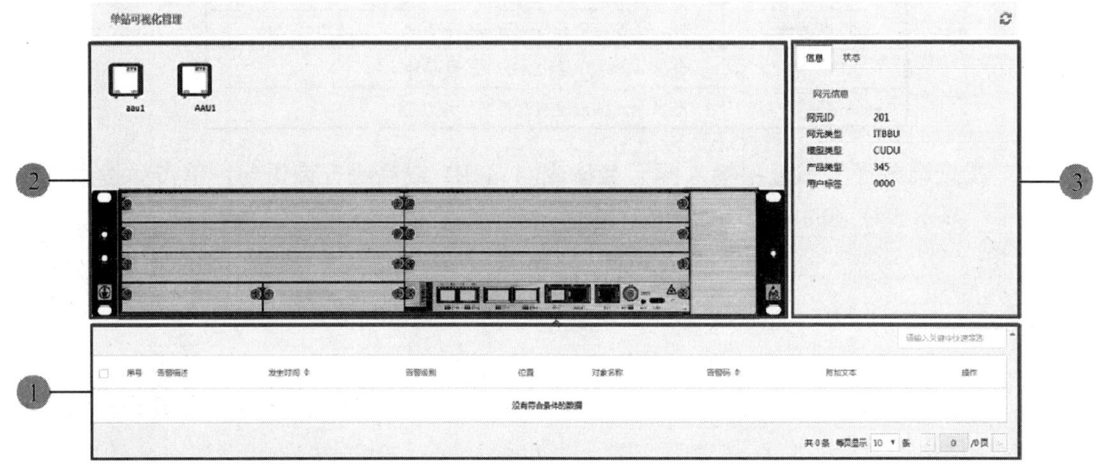

说明：1—告警信息区域；2—机架图区域；3—设备信息区域。

图 6.77 “单站可视化管理”界面

在机架图区域查看站点的机架图。接口显示为绿色方块说明该接口有配置数据。

- 选择机架图中的设备，在设备信息区域的信息页面查看所选设备信息。设备信息区域初始显示网元信息。
- 选择机架图中的 BBU 单板，在设备信息区域的状态页面查看当前单板的状态值。
- 选择机架图中的 BBU 单板，在设备信息区域的状态页面单击“闭塞”或“解闭塞”按钮，在弹出的对话框中单击“确认”按钮。
- 单击机架图中的 BBU 单板，在设备信息区域的状态页面单击单板“复位/上电/下电/下电复位”按钮，在弹出的对话框中单击“确认”按钮。
- 告警信息区域初始显示该站点的所有告警。单击选择机架图中的设备，在告警信息区域查看所选设备的告警信息。单击选中机框，恢复显示当前站点所有告警。

4. 网元数据的备份和恢复

备份和恢复功能可以实现网元 MO 数据的备份和恢复。在“无线网元管理”的“无线网元操作”子界面，筛选并选择需要备份和恢复的网元，如图 6.78 所示。

备份网元 MO 数据，下载网元数据的 ZIP 文件；恢复网元 MO 数据，上传待恢复的 XML 文件。

5. RANCLI 在线命令

RANCLI 提供了对 RAN 侧的网元进行运维管理的在线命令行工具。在“无线网元管理”的“无线网元操作”子界面，筛选并选择需要操作的网元，如果需要查看所有命令列

网元类型	子网	网元ID
ITBBU	200	201

备份　恢复

图 6.78　备份和恢复

表，输入“help”，按回车键，界面输出所有的命令列表，如图 6.79 所示，可以单击“详细”链接，跳转到帮助界面。

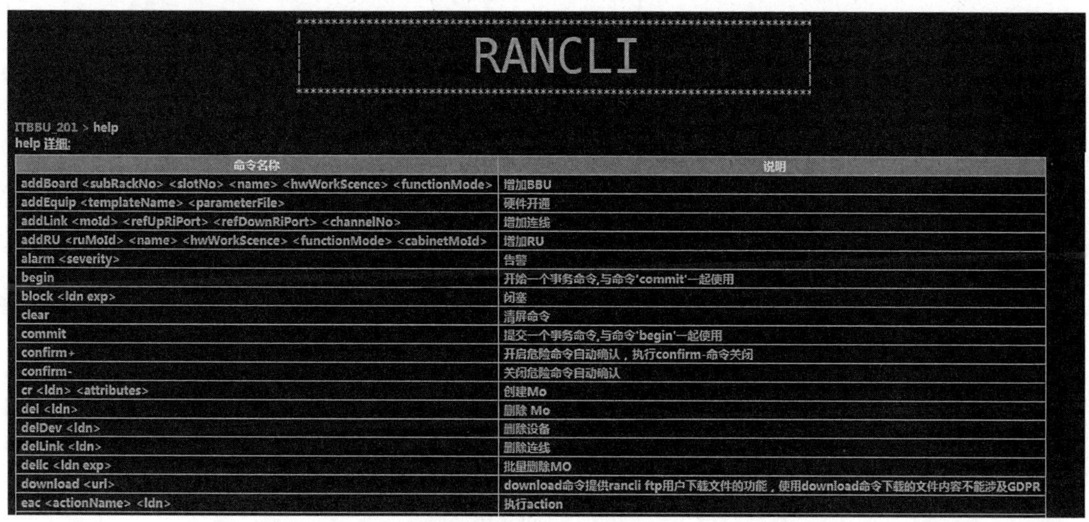

命令名称	说明
addBoard <subRackNo> <slotNo> <name> <hwWorkScence> <functionMode>	增加BBU
addEquip <templateName> <parameterFile>	硬件开通
addLink <moId> <refUpRiPort> <refDownRiPort> <channelNo>	增加连线
addRU <ruMoId> <name> <hwWorkScence> <functionMode> <cabinetMoId>	增加RU
alarm <severity>	告警
begin	开始一个事务命令,与命令'commit'一起使用
block <ldn exp>	闭塞
clear	清屏命令
commit	提交一个事务命令,与命令'begin'一起使用
confirm+	开启危险命令自动确认，执行confirm-命令关闭
confirm-	关闭危险命令自动确认
cr <ldn> <attributes>	创建Mo
del <ldn>	删除 Mo
delDev <ldn>	删除设备
delLink <ldn>	删除连线
dellc <ldn exp>	批量删除MO
download <url>	download命令提供rancli ftp用户下载文件的功能，使用download命令下载的文件内容不能涉及GDPR
eac <actionName> <ldn>	执行action

图 6.79　RANCLI 界面

如果需要查看单个命令的详细信息，输入 help 命令名称，按回车键，界面输出所查看命令的详细信息。

扫一扫看无线配置管理微课视频

6. 无线配置管理

在 UME 主界面中，单击无线应用区域中的“无线配置管理（RANCM）”图标，打开 RANCM 无线配置管理界面，如图 6.80 所示。在 RANCM 无线配置管理界面左侧有“现网配置”“规划区管理”“数据核查”“默认值管理”“模板管理”“配置工具”“系统维护”7 个菜单及其子菜单，单击子菜单，右侧区域显示对应的配置界面。各菜单功能如表 6.14 所示。

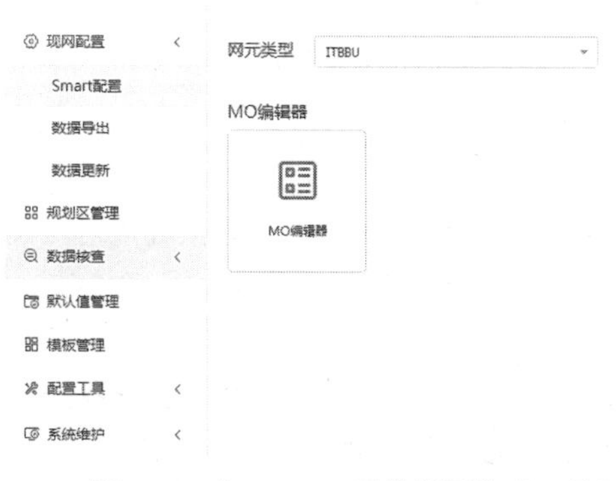

图 6.80　“RANCM 无线配置管理”界面

表 6.14 各菜单功能

功 能	功 能 描 述	子 功 能	子功能描述
现网配置	（1）通过现网配置可以增加、删除、修改、查看网元 MO 数据，并在修改完成后激活到网元。 （2）用于单个网元或少量网元的配置操作	Smart 配置	用于查看、修改、激活现网区的网元 MO 数据
		数据导出	通过预定义的场景模板（包括小区调整模板、邻区调整模板、模拟加载模板等）或自定义 MO 模板导出现网区数据，用于批量查看现网配置参数
		数据更新	使网元实际配置的数据和现网区保存的数据保持一致，以便通过查看现网区数据就可以了解网元的实际配置情况
规划区管理	创建规划区后，UME 系统会自动将对应网元类型的网元映射到规划区中。 每个规划区可独立作为一个工作区，在现网区数据的基础上对网元数据进行修改	Smart 配置	通过 MO 编辑器和场景模板修改规划区网元的 MO 数据
		导出、导入	用于批量修改规划区网元的 MO 数据
		数据比较	提供查看变更、规划区数据与网元实际数据、两个网元的现网区数据的对比，帮助排除参数类故障
		数据激活	将规划区配置数据的变更提交到网元生效
数据核查	提供多种场景下的配置数据检查功能，帮助排除参数类故障	数据比较	提供现网区数据与网元实际数据、两个网元的现网区数据的对比
		网元变更查看	查询指定时间段内网元数据变化情况
默认值管理	对于通过模板方式新增的数据中未指定数值的参数，系统自动从默认值模板中查找对应参数值进行批量赋值	普通默认值管理	用于管理参数普通默认值，包括查看、导入、导出、删除等操作
		Master 默认值管理	用于管理参数 Master 默认值，包括查看、导入、导出、删除等操作
模板管理	用于对预定义的场景模板（包括小区调整模板、邻区调整模板）或自定义 MO 模板进行集中管理	用于查看、创建、编辑、删除、导出模板	为现网区数据导出和规划区导出、导入数据提供模板支持
配置工具	是配置工具的集合	配置报表	可以导出小区状态报表、传输状态报表，报表结果数据文件支持 Excel 或 CSV 格式
			可以自动扩充和定制明细报表的字段内容
		任务监控	对所有配置激活任务的监控功能，可以查询当前运行任务及历史任务信息
		回滚区管理	将网元数据回退到回滚区创建时的状态
系统维护	查看数据库的容量信息	数据迁移	查看 UME 的数据库节点，查看数据容量

7. 网元配置的导出和导入

使用预定义的场景模板（包括查看小区、删除小区、调整小区关键参数、调整邻区、删除邻接关系）或自定义 MO 模板，通过导出、导入模板数据的方式可以批量修改规划区数据。在 RANCM 无线配置管理界面中选择“规划区管理”命令项，打开“规划区管理”界面，进入“Smart 配置”界面，单击界面上方的“导出/导入”菜单，打开“导出”/“导入”选项卡，选择场景模板，如图 6.81 所示。

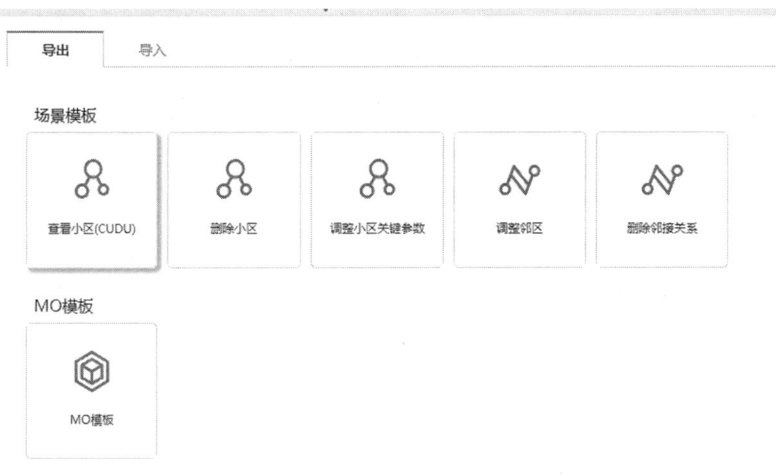

图 6.81　RANCM 导出界面

选择模板类型，在表格中勾选需要导出的网元，如图 6.82 所示。

导出　导入

模板类型　查看小区(CUDU)-V2.28.01,V2.26.07,V2.26.03

输入条件后，可以按回车键查询　更多　已选 /总数: 4/6

☑	序号	网元名称	子网标识	网元ID	网元类型	模型类型	模型标识	连接状态
☑	1	simulator-pm-5G-206	200	206	ITBBU	CUDU	V2.26.07	断链
☑	2	simulator-pm-5g-205	200	205	ITBBU	CUDU	V2.28.01	断链
☑	3	simulator-pm-5G-205	200	205	ITBBU	CUDU	V2.26.07	断链
☑	4	simulator-pm-5g-206	200	206	ITBBU	CUDU	V2.28.01	断链
☑	5	0000	200	202	ITBBU	CUDU	V2.26.07	建链
☑	6	0000	200	201	ITBBU	CUDU	V2.26.07	建链

导出　终止　返回

图 6.82　选择导出网元

单击“导出”按钮导出所选网元的 MO 数据，界面显示文件生成结果及文件名称，保存文件到本机。导入模板数据则需要选择“导入”选项卡，选择文件路径中的已完成修改的模板文件，自动导入已修改的 MO 数据进入系统。

8. 配置数据比较操作

运维人员可以通过对现网保存的网元数据与网元实际数据、两个网元在现网保存的数据的比较结果确认数据的正确性。在 RANCM 无线配置管理界面中选择菜单“数据核查”→“数据比较”，打开数据比较界面，如图 6.83 所示。

勾选两行网元数据，单击“UME-UME 比较”按钮，即可查看现网两个网元之间的参数差异，有差异的数据显示为红色，如图 6.84 所示。

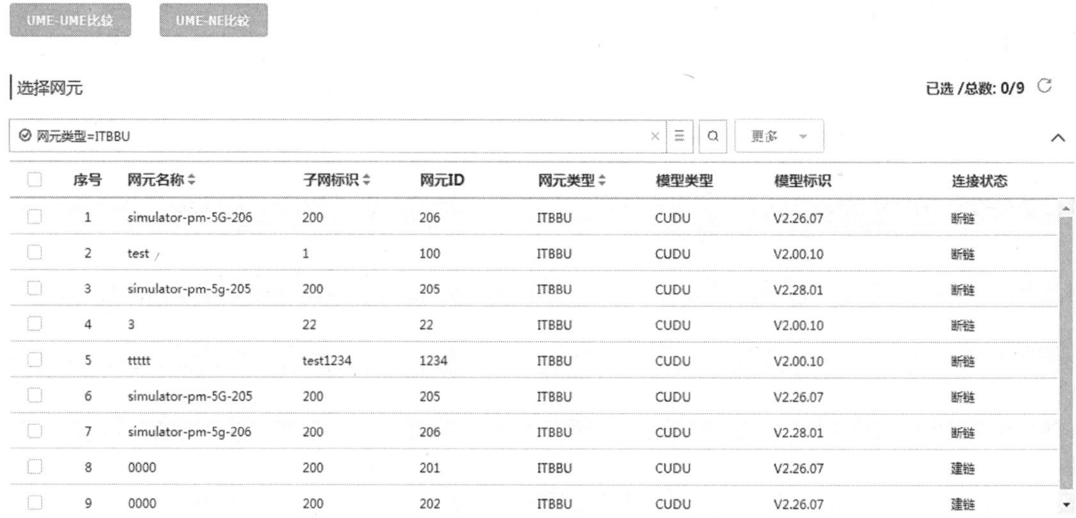

序号	网元名称	子网标识	网元ID	网元类型	模型类型	模型标识	连接状态
1	simulator-pm-5G-206	200	206	ITBBU	CUDU	V2.26.07	断链
2	test	1	100	ITBBU	CUDU	V2.00.10	断链
3	simulator-pm-5g-205	200	205	ITBBU	CUDU	V2.28.01	断链
4	3	22	22	ITBBU	CUDU	V2.00.10	断链
5	ttttt	test1234	1234	ITBBU	CUDU	V2.00.10	断链
6	simulator-pm-5G-205	200	205	ITBBU	CUDU	V2.26.07	断链
7	simulator-pm-5g-206	200	206	ITBBU	CUDU	V2.28.01	断链
8	0000	200	201	ITBBU	CUDU	V2.26.07	建链
9	0000	200	202	ITBBU	CUDU	V2.26.07	建链

图 6.83　数据比较界面

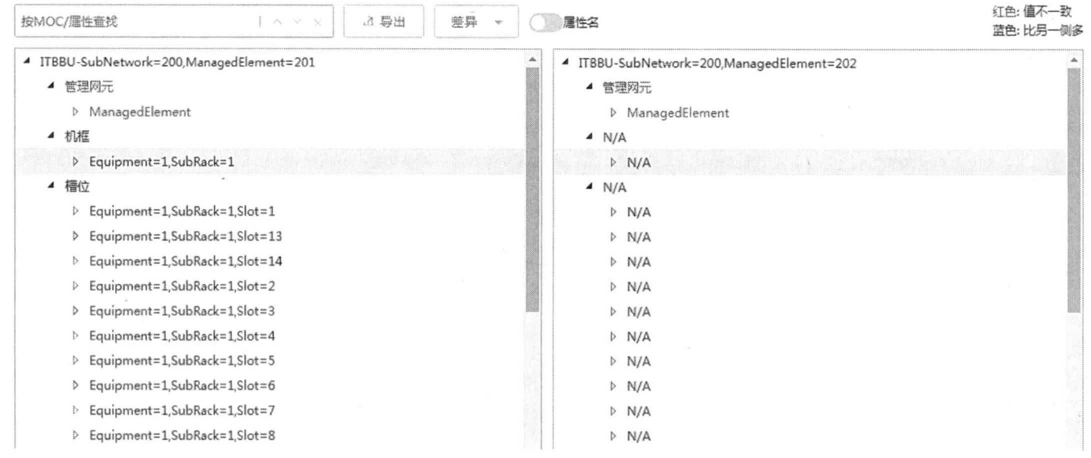

图 6.84　数据比较举例

6.3.4　任务实施

通过学习网管配置和参数检查工作，熟悉 5G UME 网管操作，能够完成数据备份，现网参数配置比较操作。

任务 6.4　5G 无线网络参数设置

扫一扫看 5G 无线网络参数设置教学课件

6.4.1　任务描述

学习 5G UME 平台的参数配置操作，掌握网管参数查询并修改。

6.4.2 任务目标

（1）熟悉参数查询；
（2）掌握参数修改。

6.4.3 知识准备

1. 查询和修改现网数据

在 RANCM 无线配置管理界面中选择菜单“现网配置”→“Smart 配置”，单击“MO 编辑器”按钮，打开 Smart 配置界面，如图 6.85 所示。

选择网元 MO编辑器 ITBBU 切换场景 «返回场景库

输入条件后，可以按回车键查询 更多 已选/总数: 0/9

序号	网元名称	子网标识	网元ID	网元类型	模型类型	模型标识	连接状态
1	simulator-pm-5g-205	200	205	ITBBU	CUDU	V2.28.01	断链
2	simulator-pm-5G-206	200	206	ITBBU	CUDU	V2.26.07	断链
3	test	1	100	ITBBU	CUDU	V2.00.10	断链
4	3	22	22	ITBBU	CUDU	V2.00.10	断链
5	ttttt	test1234	1234	ITBBU	CUDU	V2.00.10	断链
6	simulator-pm-5G-205	200	205	ITBBU	CUDU	V2.26.07	断链
7	12	200	202	ITBBU	CUDU	V2.26.07	建链
8	12	200	201	ITBBU	CUDU	V2.26.07	建链
9	simulator-pm-5g-206	200	206	ITBBU	CUDU	V2.28.01	断链

图 6.85 Smart 配置界面

在“选择网元”选项卡勾选需要查询的网元，单击“MO 编辑器”按钮，进入“MO 编辑器”选项卡。双击需要查询的 MOC，查询结果显示在如图 6.86 所示界面的右侧。

图 6.86 “MO 编辑器”选项卡

在 RANCM 无线配置管理界面中选择菜单“现网配置”→“Smart 配置”→“MO 编辑器”，打开 Smart 配置界面，查询到需要修改的现网网元数据。当属性数量较少时，在有图标的列中，双击单元格，修改单元格内数据，然后单击按钮，在弹出的对话框中输入验证码执行激活，在弹出的激活状态界面中查看和导出激活结果。

当属性数量较多，表格下方出现横向滚动条时，勾选一行网元数据，单击表格上方的

按钮，在弹出的“编辑”对话框中修改数据，单击“确定”按钮保存修改，然后单击 按钮，在弹出的对话框中输入验证码执行激活，在弹出的激活状态界面中查看和导出激活结果。

在需要将多行数据的某一个或多个属性设置为相同值时，勾选多行网元数据，单击表格上方的 按钮，在弹出的“编辑”对话框中修改数据，单击“确定”按钮保存修改，然后单击 按钮，在弹出的对话框中输入验证码执行激活，在弹出的激活状态界面中查看和导出激活结果。

2. 配置小区参数

运维人员可以通过小区调整模板对小区参数进行配置，通过导入、导出小区模板数据的方式可以批量调整小区参数。小区调整模板是系统预置场景模板中的一种，包括小区创建模板、小区删除模板、小区查看模板，可在模板管理界面中查看模板的相关信息。在 RANCM 无线配置管理界面中选择菜单“规划区管理”，打开规划区管理界面，进入 Smart 配置界面。

单击需要使用的小区模板，如“查看小区”，进入“选择网元”选项卡，如图 6.87 所示。

选择网元　查看小区(CUDU)　ITBBU　切换场景　«返回场景库

输入条件后，可以按回车键查询　更多　已选 /总数: 0/9

序号	网元名称	子网标识	网元ID	模型类型	模型标识	连接状态	数据状态
1	simulator-pm-5G-206	200	206	CUDU	V2.26.07	断链	未修改
2	test	1	100	CUDU	V2.00.10	断链	未修改
3	simulator-pm-5g-205	200	205	CUDU	V2.28.01	断链	未修改
4	3	22	22	CUDU	V2.00.10	断链	未修改
5	ttttt	test1234	1234	CUDU	V2.00.10	断链	未修改
6	simulator-pm-5G-205	200	205	CUDU	V2.26.07	断链	未修改
7	simulator-pm-5g-206	200	206	CUDU	V2.28.01	断链	未修改
8	0000	200	202	CUDU	V2.26.07	建链	未修改
9	0000	200	201	CUDU	V2.26.07	建链	未修改

图 6.87　网元选择

输入搜索条件搜索网元，勾选需要调整小区参数的网元。单击“查看小区”按钮，打开如图 6.88 所示小区参数调整界面。

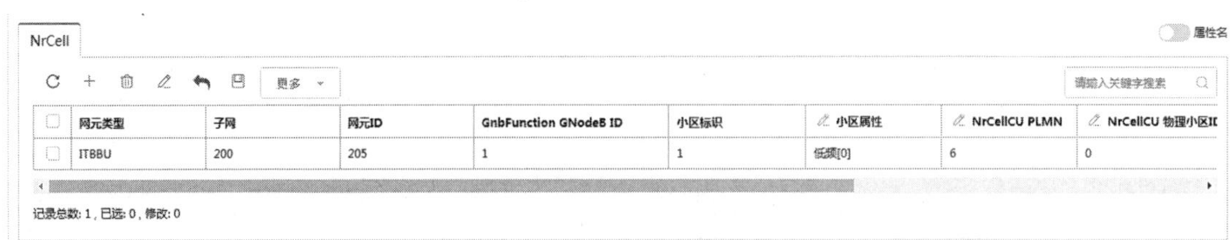
NrCell　属性名　更多　请输入关键字搜索

网元类型	子网	网元ID	GnbFunction GNodeB ID	小区标识	小区属性	NrCellCU PLMN	NrCellCU 物理小区ID
ITBBU	200	205	1	1	低频[0]	6	0

记录总数: 1，已选: 0，修改: 0

图 6.88　小区参数调整界面

根据需要修改小区数据。当属性数量较少时，在有 图标的列中，双击单元格，修改单元格内数据，然后单击 按钮，将 MO 数据的修改结果保存到当前规划区中。

当属性数量较多，表格下方出现横向滚动条时，勾选一行网元数据，单击表格上方的按钮，在弹出的“编辑”对话框中修改数据，单击“确定”按钮保存修改，然后单击按钮，将 MO 数据的修改结果保存到当前规划区中。在需要将多行数据的某一个或多个属性设置为相同值时，勾选多行网元数据，单击表格上方的按钮，在弹出的“编辑”对话框中修改数据，单击“确定”按钮保存修改，然后单击按钮，将 MO 数据的修改结果保存到当前规划区中。

3. 配置邻区参数

运维人员可以创建、删除、修改和查看邻区相关的配置，也可以通过导入、导出邻区调整模板的方式批量调整邻区参数。在 RANCM 无线配置管理界面中选择菜单“规划区管理”，打开规划区管理界面。采用任意一种方式打开需要查询的规划区，进入 Smart 配置界面。

单击“调整邻区”按钮，进入“选择网元”选项卡，如图 6.89 所示。

选择网元　调整邻区　　ITBBU　切换场景　《返回场景库

输入条件后，可以按回车键查询　更多　　已选 /总数: 0/9

	序号	网元名称	子网标识	网元ID	模型类型	模型标识	连接状态	数据状态
	1	simulator-pm-5G-206	200	206	CUDU	V2.26.07	断链	未修改
	2	test	1	100	CUDU	V2.00.10	断链	未修改
	3	simulator-pm-5g-205	200	205	CUDU	V2.28.01	断链	未修改
	4	3	22	22	CUDU	V2.00.10	断链	未修改
	5	ttttt	test1234	1234	CUDU	V2.00.10	断链	未修改
	6	simulator-pm-5G-205	200	205	CUDU	V2.26.07	断链	未修改
	7	simulator-pm-5g-206	200	206	CUDU	V2.28.01	断链	未修改
	8	0000	200	202	CUDU	V2.26.07	建链	未修改
	9	0000	200	201	CUDU	V2.26.07	建链	未修改

图 6.89　选择网元

输入搜索条件查询网元，勾选需要调整小区参数的网元。单击“调整邻区”按钮，打开邻区参数调整界面，如图 6.90 所示。

图 6.90　邻区参数调整界面

6.4.4　任务实施

完成参数配置任务的学习后，独立完成现网小区和邻区参数查询和修改操作。

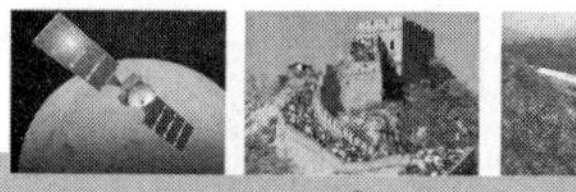

任务 6.5　5G 无线网络性能指标分析

扫一扫看 5G 无线网络性能指标分析教学课件

6.5.1　任务描述

通过学习本任务，掌握网管性能数据的提取，制定相关的性能模板，分析相关性能数据，分析定位大致原因，并完成性能数据分析报告的输出。

6.5.2　任务目标

（1）熟悉从网管提取网络性能数据；

（2）了解分析相关性能数据；

（3）编制性能数据分析报告。

6.5.3　知识准备

性能管理负责网络的性能监视和分析。通过分析从网元采集到的各种性能数据，了解网络的运行情况，为操作人员和管理部门提供详细信息，指导网络规划和调整，改善网络运行的质量。

性能管理中包括一些性能相关的术语，下面介绍这些基本术语的含义。

（1）性能指标：性能指标是对性能计数器进行四则运算而定制的一种复合型计数器。系统一般已经预定义了多种性能指标，维护人员也可以根据自己的需要进行创建。

（2）测量族：测量族是测量的基本单元，可以实现对测量对象的不同指标的测量。不同测量对象下有不同的测量族，可以根据需要测量的指标选择测量族，例如小区系统间切换统计、小区掉话流量统计。

（3）测量对象：测量对象是指被测量的物理实体、逻辑实体、物理与逻辑的结合。

（4）性能计数器：性能计数器是指测量族中所包含的具体测量项，每一种测量族中包含若干测量项。

（5）采集粒度：采集粒度是指向网元进行数据采集的周期。维护人员可以设置多种采集粒度，例如 15 分钟。

（6）查询粒度：查询粒度是指查询测量任务数据的统计周期。维护人员可以设置的查询粒度为 15 分钟、30 分钟、1 小时、1 天。

（7）门限任务：性能管理提供的性能 QoS 任务通常称为性能门限任务。一个性能门限任务规定了何时、对何种性能对象的具体指标进行门限计算。如果计算结果超过了预设的门限值，将产生性能门限告警，并上报到告警管理系统，提醒维护人员关注网络运行的异常情况。

性能管理为 UME 系统中的一个子功能。UME 系统采集并存储管理网元的性能数据，性能管理功能支持对所管理网元性能数据的统一查询和性能统计报表的输出，主要有以下几方面：

（1）性能模型管理。性能模型管理包括指标的管理和指标模板的管理，指标/指标模板的管理是性能数据的查询/分析的基础。

（2）性能 QoS 门限任务。性能 QoS 门限任务的门限告警可以帮助维护人员实时掌握所关心的网络运行和质量状况。维护人员可以预先设置性能告警的门限值，当网元性能指标超过设置的门限值后，系统会自动产生性能门限越界告警，及时通知维护人员。

（3）定时导出任务。设置定时导出任务后 UME 系统可以周期性地执行性能数据查询操作，并自动保存输出性能数据查询结果。

（4）性能历史数据分析。历史数据分析是对存储在 UME 数据库中的性能数据的分析。通过对历史数据的分析，可以发现当前网络的潜在问题，可以了解当前网络的整体质量情况，为网络运维和优化提供指导。性能管理支持性能数据普通查询、TOPN 统计、忙时统计、逻辑分析。

在历史数据分析功能中可以：

- 定制需要分析的数据的范围（时间范围、位置范围以及计数器/指标的范围），以及数据的汇总层次（时间上的汇总层次，如小时、天、月；位置上的汇总层次，如网元）。
- 分析结果以分页表格的形式在界面上呈现，也支持以折线图、柱状图等图形形式呈现。
- 分析结果可以导出为 CSV/XLSX 文件，方便用于其他目的（如导入其他分析系统）。

（5）性能监控管理。系统操作员通过性能监控任务决定被管理网元或网络功能节点需要上报到 UME 网管的性能实时数据。

（6）性能任务管理。系统操作员通过性能任务决定被管理网元或网络功能节点需要上报到 UME 网管的性能历史数据。

1. 性能管理基本操作

进入“性能管理”主页面，步骤如下：

（1）使用具有系统操作员或更高权限的账号登录 UME 系统，打开 UME 系统主页面。

（2）单击“性能管理（PM）”按钮，打开“性能管理”页面，如图 6.91 所示。

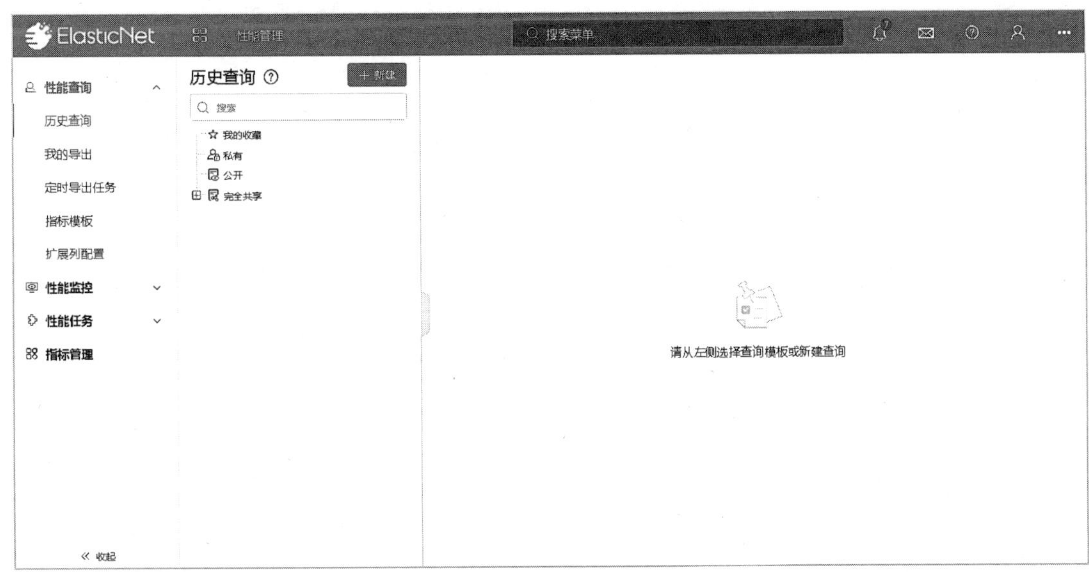

图 6.91 “性能管理”页面

1）性能查询

单击“性能管理”主页面左侧的功能导航树节点“性能查询”，在右侧区域显示对应的配置页面。性能查询功能导航树节点说明参见表6.15。

表6.15　功能点说明

功能节点	说　明
历史查询	选择节点“历史查询”，在右侧区域显示“历史查询”页面。在该页面可以对性能历史数据进行查询操作
	历史数据查询支持多种查询方式，包括普通方式、按模板查询、按分组查询、按条件查询
	分析查询包括：TopN统计、忙时统计、逻辑分析。根据不同的需求创建某种统计分析任务
我的导出	选择节点“我的导出”，在右侧区域显示我的导出页面
	在该页面可以删除/下载导出的结果文件
	我的导出功能应用在历史查询功能查询结果数据导出时
定时导出	选择节点“定时导出”任务，在右侧区域显示“定时导出任务”页面
	在该页面可以新建、修改、删除、刷新、激活/挂起、查询定时导出任务，可以进行日志查看或定制导出列
	定时导出任务使UME系统可以周期性地执行性能数据查询操作
指标模板	选择节点“指标模板”，在右侧区域显示“指标模板”页面
	在该页面可以新建、修改、删除、导出/导入、查询、刷新指标模板
	指标模板包含了性能数据的某些查询条件，在性能数据的查询操作中可直接快速查询
扩展列配置	在该页面可以导出/导入、清空、状态刷新、同步扩展列
	扩展列配置影响以下操作结果的数据显现：历史查询和定时导出任务

2）性能监控

单击“性能管理”主页面左侧的功能导航树节点“性能监控”，在右侧区域显示对应的配置页面。性能监控功能节点说明参见表6.16。

表6.16　功能点说明

功能节点	说　明
实时监控	选择节点“实时监控”，在右侧区域显示“实时监控”页面。在该页面可以新建、删除、挂起/激活、导出、查看实时监控任务，也可以导出历史数据文件

3）性能任务

单击“性能管理”主页面左侧的功能导航树节点“性能任务”，在右侧区域显示对应的配置页面。性能任务功能节点说明参见表6.17。

表 6.17　功能点说明

功能节点	说　明
测量任务	选择节点“测量任务”，在右侧区域显示“测量任务”页面。在该页面可以新建、修改、删除、激活/挂起、同步、导出/导入测量任务，也可以另存为测量任务
RAN 数据完整性检查	选择节点“RAN 数据完整性检查”，在右侧区域显示“RAN 数据完整性检查”页面。在该页面可以查看采集数据的完整性
门限任务	选择节点“门限任务”，在右侧区域显示“门限任务”页面。在该页面可以新建、修改、删除、导出/导入、刷新、激活/挂起、查询门限任务。门限任务用于对性能数据进行实时监控。创建门限任务后，可以在“当前告警”→“告警监控”页面的当前告警功能中查看门限告警信息

4）指标管理

单击“性能管理”主页面左侧的功能导航树节点“指标管理”，在右侧区域显示对应的配置页面。指标管理功能节点说明参见表 6.18。

表 6.18　功能节点说明

功能节点	说　明
指标管理	选择节点“指标管理”，在右侧区域显示“指标管理”页面。在该页面可以新建、修改、删除、导出/导入、刷新、分组管理、移动指标，也可以查询 UME 系统中已有指标、计数器、测量类型、测量对象类型、网元类型信息

2. 性能历史数据查询

性能历史数据查询包括普通查询、按模板查询、按分组查询、根据查询条件查询等。

1）查询性能历史数据（普通方式）

摘要：介绍进行性能历史数据普通查询的操作步骤。

步骤：

（1）在“性能管理”主页面，选择菜单“性能查询”→“历史查询”，打开“历史查询”页面。

（2）在“历史查询”页面，单击“新建”按钮，打开“临时查询”页面。

（3）在“临时查询”页面，单击“选择指标/计数器”按钮，打开“选择指标/计数器设置”页面，设置参数信息，参数说明参见表 6.19。

表 6.19　计数器/指标参数说明

参　数	说　明
网元类型	单击下拉列表框选择网元类型。无论选择何种网元类型，在网元子类型中会列出所有的制式的子网（必选项）
计算完整率	选择网元类型后，网元类型后显示计算完整率选择框。勾选计算完整率，查询结果将增加一列数据完整率显示。数据完整率，即测量对象采集的性能数据在时间和空间（表）上的分布和缺失情况。以时间维度上的“完整率”举例：比如，查询某个小区的一组指标或者计数器，如果这些指标或者计数器存在于某张表（测量类型）上，查询时间粒度为日汇总，假设缺失了一个粒度（15 分钟）的数据，那么，“数据完整率”为：95/96 = 98.96%
制式	单击下拉列表框选择制式（可选项）

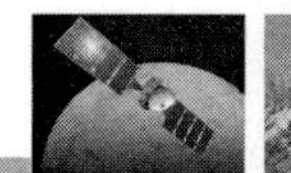

续表

参　数	说　明
模型标志	单击下拉列表框选择模型标志。如果选择某个模型标志，查询结果将根据选择的模型标志过滤出查询结果（可选项）
测量对象类型	单击下拉列表框选择测量对象类型（可选项）
计数器/指标-待选择	选择测量对象类型会关联到可选择的计数器/指标。选择指标时，此处可以调用在指标管理中自定义的新建指标。在计数器/指标的待选项区域框中，勾选待选指标，计数器/指标将被移动到已选项区域框
计数器/指标-已选择	在已选项区域框中，单击“计数器/指标”前的去选中按钮可删除已选项。在已选项区域框中，单击“计数器/指标”后的向上/向下箭头，可上移或下移计数器/指标
统计分析	选择计数器或指标完成后，在已选项区域框中，单击“统计分析”按钮，在弹出的“统计分析”对话框中，单击下拉列表框选择统计分析方式，详细信息参见“性能历史数据分析”部分
门限设置	选择计数器或指标完成后，在已选项区域框中，单击“门限设置”按钮，在弹出的“门限设置”对话框中，设置过滤门限值，设置后查询结果对超出门限过滤值的查询结果标红显示（可选项）
数据类型	单击选择数据类型，默认选择“非工程数据”。数据类型包括：非工程数据，选择“非工程数据”，表示查询的性能历史数据产生时对象非处于工程状态（调测状态）；工程数据，选择“工程数据”，表示查询的性能历史数据产生时对象处于工程状态（调测状态）；混合数据，选择“混合数据”，表示查询的性能历史数据产生时对象处于工程状态和非工程状态

（4）在“选择指标/计数器”页面参数设置完成后，单击“确定”按钮。

（5）在“选择类型”后勾选类型信息“按对象”或“按业务 ID”。

说明：在“选择类型”后勾选类型信息，默认勾选“按对象”。是否显示选择类型选项，与在“选择指标/计数器”页面选择的网元类型相关。如果选择“按业务 ID”，需要单击“上传”按钮导入业务 ID 文件，业务 ID 文件举例如图 6.92 所示，导入业务文件 ID 如图 6.93 所示，业务 ID 查询结果显示如图 6.94 所示。目前只有 5G 网元支持业务 ID 的选择。要求该功能的使用者已经知道需要加哪些业务列，之后利用这个功能实现根据业务列做查询。业务 ID 文件类型目前支持*.csv 格式。

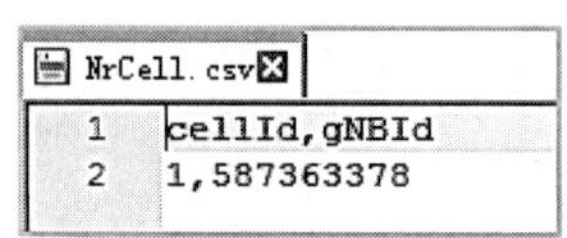

图 6.92　业务 ID 文件举例

图 6.93　上传业务 ID 文件举例

图 6.94　业务 ID 查询结果显示举例

（6）单击“对象汇总”下拉列表框，选择查询结果汇总位置，选择是否勾选显示业务 ID，选择是否勾选按运营商汇总。

说明：在网络共享场景，系统中已设置了运营商信息，可以选择是否勾选“按运营商汇总”。勾选“按运营商汇总”，性能查询结果可以按照运营商进行汇聚数据。查询结果会显示一列为运营商信息。

（7）单击“请选择运营商”下拉列表框，选择运营商过滤信息。(可选)

说明：对于不同运营商共享基站的场景，一个网元可能会归属于多个运营商，可以通过选择运营商过滤下拉列表框中的选项（可多选），查询某运营商的数据。

（8）单击“对象范围”后下拉列表框选择对象范围，默认选择“管理网元”。单击“选择”按钮，在弹出的“网元选择”页面，至少选择一个匹配的网元。也可以在待选项中选择具体对象，具体对象选择的详细操作参见选择对象部分。

（9）在“时间粒度/时区/范围”的选项中设置对应参数，可以使用默认参数，参数说明参见表 6.20。

表 6.20　位置汇总/时间参数说明

参　数	说　明
时间粒度	在时间粒度/时区/范围后下拉列表框中选择“查询粒度”，包括 5 分钟、15 分钟、30 分钟、1 小时、1 天、1 周、1 月、自定义全时间段汇总。例如选择 15 分钟，表示以 15 分钟为单位显示查询结果
网元时区	可选择按照本地/网元/服务端三种时区中的一种时区进行查询
显示时区	控制是否显示时区
范围	在时间范围中选择“查询时间”，包括最近一天、最近三天、最近一周、最近一个月、节假日和自定义。最近一天是指从当前时间向前推 24 个小时的查询数据。当选择自定义查询时间后，还需要选择开始时间和结束时间
有效时间段	单击“有效时间段和日期”按钮可设置有效时段。时间分为两段，分别为 0 点～12 点、12 点～24 点。每段时间以小时为单位分为 12 个时间粒度，可以勾选时间段，可以单击选择时间段中的小时时间粒度
有效日期	单击“有效时间段和日期”按钮可设置查询的有效日期，包括按月和按周。勾选“按月”，下面列出一个月的所有待选天，可全选，可选择某些天。勾选“按周”，下面列出一周的所有天，从星期一～星期日，可全选，可单击选择某些天

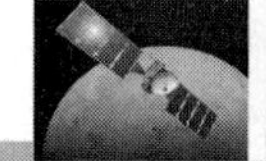

说明：有效时间段和日期中设置的查询时间为交集关系。例如：时间全选（即 24 小时）、按月、去掉选择 9 日选项，则查询每月 1～8 日和 10～31 日 0～24 小时的所有数据。

（10）单击“查询”按钮，按表格显示查询结果，如图 6.95 所示。

rrc30　关闭查询　保存

当前条件： 计数器/指标 : 1　对象汇总 : 全部　对象 : 全部　时间粒度/时区/范围 : 30 分钟/网元时区/最近一月

展开条件　显示图形　导出

钻取	开始时间	粒度	RRC连接建立成功率(Percentage)
···	2020-08-19 08:30:00	30 分钟	100.00%
···	2020-08-19 09:00:00	30 分钟	100.00%
···	2020-08-19 09:30:00	30 分钟	100.00%
···	2020-08-19 10:00:00	30 分钟	100.00%
···	2020-08-19 10:30:00	30 分钟	100.00%
···	2020-08-19 11:00:00	30 分钟	100.00%
···	2020-08-19 11:30:00	30 分钟	100.00%
···	2020-08-19 12:00:00	30 分钟	100.00%
···	2020-08-19 12:30:00	30 分钟	100.00%
···	2020-08-19 13:00:00	30 分钟	100.00%
···	2020-08-19 13:30:00	30 分钟	100.00%
···	2020-08-19 14:00:00	30 分钟	100.00%
···	2020-08-19 14:30:00	30 分钟	100.00%
···	2020-08-19 15:00:00	30 分钟	100.00%
···	2020-08-19 15:30:00	30 分钟	100.00%
···	2020-08-19 16:00:00	30 分钟	100.00%
···	2020-08-19 16:30:00	30 分钟	100.00%

图 6.95　按表格显示查询结果

（11）单击“钻取”列的图标，选择钻取条件，如图 6.96 所示，查询相应的详细信息。（可选）

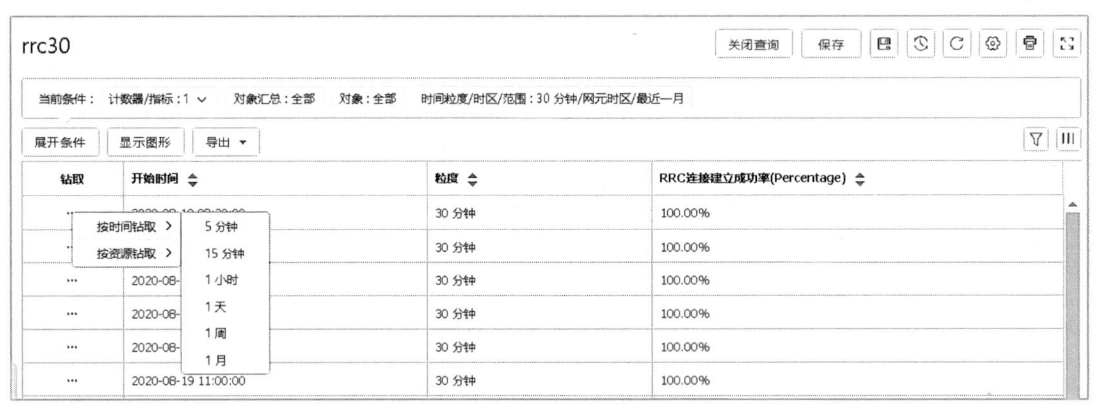

图 6.96　选择钻取条件

说明：钻取是指用户发起历史查询后，针对查询得到的每条数据可以继续查看更小层次的数据，或者查看当前记录所在的更大层次的数据，钻取的维度可以为时间维度、空间维度和指标。

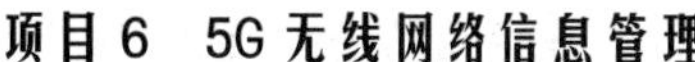

按时间钻取。下钻：钻取的粒度比本次查询的粒度小，即查询更细粒度的数据，钻取的对象为选中记录中的对象，时间范围为选中记录的开始时间和结束时间。上钻：钻取的粒度比本次查询的粒度大，即查询时间向上汇聚的数据，钻取的对象为选中记录中的对象，时间范围为选中记录的开始时间所在的粒度。

举例：原始查询是 30 分钟粒度，选中记录返回的时间范围为 2020-01-01 10:00:00～2020-01-01 10:30:00，钻取 15 分钟粒度（下钻），下发的时间范围则为 10:00～10:30；钻取 1 小时粒度（上钻），那么 10:00～10:30 落在小时粒度为 10:00～11:00，即下发的时间范围为 2020-01-01 10:00:00～2020-01-01 11:00:00。同样，选中记录返回的时间范围为 2020-01-01 10:30:00～2020-01-01 11:00:00，下发的时间范围也是 2020-01-01 10:00:00～2020-01-01 11:00:00。钻取为天粒度（上钻），则下发的时间范围为 2020-01-01 00:00:00～2020-01-02 00:00:00。

按资源钻取。资源钻取对应的是空间维度。下钻：钻取的资源层次比本次查询的汇总层次小，即查询更小层次的对象，钻取的对象为选中记录中的对象的下级对象，时间范围为选中记录的开始时间和结束时间，粒度为本次查询的粒度。上钻：钻取的资源层次比本次查询的汇总层次大，即查询更大层次的对象，钻取的对象为选中记录中的对象所在的上级对象，时间范围为选中记录的开始时间和结束时间，粒度为本次查询的粒度。

举例：资源对象的层次为管理网元，gNB CU-CP 功能配置，CU 小区配置，原始查询的汇总层次为 gNB CU-CP 功能配置。钻取到 CU 小区配置（下钻），查询的对象为选中记录中的“gNB CU-CP 功能配置”下级的所有 CU 小区配置。钻取到管理网元（上钻），查询的对象为选中记录中的管理网元。

按计算公式钻取。计算公式钻取是针对指标的，可以钻取本次查询中指定的指标，钻取后，查询的是指标公式中引用的计数器或者指标，钻取的对象为选中记录中的对象，时间范围为选中记录的开始时间和结束时间，粒度为本次查询的粒度。

相关任务：对性能历史数据查询结果可以执行以下操作。单击“导出”下拉列表框，选择查询结果导出方式，设置导出参数，单击“确定”按钮保存导出结果。导出方式包括：导出图形、导出表格、导出图形与表格。导出图形的文件类型默认为 XLSX，导出表格的文件类型可选包括 CSV、XLSX、HTML 和 PDF。选择 XLSX 保存文件类型可以将满足门限过滤值的查询结果标红显示。计数器/指标列显示方式包括显示名称、显示 id、显示 id 和名称。如果系统提示数据截取，导出的全部数据可以在我的导出中查看，详细信息参见“查询导出数据”部分。单击“展开条件”按钮，可以修改查询筛选条件，单击“重新查询”按钮，可以按修改后的条件执行查询。单击“显示图形”按钮，单击“新建图形”按钮，设置图形参数，单击“新建”按钮，将查询结果图形化显示（折线图、直方图或饼图），如图 6.97 所示。

单击“保存或另存为查询模板”按钮，弹出“设置查询模板”对话框，输入名称，可选设置访问控制类型，默认保存到对应所属分组，单击“确定”按钮，将本次查询筛选条件保存为查询模板。

单击“打印”按钮，弹出“打印预览”对话框，单击“打印”按钮可以将查询结果的表格打印出来。

图 6.97　图形显示举例

单击“计数器/指标列显示方式”按钮，弹出“计数器/指标列显示方式设置”对话框，勾选显示方式，单击“确定”按钮重新定制显示方式。

在每个新建图形的右上角有图形相关设置按钮，单击“设置图形”按钮 ，可以设置图形显示风格。

2）查询性能历史数据（模板方式）

摘要：介绍性能历史数据通过模板方式查询的操作步骤。

步骤：

（1）在“性能管理”主页面，选择菜单“性能查询”→“历史查询”，打开“历史查询”页面。

（2）在“历史查询”页面，单击“新建”按钮，打开“临时查询”页面。

（3）在“临时查询”页面，单击“选择指标/计数器”按钮，打开“选择指标/计数器设置”页面。

（4）单击“指标模板”下拉列表框显示系统中已有的指标模板，单击选中某个模板后系统自动填充计数器/指标信息。

说明：指标模板设置参见“指标模板管理”部分。

（5）在“选择指标/计数器”页面参数设置完成后，单击“确定”按钮。

（6）在“选择类型”后勾选类型信息，详细说明参见“查询性能历史数据（普通方式）”部分。

（7）单击“对象汇总”后下拉列表框，选择查询结果汇总位置，详细说明参见“查询性能历史数据（普通方式）”部分。

（8）单击“对象范围”后下拉列表框，选择对象过滤信息，详细说明参见“查询性能历史数据（普通方式）”部分。

（9）设置时间粒度/时区/范围参数，参数说明参见“查询性能历史数据（普通方式）”部分。

（10）单击“查询”按钮，显示性能历史数据查询结果。

3）查询性能历史数据（分组方式）

摘要：介绍性能历史数据通过分组方式查询的操作步骤。

步骤：

（1）在“性能管理”主页面，选择菜单“性能查询”→“历史查询”，打开“历史查询”页面。

（2）在“历史查询”页面，单击“新建”按钮，打开“临时查询”页面。

（3）单击“选择指标/计数器”按钮，打开“选择指标/计数器设置”页面，设置基本信息和计数器/指标信息，详细说明参见“查询性能历史数据（普通方式）”部分。

（4）在“选择类型”后勾选类型信息，详细说明参见“查询性能历史数据（普通方式）”部分。

（5）单击“对象汇总”后下拉列表框，选择“分组”。

（6）单击“对象范围”后下拉列表框，选择“分组”。

（7）单击“选择”按钮，弹出“选择分组”页面，显示系统中已有的分组，勾选至少一个分组，单击“确定”按钮保存。

（8）设置时间粒度/时区/范围参数，参数说明参见“查询性能历史数据（普通方式）”部分。

（9）单击“查询”按钮，显示性能历史数据查询结果，查询结果根据分组汇总显示。

3）查询性能历史数据（条件方式）

摘要：介绍性能历史数据通过选择预先保存的条件方式查询的操作步骤。

前提：已经存在预先保存的性能历史数据查询条件。

步骤：

（1）在“性能管理”主页面，选择菜单“性能查询”→“历史查询”，打开“历史查询”页面。

（2）在“历史查询”页面左侧导航树上，私有/公开/完全共享的查询条件分组节点下，选择已经保存的查询模板。选择查询模板后，历史查询页面右侧显示计数器/指标、选择类型、对象汇总、对象范围、时间粒度/时区/范围等参数设置，自动匹配成选择的查询模板中的对应信息。对已经填入的查询模板信息可以进行如下操作：

另存为：单击“另存查询模板”按钮，弹出“设置查询模板”对话框，输入另存的查询模板名称，选择访问控制方式，单击“确定”按钮，将查询模板另存为“条件”，可供下次按条件方式查询调用。

保存：单击“保存”按钮，将当前查询条件更新信息进行保存。

（3）单击“查询”按钮，显示查询结果。

说明：如果查询模板设置打开了开启自动查询的选项，单击查询模板名称可以直接显示查询结果信息。

查询模板设置开启自动查询的选项步骤：

（1）将鼠标移动到查询模板名称上会出现图标，单击“图标显示”菜单项。

（2）单击“开启自动查询”选项后的滑动按钮，可以设置成打开或关闭。

（3）单击“收藏菜单”命令项，可以将查询模板添加到“我的收藏”中。

3. 查询导出数据

摘要：使用历史查询功能查询性能历史数据时，如果查询结果中计数器/指标列×行数>500 万，系统会弹出提示“本次查询数据有截取，最多展示 500 万个单元格或 100 万行记录”，单击“导出”按钮，导出数据会出现数据截取提示，选择“导出所有”后，可在“我的导出”中找到相关记录，下载到本地后可以查看全部导出信息。使用历史查询功能查询性能历史数据时，在选择时间粒度/时区/范围步骤后，单击“导出”按钮导出查询数据，导出结果可在“我的导出”中找到相关记录，下载到本地后可以查看全部导出信息。

步骤：

（1）在“性能管理”主页面，选择菜单“性能查询”→“我的导出”，打开“我的导出”页面。

（2）单击某个导出文件的文件名，将导出文件保存到本地。

相关任务：删除导出文件的操作见表 6.21。

表 6.21 删除导出文件的操作

如果...	那么...
删除多个导出文件	（1）勾选多个待删除的导出文件。 （2）单击“删除”按钮，弹出删除提示框。 （3）单击提示框内的“删除”按钮后，批量删除文件
删除单个导出文件	（1）单击某个导出文件操作列的“删除”按钮，弹出删除提示框。 （2）单击提示框内的“删除”按钮后，删除单个导出文件

4. 性能数据定时导出任务

1）新建性能数据定时导出任务

摘要：创建定时导出任务后 UME 系统可以周期性地执行性能数据查询操作，并自动保存输出的性能数据查询结果，以供导出查看相关数据。新建定时导出任务可以指定查询任务运行的周期、输出文件的格式，并设定性能数据文件的输出方式。

步骤：

（1）在“性能管理”主页面，单击“定时导出任务”按钮，打开“定时导出任务”页面。

（2）单击“新建”按钮，打开基本信息页面。

（3）在基本信息页面，设置基本信息。

■ 配置基本信息，参数说明参见表 6.22。

表 6.22 定时导出任务基本信息参数说明

<table>
<tr><th>参　数</th><th>说　明</th></tr>
<tr><td>名称</td><td>任务名称不能输入以下字符：
"().,/\<>?'*;@#$^=|{}[]!`~:%《》￥+&。（必填项）</td></tr>
<tr><td>指标模板名称</td><td>从下拉列表框中选择指标模板，指标模板设置方法参见“指标模板管理”部分。（必选项）</td></tr>
<tr><td>统计分析</td><td>统计分析类型，包括：无、逻辑分析、TopN 统计、忙时统计。（必选项）</td></tr>
<tr><td>数据类型</td><td>数据类型包括：非工程数据、工程数据、混合数据。（必选项）</td></tr>
</table>

- 单击“统计分析”按钮，展开统计分析设置项。
- 选择统计分析类型，包括：无、逻辑分析、TopN统计、忙时统计。
- 根据分析名称设置分析类型。当选择逻辑分析后，过滤类型可选与、或，勾选过滤条件，在过滤操作列设置逻辑过滤运算符号，在过滤值列填写逻辑过滤值。当选择“TopN 统计”后，过滤类型可选“不分组、按时间分组、按位置分组”，勾选过滤条件（TopN 分析最多选择一个计数器/指标），在过滤操作列设置 TopN 过滤条件“最大或最小”，在过滤值列填写 TopN 过滤值。当选择“忙时统计”后，勾选过滤条件（忙时统计最多选择一个计数器/指标），在过滤操作列设置忙时统计条件“忙时最大值/忙时最小值”。

（4）单击“选择数据类型”按钮，默认选择“非工程数据”。

（5）单击“下一步”按钮，打开“选择对象”页面。

（6）设置对象汇总和对象范围。

说明：如果选择的指标模板包含 5G NR 或者 ITRAN LTE 的计数器或指标会默认勾选显示业务 ID；如果 UME 打开网络共享的场景，可以显示按运营商汇总和运营商过滤的选项。

（7）单击“下一步”按钮，打开“选择时间”页面，选择状态、选择粒度、设置执行周期。

说明：如果状态选择“未激活”状态，任务创建完成后不执行。

（8）单击“下一步”按钮，打开“用户定制”页面，如图6.98所示，设置用户定制信息。

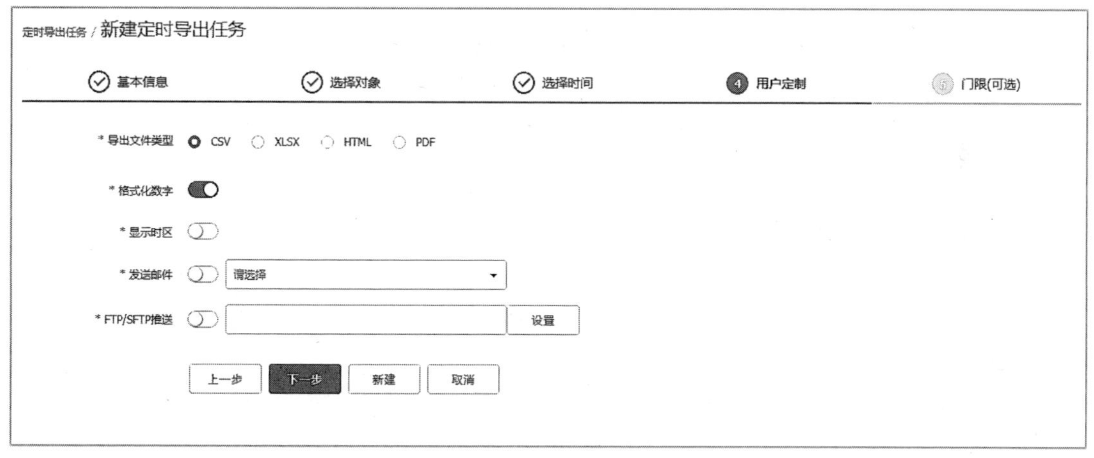

图6.98 “用户定制”页面

说明：格式化数字，选择“格式化数字”后，对于查询结果中数据类型为百分比的数据，将以百分数形式显示。

（9）单击“下一步”按钮，打开门限（可选）页面，设置门限信息，详细说明参见“查询性能历史数据（普通方式）”。（可选）

（10）单击“新建”按钮，完成新建一条定时导出任务。

相关任务：性能数据定时导出任务相关操作包括修改/删除/刷新/激活/挂起定时导出任务和查看定时导出任务日志，见表6.23。

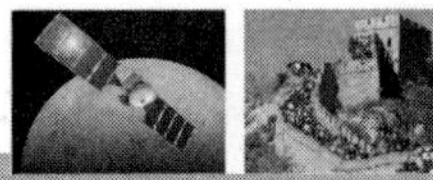

表 6.23 性能数据定时导出任务操作

如果...	那么...
修改定时导出任务	（1）在定时导出任务列表某任务的操作列，选择菜单“更多”→“挂起”。 （2）选择菜单“更多”→“修改”。 （3）修改定时导出任务信息。 （4）单击“修改”按钮
删除单条定时导出任务	（1）在定时导出任务列表某任务的操作列，选择菜单“更多”→“挂起”。 （2）选择菜单“更多”→“删除”。 （3）在弹出的“确认”对话框中，单击“删除”按钮
删除多条定时导出任务	（1）在定时导出任务列表中，在每条待删除的定时导出任务操作列，选择菜单“更多”→“挂起”。 （2）在定时导出任务列表中，单击复选框选择多条待删除定时导出任务。 （3）单击“定时导出任务”列表上方的“删除”按钮，弹出“确认”对话框。 （4）单击“删除”按钮
刷新定时导出任务	在“定时导出任务”页面，单击“刷新”按钮
激活/挂起定时导出任务	在定时导出任务列表中，定时导出任务的操作列，选择菜单“更多”→“激活”或者“更多”→“挂起”
查看定时导出任务执行结果	（1）在定时导出任务列表中，定时导出任务的操作列，单击“执行结果”按钮，打开执行结果信息页面。 （2）单击某条日志的文件名，将定时导出任务执行结果信息导出到指定位置。 （3）单击操作列的“重做”按钮，将重新执行该时间段的定时导出任务。（可选）

说明：只有挂起状态的定时导出任务才能进行修改/激活/删除操作。

2）查询性能数据定时导出任务

摘要：介绍查询定时导出任务，查看定时导出任务详细信息的操作。

前提：已经创建定时导出任务。

步骤：

（1）在“性能管理”主页面，选择菜单“性能查询”→“定时导出任务”，打开“定时导出任务”页面。

（2）在页面右侧的查询搜索框中，输入查询条件，筛选需要查询的定时导出任务。

（3）在“定时导出任务”页面，单击某个定时导出任务的任务名称，查看定时导出任务详细信息，如图 6.99 所示。

5. 指标模板管理

1）新建指标模板

摘要：指标模板中包含网元类型、测量对象类型和计数器/指标的信息，在普通查询、定时导出任务、历史数据分析等功能中，可以调用创建的指标模板，简化查询操作。

步骤：

（1）在“性能管理”主页面，选择菜单“性能查询”→“指标模板”，在右侧区域打开“指标模板”页面。

定时导出任务 / 查看

任务名称：定时导出任务_20200215092441	状态：已激活
指标模板名称：[LTE]SON LTE-LTE邻接关系模板[FDD]	数据类型：非工程数据
对象汇总：LTE邻接关系	粒度：15 分钟
创建者：admin	创建时间：2020-02-15 09:26:04
修改者：	修改时间：
对象通配：全部	计划时间：每天01时01分钟
导出文件类型：CSV	格式化数字：是
显示时区：否	发送邮件：否
联系人：	FTP/SFTP推送：否
FTP/SFTP地址：	
对象范围：	

图 6.99　查看定时导出任务页面

（2）在“指标模板”页面，单击“新建”按钮，打开“新建模板”页面。

（3）设置新建模板的各个参数，参数说明参见表 6.24。

表 6.24　新建模板参数说明

参数	说　明
名称	模板的名称。（必填项）
描述	模板的描述信息，最大长度为 200 字符
访问控制	可以选择模块访问权限包括：私有、公开、完全共享。（必选项）
网元类型	单击下拉列表框选择网元类型。（必选项）
制式	单击下拉列表框选择制式。（可选项）
模型标志	单击下拉列表框选择模型标志网元版本号。如果选择某个模型标志版本号，查询结果将根据选择的模型标志网元版本号过滤出查询结果。（可选项）
计算完整率	选择网元类型后，网元类型后显示计算完整率选择框。勾选计算完整率，查询结果将增加一列数据完整率显示。完整率定义参“查询性能历史数据（普通方式）”部分。
测量对象类型	单击下拉列表框选择测量对象类型。（可选项）
计数器/指标-待选项	选择测量对象类型会关联到可选择的计数器/指标。单击计数器/指标树中计数器/指标，计数器/指标将被移动到已选择区域框
计数器/指标-已选项	在已选项区域框中的计数器/指标会被查询。对在已选项区域框中计数器/指标可以进行如下操作：单击选中计数器/指标项，单击上下箭头按钮，向上/向下移动指标或计数器。单击计数器/指标项右侧“删除”按钮，从已选项区域框中删除计数器/指标

（4）单击“下一步”按钮，打开“自定义列头”页面。（可选）

（5）勾选自定义显示列头，设置计数器指标列显示名称。（可选）

（6）单击“新建”按钮，完成新建指标模板。

相关任务：创建完成的指标模板相关操作还包括：指标模板的修改、删除、导出、导入、刷新。系统预定义指标模板不可以修改、删除，见表 6.25。

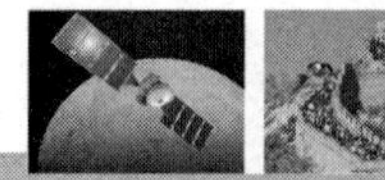

表 6.25

如果...	那么...
修改指标模板	(1) 在指标模板列表中，单击某个指标模板操作列的“修改”按钮，打开“修改模板”页面。 (2) 修改模板参数信息，单击“确定”按钮，保存修改
删除一个指标模板	(1) 在指标模板列表中，单击某个指标模板操作列的“删除”按钮，弹出“确认”对话框。 (2) 单击“删除”按钮，删除该指标模板
删除多个指标模板	(1) 在指标模板列表中，单击复选框，选择要删的指标模板。 (2) 单击指标模板列表上方的“删除”按钮，弹出“确认”对话框。 (3) 单击“删除”按钮，删除选中的指标模板
导出指标模板	(1) 在指标模板列表中，单击复选框，选择要导出的指标模板。 (2) 单击“导出”按钮，将导出指标模板保存到本地
导入指标模板	(1) 在“指标模板”页面，单击“导入”按钮，弹出“导入”对话框。 (2) 单击“浏览”按钮，选择导入的模板文件或将模板文件拖拽到“导入”对话框中。 (3) 勾选指标模板 ID 冲突选项：覆盖或新增。 (4) 单击“上传”按钮，系统弹出“导入结果”对话框，单击“确定”按钮关闭提示框
刷新指标模板	在指标模板页面，单击“刷新”按钮，显示出最新的查询结果

2）查看指标模板

摘要：介绍查看指标模板中设置相关信息的操作方法。

前提：已经创建指标模板。

步骤：

（1）在“性能管理”主页面，选择菜单“性能查询”→“指标模板”，在右侧区域打开“指标模板”页面。

（2）单击“按列搜索”按钮，选择网元类型、测量对象类型或在右侧查询搜索框中输入查找条件，筛选所需查看的模板。单击“搜索”按钮，弹出“定制指标模板显示列”选项，勾选所需显示项，单击“确定”按钮，完成指标模板显示列重新定制。

（3）在指标模板列表中，单击某模板的名称，打开查看指标模板详细信息页面。

6. 性能历史数据分析

性能历史数据分析功能是 UME 系统通过设置查询条件（TopN 统计/忙时统计/逻辑分析）查询性能历史数据，根据查询分析结果对性能历史数据进行监控。

1）TopN 统计

摘要：介绍如何分析过滤排名 TopN 的性能历史数据，查询到的数据可以按时间分组，按位置分组，或者不分组。

步骤：

（1）在“性能管理”主页面，选择菜单“性能查询”→“历史查询”，打开“历史查询”页面。

（2）在“历史查询”页面，单击“新建”按钮，打开“临时查询”页面。

（3）设置计数器/指标信息，具体操作参考查询性能历史数据（普通方式）部分。

（4）当计数器或指标选择完成后，在已选项区域框中，单击“统计分析”按钮，在弹出页面的下拉列表框选择过滤类型（TopN 统计），如图 6.100 所示。TopN 统计类型包括：全部、同一时间 N 个对象、同一对象 N 个时间。

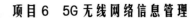

统计分析

TopN统计

全部

C613620000:小区下行RLC SDU时延(ms)

ID	名称	过滤操作	过滤值
C613620000	小区下行RLC SDU时延(ms)	最大	1

确定　取消

图 6.100　TopN 统计页面举例

（5）选择计数器/指标，设置过滤操作和过滤值，单击“确定”按钮保存。

说明：TopN 过滤最多选择 1 个计数器/指标。单击过滤操作的下拉列表框，选择“最大或最小”，表示过滤结果节选最大/最小 TopN 个。单击过滤值区域框，设置过滤值大小，TopN 过滤值范围【1,500】。

（6）单击选择数据类型，默认选择“非工程数据”。

（7）在选择指标/计数器完成后，单击“确定”按钮。

（8）设置选择类型、对象汇总、对象范围、时间粒度/时区/范围参数，具体操作参见“查询性能历史数据（普通方式）”部分。

（9）单击“查询”按钮，显示查询结果。

2）忙时统计

摘要：介绍如何设置忙时统计规则，查询过滤忙时性能历史数据，并对其进行分析的操作过程。

步骤：

（1）在“性能管理”主页面中，选择菜单“性能查询”→“历史查询”，打开“历史查询”页面。

（2）在“历史查询”页面，单击“新建”按钮，打开一个“临时查询”页面。

（3）设置计数器/指标信息，具体操作参见“查询性能历史数据（普通方式）”部分。

（4）当计数器或指标选择完成后，在已选项区域框中，单击“统计分析”按钮，在弹出的“统计分析”对话框的下拉列表框中选择过滤类型（忙时统计）。

（5）在忙时统计下面的下拉列表框中选择计数器/指标。

（6）在过滤操作列，设置过滤操作，单击“确定”按钮保存，如图 6.101 所示。

说明：忙时过滤最多选择 1 个计数器/指标。在忙时统计过滤中，为指标设置“忙时最大值”或者“忙时最小值”的忙时统计规则。用法举例：日忙时基于某计数器和 KPI 来定义，该计数器的忙时是指某小区，在一天内该值之和最大的一个小时。基于该忙时对选择

的计数器进行计数器和 KPI 的统计查询。

（7）单击选择数据类型，默认选择“非工程数据”。

（8）在选择指标/计数器完成后，单击“确定”按钮。

（9）设置选择类型、对象汇总、对象范围参数，具体操作参见“查询性能历史数据（普通方式）”部分。

（10）设置时间粒度/时区/范围参数，具体操作参见“查询性能历史数据（普通方式）”部分。

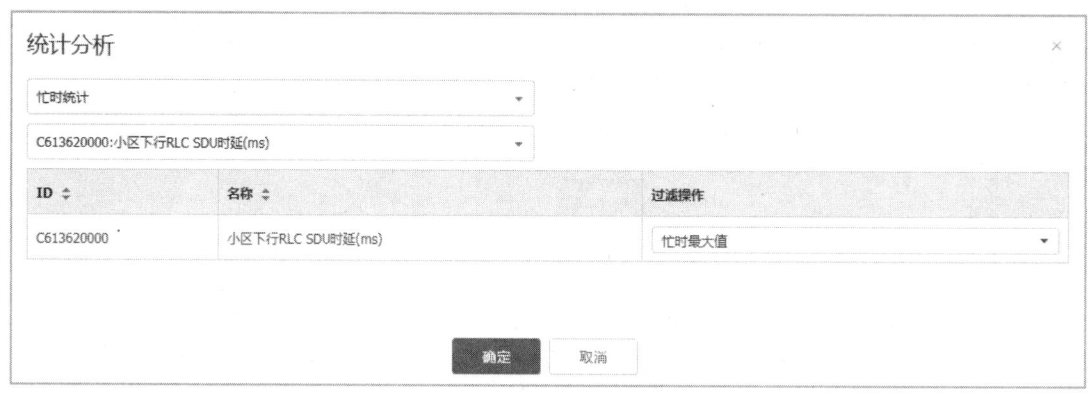

图 6.101　忙时统计页面

说明：当粒度选择 1 小时，查询结果为在所选的查询时间范围内，最忙的 1 条小时粒度数据。当粒度选择 1 天时，查询结果为在所选的查询时间范围内，每天最忙的 1 条小时粒度数据。

（11）单击“查询”按钮，显示查询结果。

3）逻辑分析

摘要：介绍如何设置逻辑过滤参数，查询过滤历史数据，并对其进行分析的操作过程。

步骤：

（1）在“性能管理”主页面中，选择菜单“性能查询”→“历史查询”，打开“历史查询”页面。

（2）在“历史查询”页面，单击“新建”按钮，打开一个“临时查询”页面。

（3）设置计数器/指标信息，具体操作参见“查询性能历史数据（普通方式）”部分。

（4）当计数器或指标选择完成后，在已选项区域框中，单击“统计分析”按钮，在弹出的“统计分析”对话框下拉列表框中选择过滤类型（逻辑分析）。

（5）单击“逻辑分析”运算方式下面的下拉列表框选择过滤类型（或/与）、选择计数器/指标，如图 6.102 所示。

说明：“与”表示所有选中的指标或计数器运算结果为“真”才输出结果。“或”表示只要有一个选中的指标或计数器运算结果为“真”就输出结果。

（6）设置过滤操作和过滤值，单击“确定”按钮保存。

■ 单击“过滤操作”的下拉列表框，选择逻辑过滤运算符号。

■ 单击“过滤值”区域框，设置过滤值大小。

图 6.102　逻辑过滤页面

（7）单击选择数据类型，默认选择“非工程数据”。

（8）在选择指标/计数器完成后，单击“确定”按钮。

（9）设置选择类型、对象汇总、对象范围、时间粒度/时区/范围参数，具体操作参见“查询性能历史数据（普通方式）”部分。

（10）单击“查询”按钮，显示查询结果。

7. 管理扩展列配置

摘要：配置扩展列可以在显示查询到的性能数据时，同步显示对象的一些配置属性。在扩展列配置功能中包括两部分设置：定义扩展列和应用扩展列信息。

定义扩展列：使用者事先定义好需要查看的扩展列。

应用扩展列：如果开启扩展列显示功能，在进行支持扩展列功能的查询操作时，可以直接在结果显示页面看到这些扩展列的值。

支持扩展列功能的查询操作包括：历史查询、定时导出任务。

相关信息：RNC V4，RNC 小区可提供以下扩展列：资源标志符扩展列、位置区编码、本地小区标志、小区中心点的维度、小区中心点的经度、天线的高度、天线的方向角、小区地址。SDR 的 FDD 小区和 NBIoT 小区可提供以下扩展列：TAC、MNC。

步骤：

（1）在“性能管理”主页面，选择菜单“性能查询”→“历史查询”，打开“扩展列配置”页面，选择扩展列定义页，如图 6.103 所示。

说明：图 6.103 中显示已经定义了两个扩展列信息，其表示网元类型（MRNC）、测量对象类型（RNC 小区类型、小区）。测量对象类型（RNC 小区类型）下扩展列名为：nodebName，lac，power_configure，rac，ssch_power，bch_power。测量对象类型（小区）下扩展列名为：移动网络码列表，lac。

（2）单击“导出”按钮，将导出文件保存到本地。

（3）打开导出文件，导出信息如图 6.104 所示。

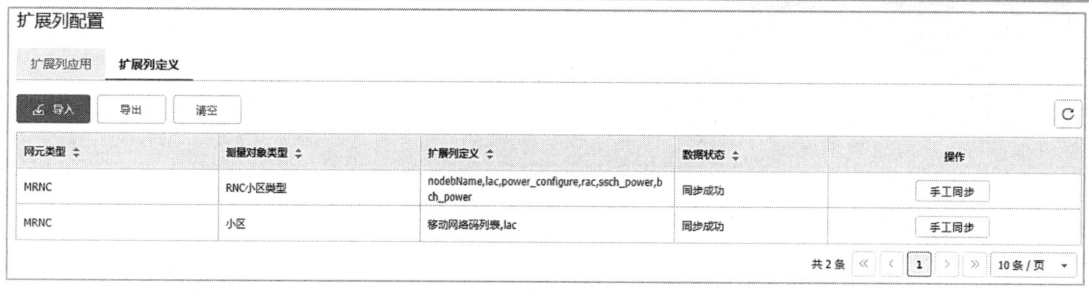

图 6.103　“扩展列定义”页面

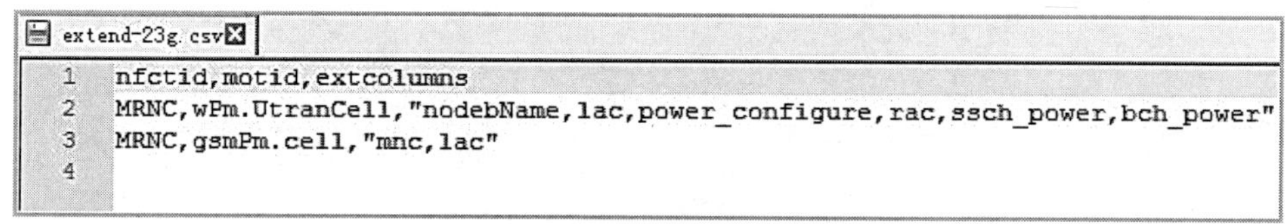

图 6.104　导出扩展列定义举例

（4）修改扩展列信息并保存。

说明：如果系统中没有可导出修改的定义好的扩展列，联系中兴通讯技术支持人员提供支持。

（5）单击“导入”按钮，弹出提示框，如图 6.105 所示。

（6）单击“导入”按钮，弹出导入对话框，如图 6.106 所示。

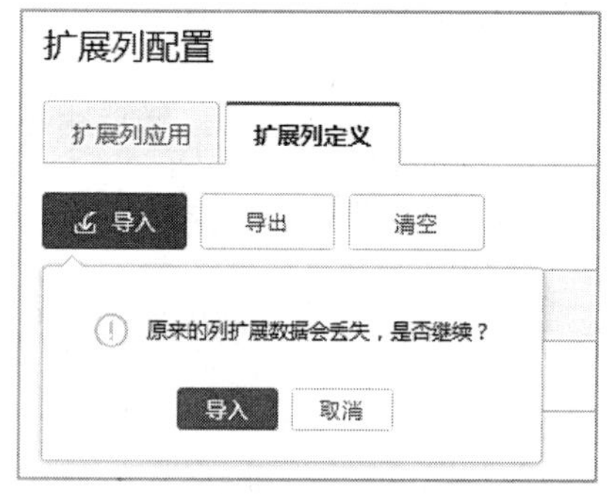

图 6.105　导入提示框

图 6.106　导入对话框

（7）将导入文件拖拽到导入对话框或者单击“浏览”按钮选择导入的 csv 文件，单击“上传”按钮。

说明：如果重新导入配置信息或者清空的时候，原来的扩展列数据会丢失。导入成功系统弹出“导入扩展列成功”提示。

（8）单击操作列的“手工同步”按钮，UME 系统会同步导入的扩展列相关资源数据信息。（可选）

说明：导入文件后系统会自动同步信息，状态为同步中。当自动同步失败时，需要单击“手工同步”按钮。

（9）单击“刷新”按钮，刷新数据状态信息，以便查看是否已经同步成功。（可选）

（10）单击“清空”按钮，清除页面显示扩展列定义信息并且清除 UME 系统中已有的扩展列设置。（可选）

（11）选择“扩展列应用”选项卡，如图 6.107 所示。

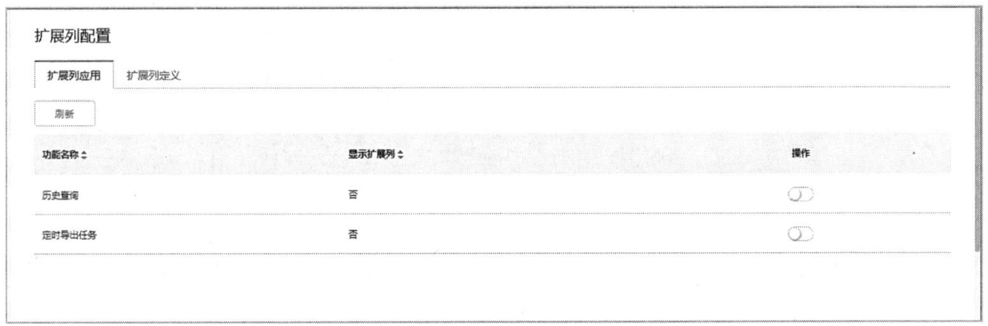

图 6.107　“扩展列应用”选项卡

（12）在每种功能后的操作列，单击设置是否显示扩展列，如图 6.108 所示表示历史查询功能显示扩展列信息。

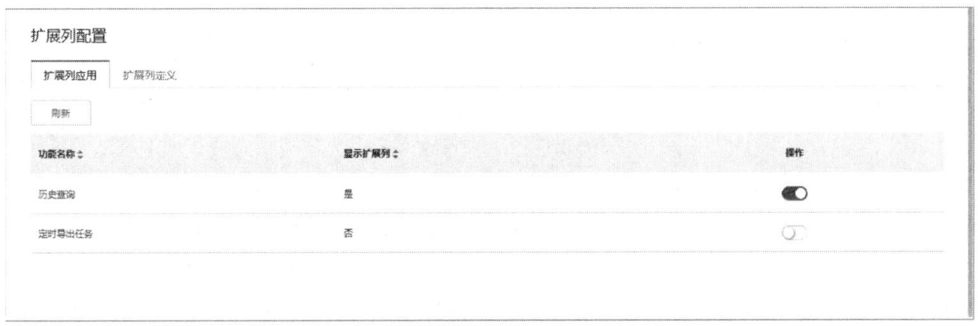

图 6.108　设置是否显示扩展列

功能应用举例：历史查询功能查询结果，如图 6.109 所示为不显示扩展列查询结果，如图 6.110 所示为显示扩展列查询结果。

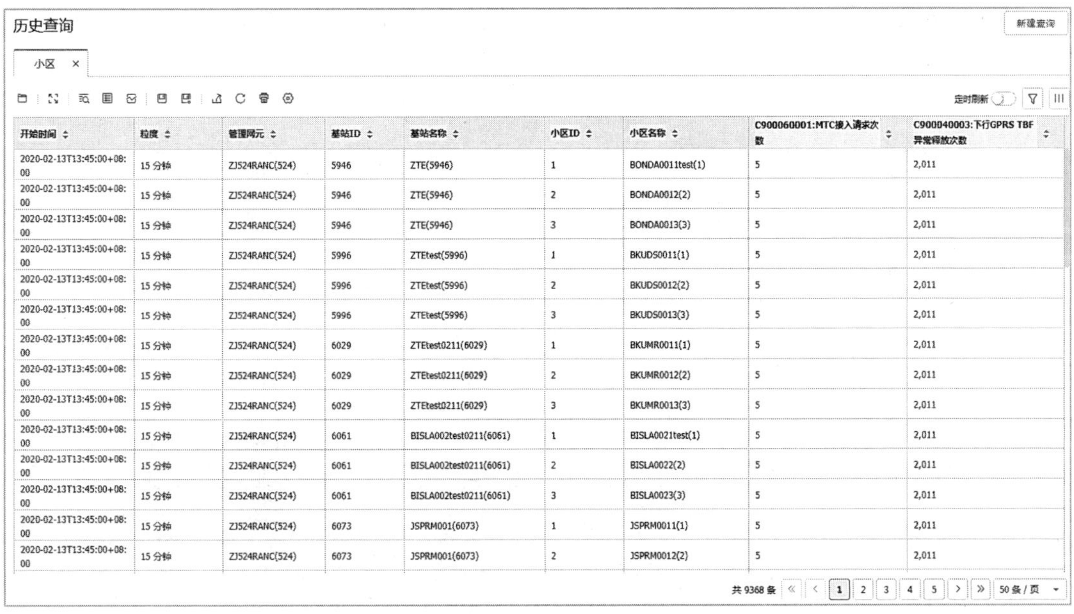

开始时间	粒度	管理网元	基站ID	基站名称	小区ID	小区名称	C900060001:MTC接入请求次数	C900040003:下行GPRS TBF异常释放次数
2020-02-13T13:45:00+08:00	15 分钟	ZJ524RANC(524)	5946	ZTE(5946)	1	BONDA0011test(1)	5	2,011
2020-02-13T13:45:00+08:00	15 分钟	ZJ524RANC(524)	5946	ZTE(5946)	2	BONDA0012(2)	5	2,011
2020-02-13T13:45:00+08:00	15 分钟	ZJ524RANC(524)	5946	ZTE(5946)	3	BONDA0013(3)	5	2,011
2020-02-13T13:45:00+08:00	15 分钟	ZJ524RANC(524)	5996	ZTEtest(5996)	1	BKUDS0011(1)	5	2,011
2020-02-13T13:45:00+08:00	15 分钟	ZJ524RANC(524)	5996	ZTEtest(5996)	2	BKUDS0012(2)	5	2,011
2020-02-13T13:45:00+08:00	15 分钟	ZJ524RANC(524)	5996	ZTEtest(5996)	3	BKUDS0013(3)	5	2,011
2020-02-13T13:45:00+08:00	15 分钟	ZJ524RANC(524)	6029	ZTEtest0211(6029)	1	BKUMR0011(1)	5	2,011
2020-02-13T13:45:00+08:00	15 分钟	ZJ524RANC(524)	6029	ZTEtest0211(6029)	2	BKUMR0012(2)	5	2,011
2020-02-13T13:45:00+08:00	15 分钟	ZJ524RANC(524)	6029	ZTEtest0211(6029)	3	BKUMR0013(3)	5	2,011
2020-02-13T13:45:00+08:00	15 分钟	ZJ524RANC(524)	6061	BISLA002test0211(6061)	1	BISLA0021test(1)	5	2,011
2020-02-13T13:45:00+08:00	15 分钟	ZJ524RANC(524)	6061	BISLA002test0211(6061)	2	BISLA0022(2)	5	2,011
2020-02-13T13:45:00+08:00	15 分钟	ZJ524RANC(524)	6061	BISLA002test0211(6061)	3	BISLA0023(3)	5	2,011
2020-02-13T13:45:00+08:00	15 分钟	ZJ524RANC(524)	6073	JSPRM001(6073)	1	JSPRM0011(1)	5	2,011
2020-02-13T13:45:00+08:00	15 分钟	ZJ524RANC(524)	6073	JSPRM001(6073)	2	JSPRM0012(2)	5	2,011

共 9368 条　1　2　3　4　5　50 条 / 页

图 6.109　不显示扩展列普通查询结果举例

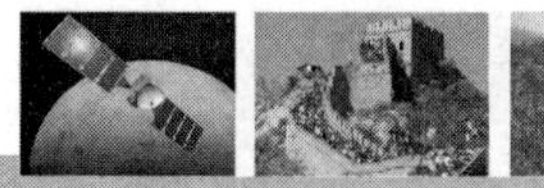

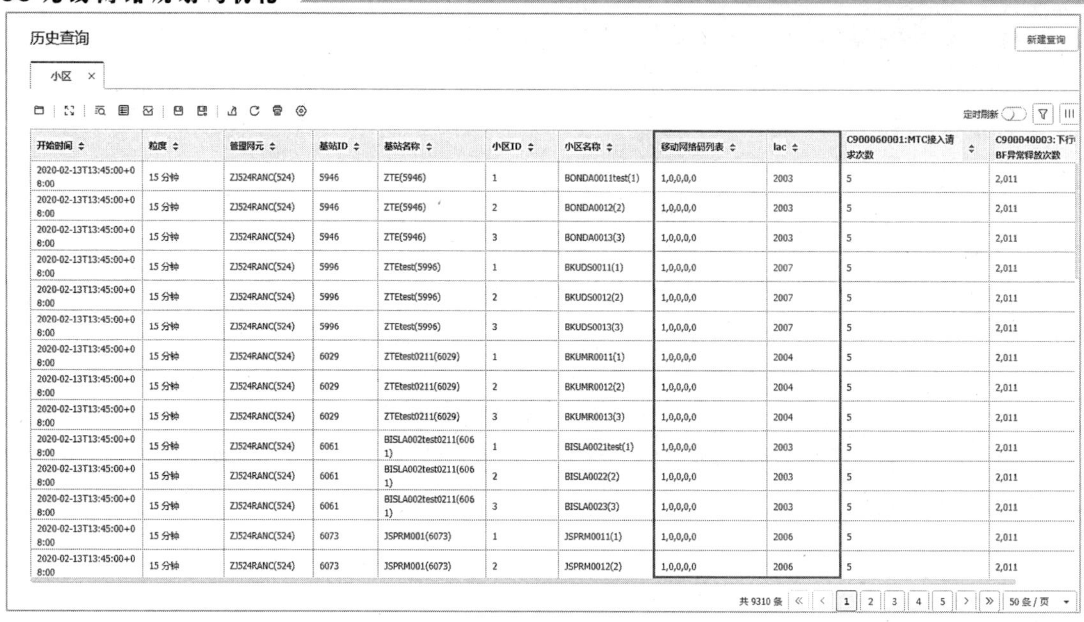

历史查询

新建查询

小区 ×

定时刷新

开始时间	粒度	管理网元	基站ID	基站名称	小区ID	小区名称	移动网络码列表	lac	C900060001:MTC接入请求次数	C900040003:下行BF异常释放次数
2020-02-13T13:45:00+08:00	15 分钟	ZJ524RANC(524)	5946	ZTE(5946)	1	BONDA0011test(1)	1,0,0,0,0	2003	5	2,011
2020-02-13T13:45:00+08:00	15 分钟	ZJ524RANC(524)	5946	ZTE(5946)	2	BONDA0012(2)	1,0,0,0,0	2003	5	2,011
2020-02-13T13:45:00+08:00	15 分钟	ZJ524RANC(524)	5946	ZTE(5946)	3	BONDA0013(3)	1,0,0,0,0	2003	5	2,011
2020-02-13T13:45:00+08:00	15 分钟	ZJ524RANC(524)	5996	ZTEtest(5996)	1	BKUDS0011(1)	1,0,0,0,0	2007	5	2,011
2020-02-13T13:45:00+08:00	15 分钟	ZJ524RANC(524)	5996	ZTEtest(5996)	2	BKUDS0012(2)	1,0,0,0,0	2007	5	2,011
2020-02-13T13:45:00+08:00	15 分钟	ZJ524RANC(524)	5996	ZTEtest(5996)	3	BKUDS0013(3)	1,0,0,0,0	2007	5	2,011
2020-02-13T13:45:00+08:00	15 分钟	ZJ524RANC(524)	6029	ZTEtest0211(6029)	1	BKUMR0011(1)	1,0,0,0,0	2004	5	2,011
2020-02-13T13:45:00+08:00	15 分钟	ZJ524RANC(524)	6029	ZTEtest0211(6029)	2	BKUMR0012(2)	1,0,0,0,0	2004	5	2,011
2020-02-13T13:45:00+08:00	15 分钟	ZJ524RANC(524)	6029	ZTEtest0211(6029)	3	BKUMR0013(3)	1,0,0,0,0	2004	5	2,011
2020-02-13T13:45:00+08:00	15 分钟	ZJ524RANC(524)	6061	BISLA002test0211(6061)	1	BISLA0021test(1)	1,0,0,0,0	2003	5	2,011
2020-02-13T13:45:00+08:00	15 分钟	ZJ524RANC(524)	6061	BISLA002test0211(6061)	2	BISLA0022(2)	1,0,0,0,0	2003	5	2,011
2020-02-13T13:45:00+08:00	15 分钟	ZJ524RANC(524)	6061	BISLA002test0211(6061)	3	BISLA0023(3)	1,0,0,0,0	2003	5	2,011
2020-02-13T13:45:00+08:00	15 分钟	ZJ524RANC(524)	6073	JSPRM001(6073)	1	JSPRM0011(1)	1,0,0,0,0	2006	5	2,011
2020-02-13T13:45:00+08:00	15 分钟	ZJ524RANC(524)	6073	JSPRM001(6073)	2	JSPRM0012(2)	1,0,0,0,0	2006	5	2,011

共 9310 条 « ‹ 1 2 3 4 5 › » 50 条 / 页

图 6.110　显示扩展列普通查询结果举例

8. 性能监控管理

系统操作员通过性能监控任务决定被管理网元或网络功能节点需要上报到 UME 网管的性能实时数据。性能监控提供下面管理方式。实时监控：系统操作员根据保障需求通过实时监控页面创建性能事件采集任务，对网络的 KPI 进行秒级监控。生效的性能事件采集任务，会被自动分发到每个被管理网元或网络功能节点。每个被管理网元或网络功能节点会按照性能事件采集任务中指定的采集粒度，周期性把测量对象集合、计数器集合的性能数据上报到 PM 系统。PM 系统收到被管理网元或网络功能节点上报的性能事件采集任务数据后，根据用户的定义，对数据进行汇总、KPI 运算，计算结果以图形或表格形式呈现在界面。在性能采集页面，相关的测量任务状态说明参见表 6.23。

表 6.23　状态说明

项目	状态显示	说　明
状态	已激活	该监控任务正在运行，将会监控指定位置上的指定性能对象在指定时间范围内的性能数据
	未激活	该监控任务暂时停止数据监控，可通过激活功能恢复数据监控
	完成	该监控任务执行到结束时间点，即执行结束
健康状态	正常	该监控任务中的网元任务全部下发成功或者已被强制删除
	不正常	该监控任务中的全部或部分网元任务下发命令失败
	同步中	该监控任务中的网元任务正在下发

1）创建实时监控任务

摘要：介绍如何通过实时监控界面，创建实时监控任务并下发到网元的操作过程。可以通过选择网元、测量对象类型、计数器和指标，查询获得实时的性能数据。

步骤：

（1）在“性能管理”主页面，选择菜单“性能监控”→“实时监控”，如图 6.111 所示。

图 6.111　“实时监控”页面

（2）单击“新建”按钮，打开如图 6.112 所示页面。

图 6.112　“选择计数器/指标”页面

（3）设置相关参数，包括任务名称、网元类型、测量对象类型、计数器信息等。

说明：标记红色“*”号的参数是必要参数。新建实时监控的参数说明参见表 6.24。

表 6.24　新建实时监控的参数说明

参数	说　明
选择指标模板	支持按照指标模板选择计数器和指标。单击“选择指标模板”按钮，选择一个指标模板，可将网元类型、测量对象类型和计数器/指标快速填入新建实时监控页中
名称	设置性能实时监控任务的名称，或者使用默认名称

续表

参数	说　明
保留历史数据文件	默认选“否”，如果选择“是”，可下载历史数据文件
网元类型	设置性能实时监控任务归属的网元类型。从下拉列表框中选择性能实时监控的网元类型
制式	选择网元类型后，可以在制式的下拉列表框中选择相应制式（可选项）
模型标志	选择网元模型标志，根据选择的模型标志过滤计数器/指标（可选项）
测量对象类型	网元类型支持的管理对象类型。网元类型和测量对象类型会相互过滤，如果已经选择了网元类型，则下拉列表框仅显示该类型下支持的测量对象类型（可选项）
计数器/指标	在待选项中，勾选计数器/指标。该版本中一个实时监控任务最大支持选择 100 个计数器

（4）单击“下一步”按钮，打开“选择对象”页面，如图 6.113 所示。

图 6.113　设置对象参数页面

说明：该版本中一个实时监控任务最大支持选择 1000 个对象。

- 单击“对象汇总”后下拉列表框，选择“汇总对象”。
- 单击“对象范围”后下拉列表框，选择“对象范围”。
- 单击“选择资源”按钮，打开“选择网元”页面，如图 6.114 所示。

图 6.114　“选择网元”页面

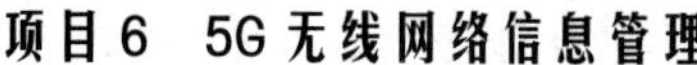

■ 勾选网元，单击“下一步”按钮，打开如图 6.115 所示页面。

图 6.115 “选择部件”页面

■ 勾选部件，单击“确定”按钮，完成对象选择。

■ 在“选择对象”页面，单击“已选资源”按钮，查看已选对象，如图 6.116 所示。

图 6.116 查看已选对象

（5）单击“下一步”按钮，打开“选择时间”页面，设置时间，如图 6.117 和图 6.118 所示。

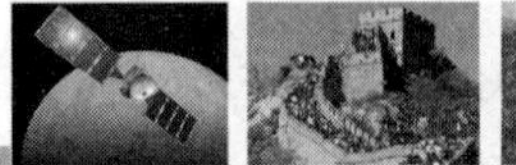
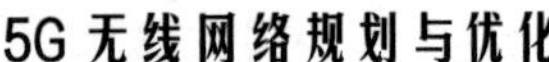

图 6.117　设置时间页面（未开启保留历史数据文件功能）

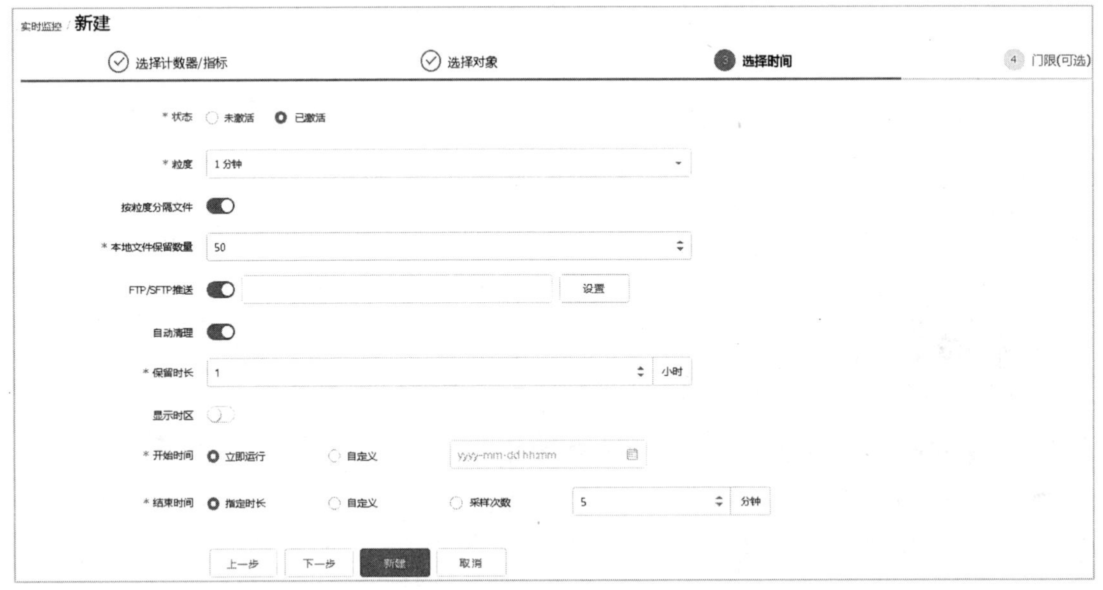

图 6.118　设置时间页面（开启保留历史数据文件功能）

说明：在“选择计数器/指标”页面中“保留历史数据文件”选择“是”后，在“选择时间”页面可以对保留的历史文件进行设置。当保留历史数据文件粒度选择 1 分钟或超过 1 分钟时可以设置如下参数：

按粒度分隔文件：开启“按粒度分隔文件”按钮，可以设置文件保留数量、FTP/SFTP 推送地址、自动清理和保留时长信息。

本地文件保留数量：如图 6.118 所示举例为保留 50 份文件，根据粒度选择 1 分钟，每分钟保存一份文件。

FTP/SFTP 推送地址：开启“FTP/SFTP 推送”按钮，打开“FTP/SFTP 设置”对话框，可以设置历史数据文件推送的地址信息。

自动清理：开启“自动清理”按钮，可以设置本地数据保存时长，超过设置的保存时间文件将被清理掉。

保留时长：默认保留 1 小时，可以设置保存时长 1～6 小时。

（6）单击“下一步”按钮，打开“门限”页面设置门限信息（可选），如图 6.119 所示。

图 6.119　“门限”页面

（7）单击“新建”按钮，任务创建完成。

相关任务：创建完成的性能实时监控任务可进行如下操作。

操作	步　骤	说　明
挂起实时监控任务	选择需挂起的实时监控任务，单击操作列的“挂起”按钮。批量勾选需要挂起的实时监控任务，单击“挂起”按钮	只有状态为激活的实时监控任务，才可执行挂起操作，停止性能数据监控
激活实时监控任务	选择需激活的实时监控任务，单击操作列的“激活”按钮。批量勾选需要激活的实时监控任务，单击“激活”按钮	只有状态为挂起的实时监控任务，才可执行激活操作，将任务重新启动
删除实时监控任务	选择需删除的实时监控任务，单击操作列的“删除”按钮。显示“确认”对话框，单击“删除”按钮。批量勾选需删除的实时监控任务，单击列表上方的“删除”按钮。弹出“确认”对话框，单击“删除”按钮	只有状态为挂起或未激活的实时监控任务，才可删除该任务
修改实时监控任务	（1）在操作列选择菜单“更多”→“导出”，打开“修改”页面。 （2）修改任务，单击“确定”按钮	只有状态为挂起的实时监控任务，才可执行修改操作
导出实时监控任务数据	（1）勾选需导出的实时监控任务，在操作列选择菜单“更多”→“导出”。 （2）导出的 zip 文件保存至本地，zip 文件包含有*.csv、*.xlsx、*.pdf 和*.html	UME 支持导出实时监控任务数据，导出的数据可以用于进一步分析

2）查看实时监控任务

摘要：介绍通过表格和图形的方式查看实时监控数据。

前提：已经创建实时监控任务。

步骤：通过图形方式查看实时监控数据。在“实时监控”页面中，选择需要查看的实时监控任务，单击数据展示列的“图形”按钮。在页面下方显示图形页面，用图形显示测量数据，如图 6.120 所示。

通过表格方式查看实时监控数据。在“实时监控”页面，选择需要查看的实时监控任务，单击数据展示列的“表格”按钮。页面下方显示表格页面，用表格显示测量数据，如图 6.121 所示。

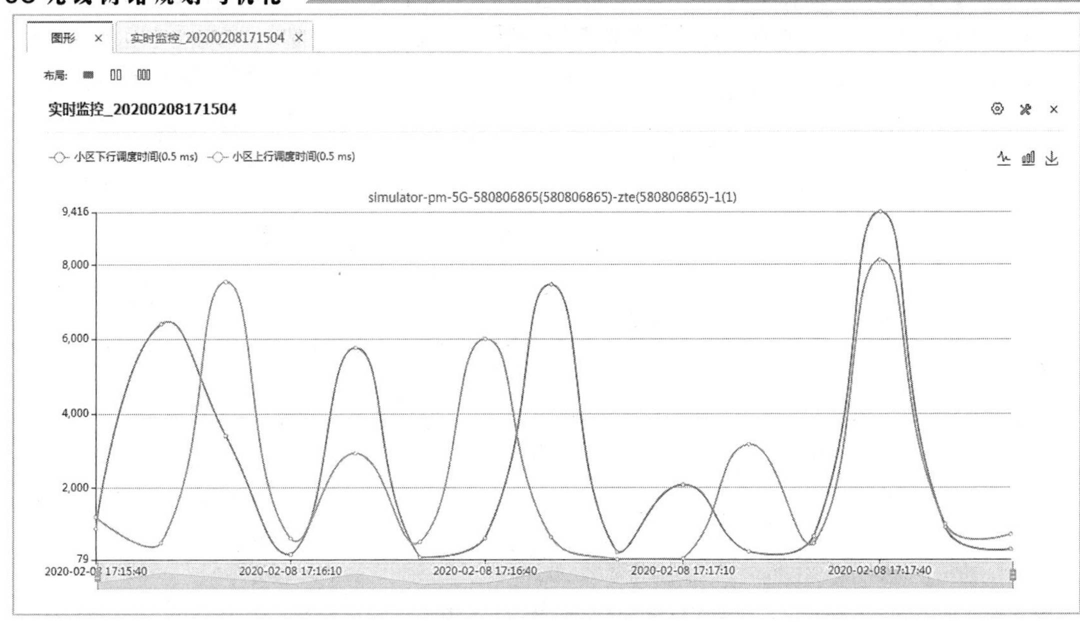

图 6.120　图形显示测量数据

图形　实时监控_20200208171504

采集时间	粒度	管理网元	gNB DU功能配置ID	gNB DU功能配置名称	DU小区配置ID	DU小区配置名称	小区下行调度时间(0.5 ms)	小区上行调度时间(0.5 ms)
2020-02-08T17:18:50+08:00	10 秒	simulator-pm-5G-580806865(580806865)	1	zte(580806865)	1	1(1)	3,299	2,663
2020-02-08T17:18:40+08:00	10 秒	simulator-pm-5G-580806865(580806865)	1	zte(580806865)	1	1(1)	5,417	8,604
2020-02-08T17:18:30+08:00	10 秒	simulator-pm-5G-580806865(580806865)	1	zte(580806865)	1	1(1)	497	601
2020-02-08T17:18:20+08:00	10 秒	simulator-pm-5G-580806865(580806865)	1	zte(580806865)	1	1(1)	177	440
2020-02-08T17:18:10+08:00	10 秒	simulator-pm-5G-580806865(580806865)	1	zte(580806865)	1	1(1)	673	9,384
2020-02-08T17:18:00+08:00	10 秒	simulator-pm-5G-580806865(580806865)	1	zte(580806865)	1	1(1)	348	747
2020-02-08T17:17:50+08:00	10 秒	simulator-pm-5G-580806865(580806865)	1	zte(580806865)	1	1(1)	936	1,022
2020-02-08T17:17:40+08:00	10 秒	simulator-pm-5G-580806865(580806865)	1	zte(580806865)	1	1(1)	9,416	8,127
2020-02-08T17:17:30+08:00	10 秒	simulator-pm-5G-580806865(580806865)	1	zte(580806865)	1	1(1)	698	504
2020-02-08T17:17:20+08:00	10 秒	simulator-pm-5G-580806865(580806865)	1	zte(580806865)	1	1(1)	277	3,160
2020-02-08T17:17:10+08:00	10 秒	simulator-pm-5G-580806865(580806865)	1	zte(580806865)	1	1(1)	2,073	92
2020-02-08T17:17:00+08:00	10 秒	simulator-pm-5G-580806865(580806865)	1	zte(580806865)	1	1(1)	268	79
2020-02-08T17:16:50+08:00	10 秒	simulator-pm-5G-580806865(580806865)	1	zte(580806865)	1	1(1)	7,467	678
2020-02-08T17:16:40+08:00	10 秒	simulator-pm-5G-580806865(580806865)	1	zte(580806865)	1	1(1)	650	6,001

共 20 条　1　50 条 / 页

图 6.121　表格显示测量数据

9. 性能任务管理

性能任务主要包括以下几方面。

基本测量任务：基本测量任务是由被管理网元或网络功能节点上电后自动创建并采集数据的。系统操作员可以查看基本测量，但不能进行创建、修改、删除、挂起等操作。

自定义测量任务：系统操作员输入测量任务管理要素后，进行测量任务的创建操作。生效的性能测量任务，会被自动分发到每个被管理网元或网络功能节点，每个被管

理网元或网络功能节点会按照性能测量任务中指定的参数周期性地将性能数据上报到 PM 系统。

数据完整性检查：系统操作员能够查看采集数据的完整性检查结果，能进行手工补采和告警门限设置。

在“性能任务”页面，相关的测量任务状态说明参见表 6.25。

表 6.25　测量任务状态说明

项目	状态显示	说　明
状态	已激活	该测量任务正在运行，将会采集指定位置上的指定性能对象在指定时间范围内的性能数据。不可进行修改、激活、删除等操作
	未激活	该测量任务暂时停止数据采集，可通过激活功能恢复数据采集
健康状态	正常	该测量任务中的网元任务全部下发成功或者已被强制删除
	不正常	该测量任务中的全部或部分网元任务下发命令失败。不可进行修改、激活、挂起、删除等操作
	同步中	该测量任务中的网元任务正在下发。不可进行修改、激活、挂起、删除、同步等操作

1）创建性能测量任务

摘要：介绍如何在“测量任务管理”页面，创建性能测量任务并下发到网元。在性能测量任务中，维护人员可以指定需要进行性能测量的网元、测量对象类型、性能数据采集粒度以及性能数据采集的时间段。测量任务会根据设定的条件，采集网元的性能数据。

步骤：

（1）在“性能管理”主页面，选择菜单“性能任务”→“测量任务”，如图 6.122 所示。

图 6.122　“测量任务”页面

（2）单击“新建”按钮，打开如图 6.123 所示页面。

（3）在“新建测量任务”页面设置参数，包括任务名称、网元类型、测量对象类型等。

说明：标记红色“*”号的参数是必要参数。

新建测量任务的参数说明参见表 6.26。

图 6.123 “选择测量族”页面

表 6.26 参数说明

参数	说　明
名称	设置新建测量任务的名称，或者使用默认名称
网元类型	设置测量任务归属的网元类型。从下拉列表框中选择测量的网元类型
制式	选择网元类型后，显示制式下拉列表框，可以根据需要选择（可选项）
模型标志	可以根据需要选择网元模型的版本（可选项）
测量对象类型	网元类型支持的管理对象类型。网元类型和测量对象类型会相互过滤，如果已经选择了网元类型，则下拉列表框仅显示该类型下支持的测量对象类型（可选项）
测量族	测量对象的具体测量项。测量族中，显示有“基本”选项卡的，表示基本测量，是不能下发测量任务的

（4）单击“下一步”按钮，打开“选择对象”页面，详细操作参见选择对象部分。

（5）单击“下一步”按钮，打开“选择时间”页面，设置状态和时间，如图 6.124 所示。

说明：状态表示新建测量任务的初始状态是未激活或者已激活。

（6）单击“新建”按钮，任务创建完成。

相关任务：创建完成的测量任务可进行如下操作。

图 6.124 “选择时间”页面

操作	步　骤	说　明
挂起测量任务	选择需挂起的测量任务，在操作列中，单击更多下拉列表框，选择“挂起”。批量勾选需要挂起的测量任务，单击“挂起”按钮	只有状态为已激活的测量任务，才可执行挂起操作，停止性能数据采集
激活测量任务	选择需激活的测量任务，在操作列中，单击更多下拉列表框，选择“激活”。批量勾选需要激活的测量任务，单击“激活”按钮	只有状态为未激活的测量任务，才可执行激活操作，将任务重新启动
修改测量任务	（1）选择需修改的测量任务，在操作列中，单击更多下拉列表框，选择“修改”。 （2）打开“修改测量任务”页面，可以对网元类型、测量对象类型、测量族、位置信息进行修改	只有状态为未激活的测量任务，才能修改任务参数
同步测量任务	选择需同步的测量任务，在操作列中，单击更多下拉列表框，选择“同步”	当测量任务的健康状态为不正常时，需执行同步操作，重新向网元下发任务
删除测量任务	选择需删除的测量任务，在操作列中，单击更多下拉列表框，选择“删除”。弹出“确认”对话框，单击“删除”按钮。批量勾选需删除的测量任务，单击列表上方的“删除”按钮。弹出“确认”对话框，单击“删除”按钮	只有状态为未激活的测量任务，才可删除该任务。
导出测量任务	批量勾选需导出的测量任务，单击更多下拉列表框，选择“导出”	UME 支持导出测量任务列表，导出的数据作用如下：当由于误操作删除任务时，可通过导入恢复被删除的任务；对于全网任务，可通过导入操作在其他的 UME 系统上批量创建相同的任务
导入测量任务	（1）单击更多下拉列表框，选择导入，打开“选择文件”对话框。 （2）选择需导入的模板文件，单击“上传”按钮	导入测量任务模板，批量创建测量任务。导入时支持*.zip 和*.csv 类型文件

2）查看数据完整性检查结果

摘要：介绍如何通过数据完整性检查页面，查看采集数据的完整性。

前提：已获得系统操作员权限。已正常接入网元，且网元开始上报数据

步骤：

（1）在“性能管理”主页面，选择菜单“性能任务”→“RAN 数据完整性检查”，如图 6.125 所示。

图 6.125 “RAN 数据完整性检查”页面

“RAN 数据完整性检查”页面内涉及的参数说明参见表 6.27。

表 6.27 RAN 数据完整性检查参数说明

参数	说　明
详情	单击“详情列”按钮，可以显示最近 30 天的数据丢失时间段
网元 ID	网元的 ID 号
网元名称	网元的名称
当前状态	网元当前采集粒度的状态
最早丢失时间	网元最早丢失数据的时间
累计丢失粒度	累计丢失数据的粒度
原因	当前采集粒度异常的原因

（2）选择网元，单击对应网元的“详情列”按钮，查看最近 30 天网元的数据丢失时间段，如图 6.126 所示。

图 6.126 RAN 数据完整性检查结果页面

说明：绿色表示无数据丢失。红色表示某一天存在数据丢失。单击该天的时间轴可以显示具体丢失数据的粒度信息详情。

“RAN 数据完整性检查”页面还可进行如下操作。

操作	步　骤	说　明
异常网元补采	(1) 勾选需要手工补采数据的网元，单击“异常网元补采”按钮。 (2) 在弹出的“异常网元补采”对话框中，设置补采时间。 (3) 单击“确定”按钮，执行该网元的手工补采	当存在丢失性能数据的网元异常记录时，可以进行异常网元补采。目前已经支持自动补采，手工补采会导致重复采集
告警门限设置	(1) 单击“告警门限设置”按钮。 (2) 在弹出的“告警门限设置”对话框中，设定告警触发门限（默认为 50%）。 (3) 单击“确定”按钮	当前状态为缺失的网元数占总网元数的比例达到所设置的门限值时，触发性能数据缺失告警，告警码为 15010001。可在告警管理的告警监控中查看该告警的详情。当低于门限值时该告警恢复
性能数据时延	(1) 单击“性能数据时延”按钮，默认显示性能数据最近一天每个粒度采集的延迟时间。 (2) 修改查看起止时间，单击“刷新”按钮可以刷新显示查询结果	用采集完成时间减去粒度结束时间计算出延迟时间，单位为秒
导出	(1) 单击“导出全部”按钮，弹出“导出设置”对话框。 (2) 在弹出的对话框中修改导出设置，包括文件名称、文件类型、起止时间。 (3) 单击“确定”按钮，执行导出操作。不重新设置导出参数时，直接单击“确定”按钮，可以按默认设置导出文件	导出的文件类型可选 CSV、XLSX、HTML、PDF，文件内容包含导出设置的时间段内丢失数据的粒度信息、网元信息和丢失原因。导出文件为 zip 压缩包，保存到指定位置，可以解压缩后查看文件内容

10. 指标管理

指标管理包括以下内容：UME 系统预定义指标的查看和移动操作；自定义指标的新建、删除、导入、导出、族管理、移动指标、修改操作；查看 UME 系统中已有的计数器，可以查看计数器的网元类型、测量对象类型以及某网元/测量对象类型下的计数器；查看测量对象类型所属的网元类型，查看某网元类型下的测量对象类型；查看 UME 系统中所有网元类型。

1）新建指标

摘要：UME 系统的性能指标包括 UME 系统预定义性能指标和自定义性能指标。UME 系统一般已经预先定义一些常用的性能指标。维护人员可以根据自己的需要新建性能指标。性能指标用于设置性能门限任务的告警门限等操作。前提是已知性能指标所使用的计数器及计算公式。

步骤：

（1）在“性能管理”主页面，单击“指标管理”按钮，在右侧区域打开“指标管理”页面。

（2）选择“指标”选项卡，打开“指标”页面，如图 6.127 所示。

图 6.127 “指标”页面

（3）在“指标”页面，单击“新建”按钮，打开“新建指标”页面，如图 6.128 所示。

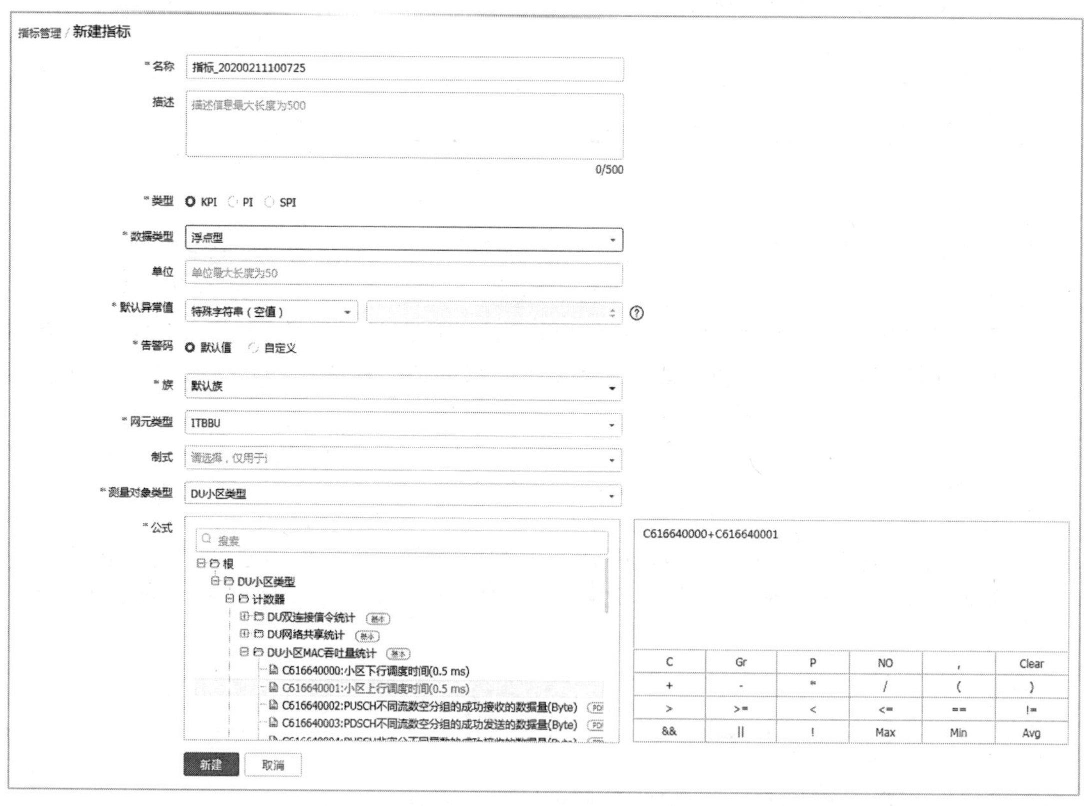

图 6.128 “新建指标”页面

（4）设置指标相关参数，参数说明参见表 6.28。

表 6.28　新建指标参数说明

<table>
<tr><th>参数</th><th>说　明</th></tr>
<tr><td>名称</td><td>设置指标的名称，不可以输入以下字符："().,/\<>?'*;@#$^=|{}[]!`~:%《》￥+&，或者使用默认名称（必填项）</td></tr>
<tr><td>描述</td><td>指标的描述信息，最大长度为 200 字符</td></tr>
<tr><td>类型</td><td>选择指标类型包括：KPI、PI、SPI，默认选择 KPI。KPI：关键性能指标，是基于网元在每个单一测量对象上的业务计数器，统计为一个或多个测量类型的关键计数器通过一定的计算或者程序处理组成的二次计算指标项。可用于历史性能查询、实时监控、门限任务，等，支持的数据类型有整型、浮点型、百分型、布尔型。PI：普通性能指标，类似于 KPI。KPI 和 PI 在用法上没有区别，只是用户使用时分类不同。SPI：统计性能指标，可用于历史性能查询。当数据类型为布尔型的逻辑统计表达式时，历史性能查询结果统计的不是具体对象的业务指标值，它统计的是网元或其他汇总层次下，符合一定统计规则的测量对象个数。比如逻辑表达式为小区的 RRC 连接成功次数“C373200008>=5”的 SPI 指标，统计的结果不是每个小区的 RRC 连接成功次数，而是统计所有 RRC 连接成功次数大于等于 5 的小区个数。SPI 与 KPI、PI 汇总到网元的计算路径不同：SPI 是先用公式计算再汇总到网元，KPI 和 PI 是先汇总到网元再用公式计算。假如历史查询条件既有时间汇总也有空间汇总，SPI 是时间汇总后的计数器值先用公式计算后再空间汇总计算出值，KPI 和 PI 是计数器先时间汇总后再空间汇总，然后再用公式计算出值。（必选项）</td></tr>
<tr><td>数据类型</td><td>数据类型包括：整形、浮点型、百分型、布尔型。单击下拉列表框中选择数据类型（必选项）</td></tr>
<tr><td>单位</td><td>指标单位（可选项）</td></tr>
<tr><td>默认异常值</td><td>设置公式计算异常时的指标值</td></tr>
<tr><td>告警码</td><td>指标告警码，默认状态下选择“默认值”。勾选“自定义”后，可设置告警码，最小值 7001，最大值 8000（必选项）</td></tr>
<tr><td>族</td><td>指标族，默认状态下为默认族单击下拉列表框选择“指标族”（必选项）</td></tr>
<tr><td>网元类型</td><td>单击下拉列表框选择网元类型（必选项）</td></tr>
<tr><td>制式</td><td>选择网元类型后，可以在制式的下拉列表框选择需要的制式（可选项）</td></tr>
<tr><td>测量对象类型</td><td>单击下拉列表框选择测量对象类型（必选项）</td></tr>
<tr><td>公式</td><td>在公式设置区域，选择指标/计数器，在公式编辑区域应用运算符号将指标/计数器组合为新的指标公式（必选项）</td></tr>
</table>

（5）单击“新建”按钮，完成新建指标。

相关任务：指标管理相关操作还包括：指标的修改、删除（系统预定义性能指标不可以删除）、导出、导入、族管理、移动指标、常用指标设置和取消。族管理把某些指标根据需要归为一组，以便于查询指标时，可以通过筛选族来快速定位需要查询的指标。族管理功能包括新建、删除、修改指标族。在预定义指标族节点，可以为该节点新增子节点。在自定义指标族节点，可以删除或修改该节点，也可以为该节点新增子节点。移动指标是指将指标移动到指定族中，便于族管理族内指标。

如果...	那么...
修改指标	（1）单击操作列中的“修改”按钮，弹出修改指标页面。 （2）修改指标信息。 （3）单击“修改”按钮

续表

如果…	那么…
删除单条指标	（1）单击非预定义指标操作列中的“删除”按钮或指标列表区域上方的“删除”按钮，弹出“确认”对话框。 （2）单击“删除”按钮，将该指标放入回收站中
删除多条指标	（1）在指标列表区域，选中复选框，选择多条指标。 （2）单击指标列表区域上方的“删除”按钮，弹出“确认”对话框。 （3）单击“删除”按钮，将选中指标放入回收站中
移动单条指标	（1）单击操作列中的“移动”按钮，弹出“指标族”对话框。 （2）单击选择某个指标族。 （3）单击“确定”按钮，将该条指标移动到新的指标族下
移动多条指标	（1）在指标列表区域，选中复选框，选择多条指标。 （2）在指标列表区域上方选择菜单“更多”→“移动”，弹出“指标族”对话框。 （3）单击选择某个指标族。 （4）单击“确定”按钮，将指标移动到新的指标族下
导出指标	（1）在查询结果显示区域，选中复选框，选择一条或多条指标。 （2）单击“导出”按钮，将指标文件保存到本地。 （3）单击附件，打开导出结果所在路径。 （4）打开导出的 CSV 文件查看指标数据
导出全部指标	（1）单击“全部导出”按钮，弹出“确认”对话框。 （2）单击“导出”按钮，提交导出全部指标请求，弹出导出附件提示。 （3）单击附件，展开导出结果所在路径。 （4）双击导出的 CSV 文件，打开导出结果查看导出数据
导入指标	（1）单击“导入”按钮，弹出“导入”对话框。 （2）单击“浏览”按钮选择导入文件（*.zip 格式）或直接将文件拖拽到“拖拽文件到这里...”。 （3）选择指标 ID 冲突选择，覆盖或新增。 （4）单击“上传”按钮，导入完成弹出导入结果提示框。 （5）单击“确定”按钮
新建指标族	（1）在“指标”页面，选择菜单“更多”→“族管理”，打开“族管理”页面。 （2）将鼠标置于指标的根节点或子族上，出现“+”图标（例如：新建）。 （3）单击“+”图标，弹出“新建指标族”对话框。 （4）输入族名称。 （5）单击“确定”按钮，新建指标族完成，指标族树中增加新建的族
删除指标族	（1）在“族管理”页面，将鼠标置于指标族上，出现删除图标。 （2）单击“删除”按钮，弹出删除指标族的“确认”对话框。 （3）单击“删除”按钮，删除指标族
修改指标族	（1）在“族管理”页面将鼠标置于指标族上，出现修改图标。 （2）单击“修改”图标，弹出“修改指标族”对话框。 （3）修改指标族名称。 （4）单击“确定”按钮，完成修改
修改指标	（1）单击指标操作列的“修改”按钮，打开“修改指标”页面。 （2）修改指标信息。 （3）单击“确定”按钮

续表

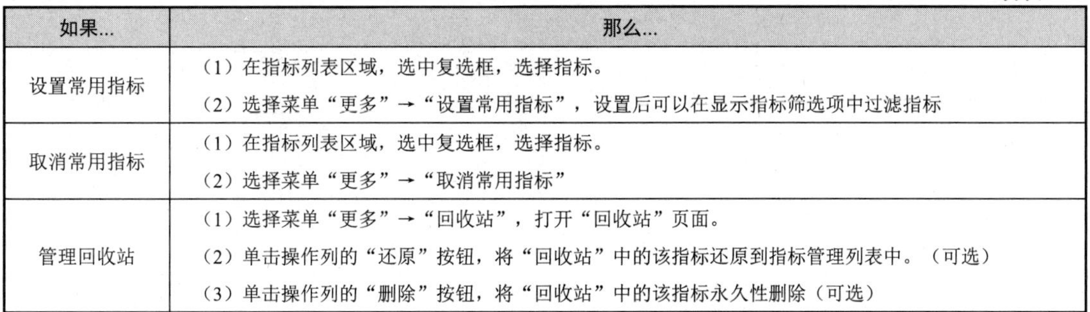

如果…	那么…
设置常用指标	（1）在指标列表区域，选中复选框，选择指标。 （2）选择菜单“更多”→“设置常用指标”，设置后可以在显示指标筛选项中过滤指标
取消常用指标	（1）在指标列表区域，选中复选框，选择指标。 （2）选择菜单“更多”→“取消常用指标”
管理回收站	（1）选择菜单“更多”→“回收站”，打开“回收站”页面。 （2）单击操作列的“还原”按钮，将“回收站”中的该指标还原到指标管理列表中。（可选） （3）单击操作列的“删除”按钮，将“回收站”中的该指标永久性删除（可选）

2）查询指标

摘要：介绍对性能指标、计数器、测量对象类型、网元类型的查询操作。

步骤：

（1）在“指标管理”页面的“指标”选项卡中，单击“按列搜索”按钮，选择网元类型、测量对象类型、族、来源、常用筛选项如图 6.129 所示。

图 6.129　查询指标页面

在查询搜索框中填写指标名称或 ID，系统自动过滤出所要查找的指标。

单击“按列搜索”按钮，弹出列定制选项，勾选所需显示项，单击“确定”按钮，完成查询结果显示列重新定制。

（2）在查询结果列表中，单击指标名称，查看指标详细信息，如图 6.130 所示。

3）查询计数器

（1）在“指标管理”页面，单击“计数器”选项卡，打开“计数器”页面，可单击“按

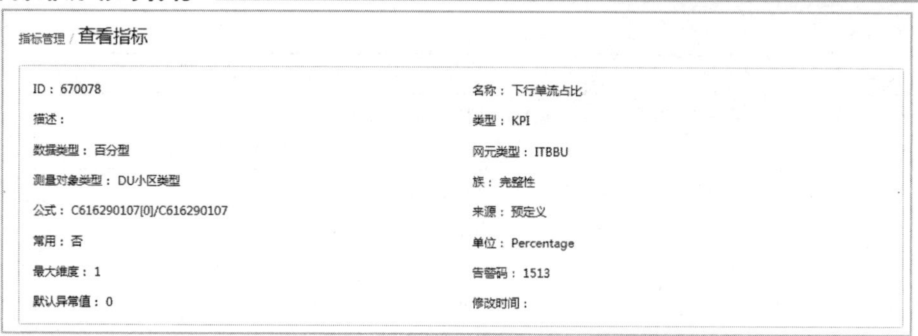

图 6.130　查看指标详细信息页面

列搜索”按钮筛选，如图 6.131 所示。

指标管理

指标　计数器　测量对象类型　网元类型

请输入名称或ID

ID	名称	网元类型	测量对象类型	测量族	单位	操作
		请选择	请先选择网元类型	请先选择测量对象类型		
C000000000	CPU占用率最大值(%)	SCA	SCA性能指标	SCA服务器性能测量		
C000000001	工程状态	ITBBU	网元Topo数据	网元工程状态		
C000000001	CPU占用率最小值(%)	SCA	SCA性能指标	SCA服务器性能测量		
C000000002	CPU占用率平均值(%)	SCA	SCA性能指标	SCA服务器性能测量		
C000000003	内存大小(byte)	SCA	SCA性能指标	SCA服务器性能测量		
C000000004	内存占用最大值(byte)	SCA	SCA性能指标	SCA服务器性能测量		
C000000005	内存占用最小值(byte)	SCA	SCA性能指标	SCA服务器性能测量		
C000000006	内存占用平均值(byte)	SCA	SCA性能指标	SCA服务器性能测量		
C000010000	SDTP数据源IP	SCA	SCA性能指标	SDTP链接性能测量		
C000010001	RAE方位角	ITBBU	AISG实时数据	RAE实时数据	degree	

共 732 条　1 2 3 4 5　10 条 / 页

图 6.131　查询计数器页面

（2）选择网元类型、测量对象类型、测量族或在页面右侧查询搜索框中输入关键字，筛选名称或 ID 包含指定关键字的计数器。

（3）单击某个计数器名称，查看计数器详细信息，如图 6.132 所示。

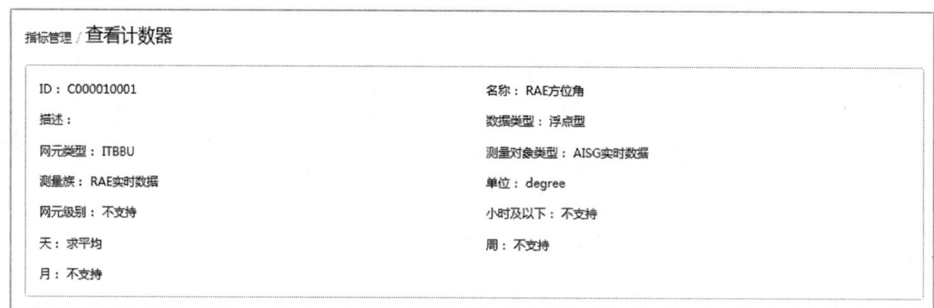

图 6.132　查看计数器详细信息页面

4）查询测量对象类型

（1）在“指标管理”页面，单击“测量对象类型”选项卡，打开“测量对象类型”页面，可单击“按列搜索”按钮筛选，如图 6.133 所示。

图 6.133　查看测量对象类型页面

（2）选择网元类型或在页面右侧查询搜索框中输入查找条件，筛选所需的测量对象类型。

（3）单击某个测量对象类型名称，查看测量对象类型详细信息，如图 6.134 所示。

图 6.134　查看测量对象类型详细信息页面

5）查询网元类型

（1）在“指标管理”页面，单击“网元类型”选项卡，打开“网元类型”页面，如图 6.135 所示。

图 6.135　查询网元类型页面

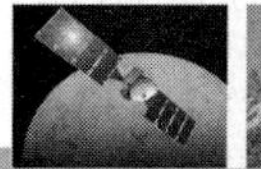

（2）在页面右侧查询搜索框中输入查找条件，筛选所需的网元类型。

（3）单击某个网元类型名称，查看网元类型详细信息，如图 6.136 所示。

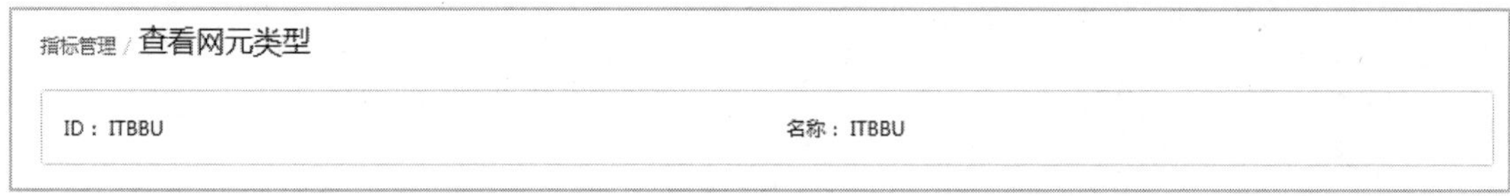

图 6.136　查看网元类型详细信息页面

11. 性能 QoS 门限任务管理

1）新建门限任务

摘要：门限任务即用定义好的时间、粒度、位置、门限指标等条件来监控性能数据，如果性能数据超过门限指标设定的阈值将会产生门限告警。门限告警任务创建完成，可以到“FM 告警管理”→“当前告警”→“告警监控”页面查看相应的告警信息。

步骤：

（1）在“性能管理”主页面，选择菜单“性能任务”→“门限任务”，在右侧区域打开“门限任务”页面，如图 6.137 所示。

图 6.137　“门限任务”页面

（2）单击“新建”按钮，打开新建门限任务页面，如图 6.138 所示。

图 6.138　新建门限任务页面

（3）在“基本信息”选项卡中，设置基本信息，参数说明参见表 6.29。

表 6.29　参数说明

<table>
<tr><th>参数</th><th>说　明</th></tr>
<tr><td>名称</td><td>设置新建门限任务名称，不能输入以下字符：
"().,/\<>?'*;@#$^=|{}[]!`~:%《》￥+&，或者使用默认名称（必填项）</td></tr>
<tr><td>网元类型</td><td>从下拉列表框中选择网元类型（必选项）</td></tr>
<tr><td>门限设置</td><td>从下拉列表框中选择门限规则类型，不同规则类型的门限参数不同（必选项）</td></tr>
</table>

说明：下面以新建普通门限为例说明配置门限的步骤，其他规则类型的门限配置参数参见表 6.29。

（4）配置门限参数。

■ 单击“门限设置”下拉列表框，选择“新建普通门限”，弹出“新建普通门限”对话框。

■ 根据需要单击“高级筛选”按钮，可以选择制式、模型标志、测量对象类型来筛选计数器或指标，也可以通过搜索框输入关键字进行搜索。

■ 选中一个计数器或指标，单击“新建门限级别”按钮，设置增加门限参数，如图 6.139 所示。

图 6.139　增加门限举例

说明：设置完成后，单击选中另一个计数器或指标，使用同样的操作方法设置门限参数。

参数说明参见表 6.30。

表 6.30　参数说明

参数	说　明
制式	单击制式下拉列表框，根据需要选择（可选项）
模型标志	根据需要选择网元模型的版本，选择版本号后会根据该选择的版本号过滤计数器/指标。（可选项）
测量对象类型	如果已经选择了网元类型，则下拉列表框仅显示该类型下支持的测量对象类型。（可选项）
计数器/指标	根节点显示过滤后的计数器和指标。门限任务的计数器/指标门限设置不能与已经存在的门限设置重复
告警清除观察期	设置告警清除观察期。为了防止指标波动劣化时产生闪断告警，性能告警清除引入观察期机制。从首次满足清除条件开始计时，在观察期内，必须持续满足清除条件，系统才清除告警；在观察期内，一旦指标不符合清除条件，则观察期重新开始计时，性能告警清除时间为相应观察期开始时间
上限、下限	门限方向包括：向上、向下、双向。如果仅设置向上门限，只填写上限，下限为空；如果仅设置向下门限，只填写下限，上限为空；如果设置双向门限，需要填写上限和下限。例如图 6.139 中方向介绍如下。上限：如果门限值>=11（即 10+1），则报告严重告警；如果门限值<9（即 10－1），则严重告警清除。 下限：如果门限值<=5（即 6－1），则报告主要告警；如果 7（即 6+1）<门限值，则主要告警清除
级别	单击级别下拉列表框选择告警级别，告警级别包括：严重、主要、次要、警告
类型	新增门限参数的类型，包括：门限、粘滞值、告警标题
门限	设置门限值。性能指标超出门限后上报该门限的越限告警，当性能指标低于门限后上报该门限的告警恢复。告警门限值的大小顺序：向上严重告警门限值>向上主要告警门限值>向上次要告警门限值>向上警告告警门限值>向下警告告警门限值>向下轻微告警门限值>向下主要告警门限值>向下严重告警门限值。两个被设置的临近告警级别的粘滞值之和应该小于两告警级别的门限值之差。例如：向上严重告警粘滞值+向上主要告警粘滞值<向上严重告警门限值-向上主要告警门限值
粘滞值	为避免门限的越限告警在告警和告警恢复状态之间频繁抖动，而设定的粘滞值。两个被设置的临近告警级别的粘滞值之和应该小于两告警级别的门限值之差。例如：向上严重告警粘滞值+向上主要告警粘滞值<向上严重告警门限值-向上主要告警门限值
操作	单击“删除”按钮，删除门限信息
按级别发送告警	若开启“按级别发送告警”按钮，性能门限告警级别发生变更时，会产生一条新的告警；默认状态下不开启此按钮，则更新原有告警
告警标题	系统提供默认生成的告警标题配置，用户可以修改这个配置。新建复合条件的告警标题没有系统默认，需要用户进行配置
历史数据个数	新建历史统计对比中，值域可设置 2～1000。新建历史同期对比中，值域可设置 2～30
数据统计算法	新建历史统计对比中，可选平均、最大、最小。新建历史同期对比中，可选平均、最大、最小、加权平均
对比方式	新建历史同期对比中，可选按天、按周
新建条件	新建复合条件门限中，可对每个级别新建条件，单击“新建条件”按钮，在条件编辑器中设置计数器或指标的表达式，当表达式结果为真，触发门限阈值

■ 单击“新建”按钮，完成门限设置区域设置，如图 6.140 所示。

（5）单击“下一步”按钮，打开“选择对象设置”页面，详细操作参见“选择对象”部分。

（6）单击“对象汇总”后的下拉列表框，选择“汇总位置”。

（7）在对象过滤后的下拉列表框选择“对象过滤条件”。

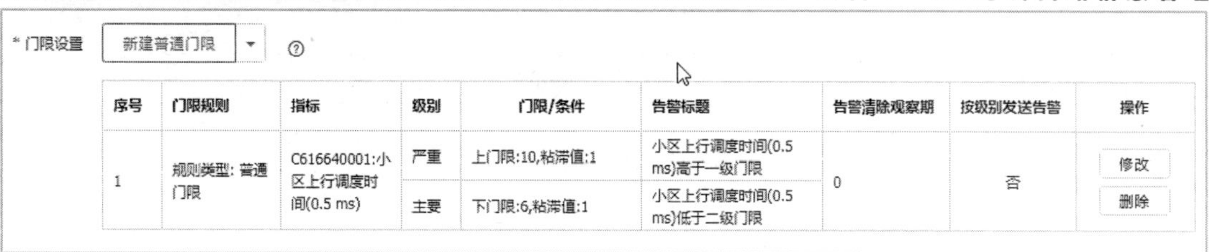

图 6.140　门限设置举例

（8）单击“下一步”按钮，打开“选择时间”页面，如图 6.141 所示，设置状态、粒度以及时间范围参数。

图 6.141　选择时间举例

参数说明参见表 6.31。

表 6.31　参数说明

参数	说　明
状态	门限任务创建完成的状态，包括：未激活和已激活。已激活：表示该门限任务正在运行，将会对指定位置上的指定性能对象在指定时间范围内的性能数据计算门限告警。不可进行修改、激活、删除等操作。未激活：表示该门限任务暂时停止门限监控，可通过激活功能恢复对数据采集的门限监控（必选项）
粒度	门限任务监控性能数据的周期，在下拉列表框中进行选择。注意：门限任务的粒度应大于或等于测量任务的粒度（必选项）
时间范围	门限任务监控性能数据的开始时间、结束时间，单击“时间”按钮进行设置，或者使用默认时间（必选项）

（9）单击“新建”按钮，创建一条门限任务完成。

相关任务：门限任务相关操作包括：修改、删除、导出、导入、刷新、激活、挂起门限任务。其中，导入门限任务名称不能与已经存在任务名称相同，导入的门限任务门限设置不能与已经存在的门限设置重复，例如不允许设置两个相同计数器或指标的门限信息。

如果…	那么…
修改门限任务	（1）单击门限任务操作列的“挂起”按钮，将待修改门限任务状态设置为挂起状态。 （2）单击门限任务操作列的“修改”按钮，打开“修改门限任务”页面。 （3）修改门限任务相关信息。 （4）单击“确定”按钮

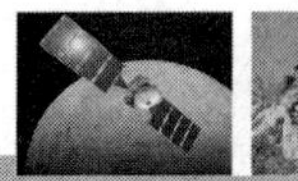

续表

如果...	那么...
删除单条门限任务	（1）单击门限任务操作列的“挂起”按钮，将待删除门限任务状态设置为挂起状态。 （2）单击操作列中的“删除”按钮，将其删除
删除多条门限任务	（1）在门限任务列表中，选中复选框，选择待删除门限任务。 （2）选择挂起，弹出“确认”对话框。 （3）单击“确定”按钮。 （4）单击门限任务列表上方的“删除”按钮
导出门限任务	（1）在门限任务列表中，选中复选框，选择待导出的门限任务。 （2）单击门限任务列表上方的“更多”→“导出”命令
导入门限任务	（1）对导出的门限信息进行修改后保存。 （2）单击门限任务列表上方的“更多”→“导入”命令，弹出“导入”对话框。 （3）将导入文件拖拽到对话框。 （4）单击“上传”按钮，完成上传
刷新门限任务	在“门限任务”页面，单击“刷新”按钮，刷新门限任务页面显示的所有任务信息
激活/挂起单条门限任务	在门限任务列表中，单击操作列中的“激活/挂起”按钮将任务激活/挂起
激活/挂起多条门限任务	（1）在门限任务列表中，选中复选框，选择待激活/挂起的门限任务。 （2）单击“激活”或者“挂起”按钮，将门限任务激活/挂起

2）查询门限任务

摘要：在“门限任务”页面可以查询已经创建的门限任务和查看门限任务的详细信息。

步骤：

（1）在“性能管理”主页面，选择菜单“性能任务”→“门限任务”，打开“门限任务”页面，如图 6.142 所示。

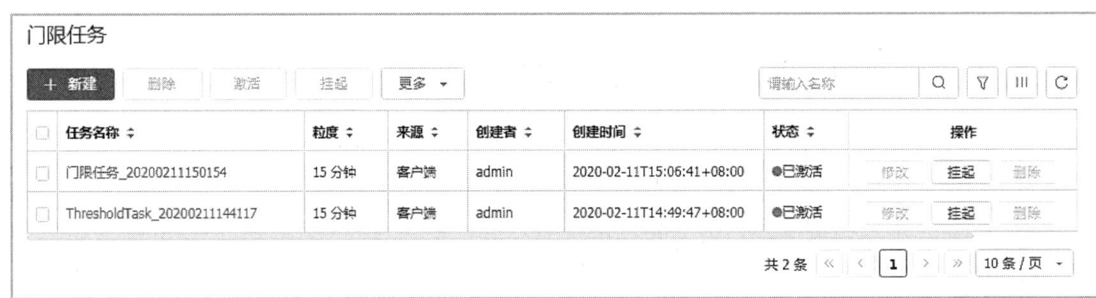

图 6.142 “门限任务”页面

（2）单击右上角的“按列搜索”按钮，在状态下拉列表框中选择“已激活”“未激活”“完成”或者在右侧搜索输入框中输入任务名称，过滤出需要查询的门限任务。

（3）在任务名称列，单击某个门限任务名称，查看门限任务详细信息，如图 6.143 所示。

门限任务 / 查看

任务名称：门限任务_20200211150154　　状态：已激活

创建者：admin　　创建时间：2020-02-11T15:56:31+08:00

修改人：admin　　修改时间：2020-02-11T16:38:18+08:00

网元类型：ITBBU　　测量对象类型：DU小区类型

对象汇总：DU小区配置　　对象通配：管理网元

粒度：15 分钟　　来源：客户端

时间范围：2020-02-11T15:54:00+08:00 至 2070-02-11T15:54:00+08:00　　对象范围：simulator-pm-5G-581338323(581338323)

门限设置：

ID	名称	级别	门限		粘滞值		门限规则	告警清除观察期	按级别发送告警
			上限	下限	上限	下限			
C616640002	PUSCH不同流数空分组的成功接收的数据量(Byte)	严重	10		1		规则类型：普通门限	0	否
		主要		6		1			

图 6.143　查看门限任务举例

6.5.4　任务实施

提取 5G 无线网络性能指标，对 5G 无线网络性能指标进行分析，编制 5G 无线网络性能指标分析报告。

习题 6

1．5G 网管具备哪些优点？
2．网管的告警等级分为哪几级？

项目 7

5G 无线网络优化

项目概述

本项目详细介绍了 5G 无线网络优化方案的制定、实施和验证。通过本项目的学习，掌握 5G 无线网络优化方案的制定、实施和验证的关键技能。

学习目标

（1）掌握 5G 无线网络优化方案的制定；

（2）掌握 5G 无线网络优化方案实施和验证。

任务 7.1 5G 无线网络优化方案制定

扫一扫看 5G 无线网络优化方案制定教学课件

7.1.1 任务描述

通过本任务的学习，熟悉 5G 无线网络优化流程和相关指标的优化方法，输出优化调整建议方案，并对方案实施后的结果进行闭环评估。

7.1.2 任务目标

（1）能够制定网络优化方案；

（2）熟悉调整网管参数和调整反馈物理参数；

（3）安排复测验证并确认问题闭环。

7.1.3　知识准备

扫一扫看 5G 网络优化概述微课视频

1. 5G 无线网络优化概述

由于无线传播环境复杂、网络设计能力与实际运行需求不匹配、设备未正常工作或能力限制等，都将导致 5G 无线网络问题。为了提供一个高质量的 5G 无线网络，需要进行网络优化，即需要对网络工程参数、无线资源参数等进行调整，保证网络质量能够满足业务需求。

伴随 5G 无线网络建设发展的不同阶段，网络优化工作的重点内容也截然不同，主要包括工程优化、运维优化、专项优化三个阶段，如图 7.1 所示。

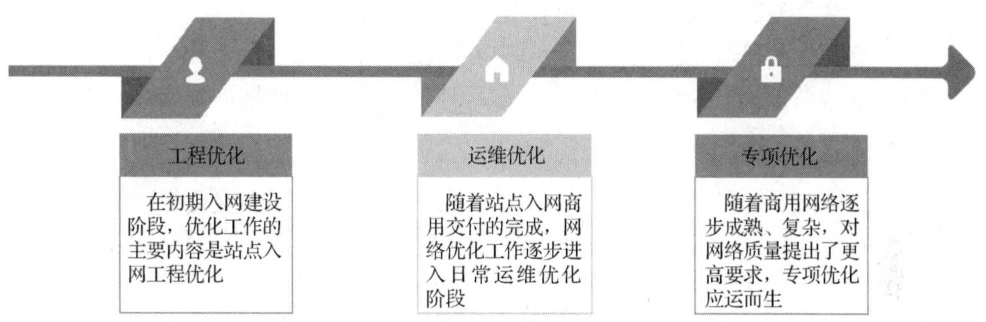

工程优化
在初期入网建设阶段，优化工作的主要内容是站点入网工程优化
运维优化
随着站点入网商用交付的完成，网络优化工作逐步进入日常运维优化阶段
专项优化
随着商用网络逐步成熟、复杂，对网络质量提出了更高要求，专项优化应运而生

图 7.1　5G 无线网络优化的三个阶段

2. 5G 无线网络工程优化流程

网络规划、设备开通且基站连片开通达到一定规模后才能进行工程优化工作。如图 7.2 所示，工程优化的目标是针对刚刚建设完成的网络，通过对覆盖、切换、接入、速率等指标的优化，使网络性能满足商用要求。其主要任务有基本组网参数优化、覆盖调整、业务优化、网络基础信息更新/维护/共享、异常排除、异系统互操作优化及特殊场景的优化等。

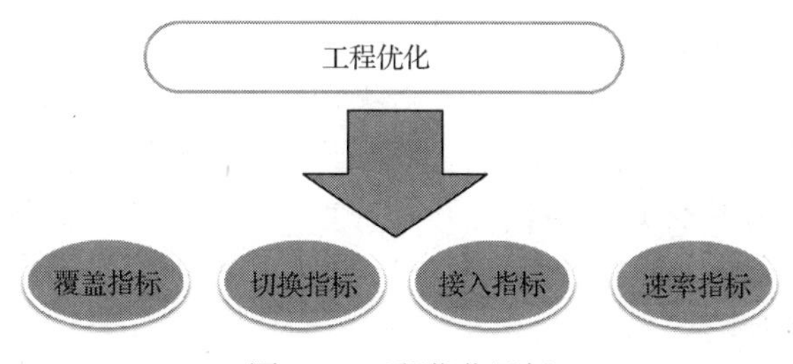

图 7.2　工程优化目标

5G 无线网络工程优化主要分为计划准备、单站优化验收、簇优化、区域优化、边界优化、全网优化、网络验收、报告提交等环节，如图 7.3 所示。

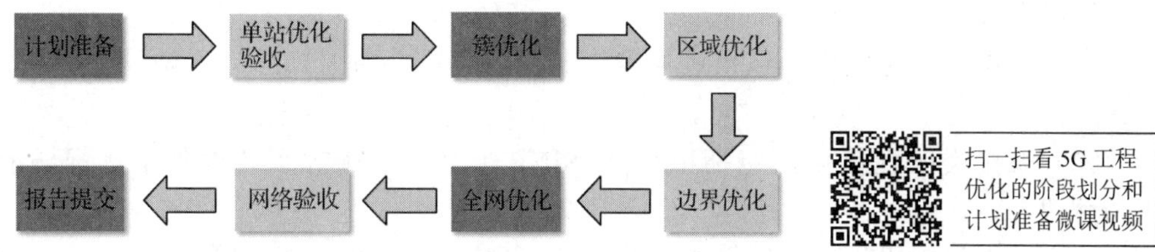

图 7.3　5G 无线网络工程优化流程

1）工程优化——计划准备

工程优化工作开始前，需要针对具体的网络规模、网络覆盖区域、基站建设计划、网络验收日期等制订详细的网络优化计划，包括测试工具、人力资源、车辆配置及网络的具体优化计划。

（1）网络规划信息数据：基站规划信息表（编号、MCC、MNC、TAC、经纬度、天线挂高、方位角、下倾角、发射功率、频率信息、PCI、ICIC、PRACH 等）、邻区关系表、仿真报告。

（2）人力资源、测试工具、车辆配置：包括电子地图、测试软件、测试终端、测试配套工具、测试内网服务器、测试车辆、网络优化人员、塔工等。

（3）电子地图：网络覆盖区域的 mapinfo 电子地图。

（4）站点区域划分图及验收路线图：根据具体的站点建设计划进行区域划分，一般 30 个站点左右划分为一个簇。

扫一扫看 5G 工程优化——单站验证微课视频

2）工程优化——单站优化验收

如图 7.4 所示，单站优化验收主要涉及站点状态核查、基础网规网络优化参数核查、测试前准备、现场功能业务测试验证、Log 问题分析处理和单站验收报告输出等环节。

站点状态检查	基础网规网络优化参数核查	测试前准备	现场功能业务测试验证	Log问题分析处理	单站验收报告输出
对已开通站点的运行状态及驻波情况进行核查，正常运行状态站点纳入单站优化测试计划	对照网规提供的规划数据表对各项网规参数配置进行核查修正，对基础网络优化参数进行配置核查	对站点规划数据表、电子地图、室分站点设计图纸、机房钥匙等其他需求进行提前准备	分为宏站测试和室分测试验证，包括站点物理信息采集，FTP、Ping、接入、切换等业务测试	对测试Log进行指标统计和分析，对其中影响验收指标的问题，制定优化解决方案，实施后复测验证	按照单验报告模板，对采集的物理信息、覆盖、事件等内容进行填写，完成验收报告输出

图 7.4　单站优化验收流程

扫一扫看 5G 工程优化——簇优化微课视频

3）工程优化——簇优化

簇优化启动前提：根据基站开通情况，对于密集城区和一般城区，选择开通基站数量大于 80%的簇进行优化；对于郊区和农村，只要开通的站点连线，即可开始簇优化。

簇优化工作内容：簇优化是网络优化开始的重要阶段，是后续区域、边界、全网优化的重要依托，包括过覆盖优化、重叠覆盖优化、导频污染优化、弱覆盖优化、SINR 优化、模拟加载业务性能优化等。

簇优化准备工作：在簇优化开始之前，除要确认基站已经开通外，还需要检查簇内所有基站是否存在影响业务的告警，确保优化的基站正常工作；还要与客户确认进行簇优化验收的测试路线。

簇优化重点内容如下：

（1）覆盖类问题优化，包括过覆盖、弱覆盖、重叠覆盖、导频污染等问题的分析优化和解决。

（2）干扰类问题优化，包括下行低 SINR、上行干扰等系统内外干扰问题的排查优化和解决。

（3）异常问题优化，包括接入失败、切换失败、掉话、时延不达标、低速率等各类影

响业务的异常事件的分析优化和解决。

簇优化验收涉及的内容如下：

（1）多轮簇优化。簇优化根据交付目标和网络实际情况，通常需要 1～3 次测试和优化过程，每一轮优化都要经历 DT 测试、Log 分析、优化方案输出、优化方案实施、优化效果验证、优化报告输出等步骤。

（2）簇优化验收。簇经过多轮优化指标达到验收水平后，与客户进行簇优化验收工作，对簇的各项验收指标和内容进行总结，输出簇优化验证报告，交由客户审核，审核通过后双方签字确认，分别入库存档。

簇边界优化注意事项：簇边界优化时，最好是相邻簇的人员组成一个网络优化小组对边界进行优化。在优化过程中，注意及时更新工程参数表和参数调整跟踪表，及时总结调整前后的对比报告。

扫一扫看 5G 工程优化——区域优化微课视频

4）工程优化——区域优化

区域优化启动前提：所划分区域内的各个簇优化工作结束后，进行整个区域的覆盖优化与业务优化工作。区域优化的重点是簇边界及一些盲点。

区域优化原则：先覆盖优化，再业务优化。区域优化流程和簇优化的流程完全相同。

扫一扫看 5G 工程优化——边界优化微课视频

5）工程优化——边界优化

边界优化启动前提：区域优化完成之后开始进行区域的边界优化。

边界优化内容：由相邻区域的网络优化工程师组成一个联合优化小组对边界进行覆盖优化和业务优化。边界优化流程和簇优化流程完全相同。

边界优化注意事项：当边界两边为不同厂家时，需要由两个厂家的工程师组成一个联合网络优化小组对边界进行覆盖优化和业务优化。在优化过程中，注意及时更新工程参数表和参数调整跟踪表，不同厂家时，要实现信息共享。

扫一扫看 5G 工程优化——全网优化微课视频

6）工程优化——全网优化

全网优化即针对整网进行整体的网络 DT 测试，整体了解网络的覆盖及业务情况，并针对客户提供的重点道路和重点区域进行覆盖优化和业务优化。全网优化流程和簇优化流程完全相同。

覆盖查漏补缺，重点区域和特殊场景异系统专题优化测试。

对于工程优化阶段引入的商用用户投诉类问题，要及时与用户沟通，结合问题情况，进行远程或现场测试分析优化，运用优化手段有针对性地加以解决，改善网络质量，提升用户感知，解决用户投诉问题。

扫一扫看日常运维优化微课视频

3. 5G 无线网络日常运维优化

工程优化验收完成后，网络会逐步进入商用维护阶段，日常运维优化主要从故障告警监控、KPI 性能监控、KPI 性能优化、例行测试优化、工参调整维护、参数核查优化等方面对网络性能质量进行全面的基础维护，保障网络质量稳定提升，满足网络用户需求，如图 7.5 所示。

日常运维优化
故障告警监控
KPI性能监控
KPI性能优化
例行测试优化
工参调整维护
参数核查优化

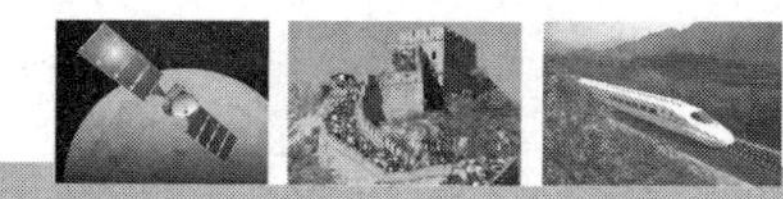

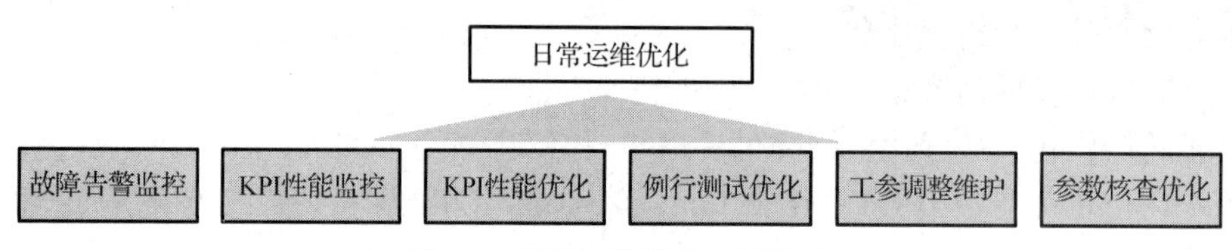

图 7.5　日常运维优化项目详情

1）故障告警监控

故障的监控内容较多，根据告警影响程度，从轻到重依次为轻微、普通、重要和严重。故障维护人员一般按照告警影响程度由重到轻的顺序进行处理，同时优先过滤对业务有影响的故障。如图 7.6 所示为故障告警监控流程。

此外，全网设备运维监控也可通过站点完好率和小区退服率等指标来分析，从宏观层面监控设备的运维状态。

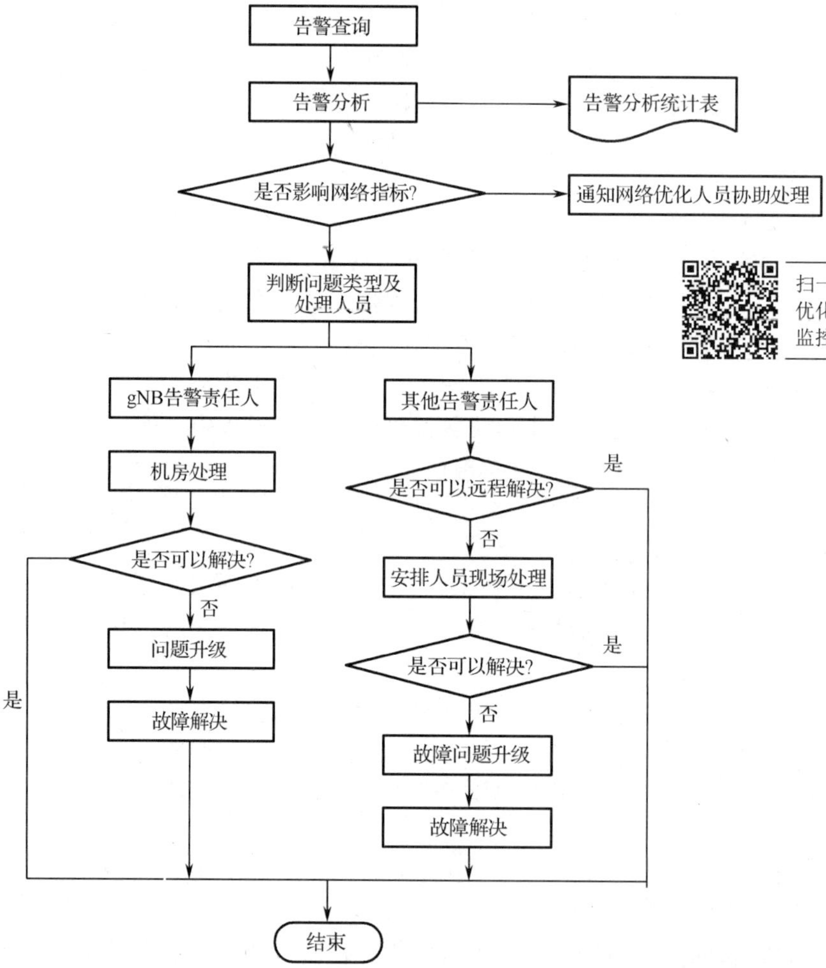

告警查询
告警分析
告警分析统计表
是否影响网络指标?
通知网络优化人员协助处理
判断问题类型及处理人员
gNB告警责任人
其他告警责任人
机房处理
是否可以解决?
是
否
问题升级
故障解决
是否可以远程解决?
是
否
安排人员现场处理
是否可以解决?
是
否
故障问题升级
故障解决
结束

图 7.6　故障告警监控流程

扫一扫看日常运维优化——故障告警监控微课视频

扫一扫看日常运维优化——KPI 性能监控微课视频

2）KPI 性能监控

KPI 性能监控根据触发来源的不同，主要分为日常 KPI 性能监控、参数修改 KPI 监

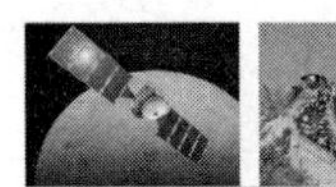

控、版本升级KPI监控等类型，如图7.7所示。

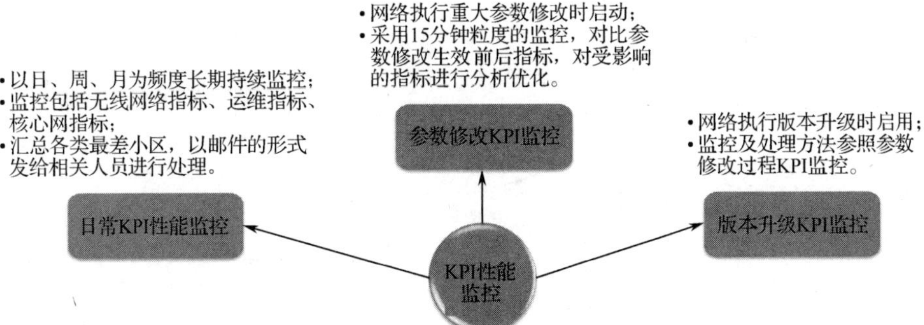

图7.7　KPI性能监控类型

（1）日常KPI性能监控。如图7.8所示为日常KPI性能监控流程，日常KPI性能监控主要是为了发现前一天或今天影响网络指标的最坏小区，并按照一定的规则筛选出最坏小区。

- 统计时间粒度：1天（24小时）。
- 统计类别：小区级。
- 统计频率：每天一次。

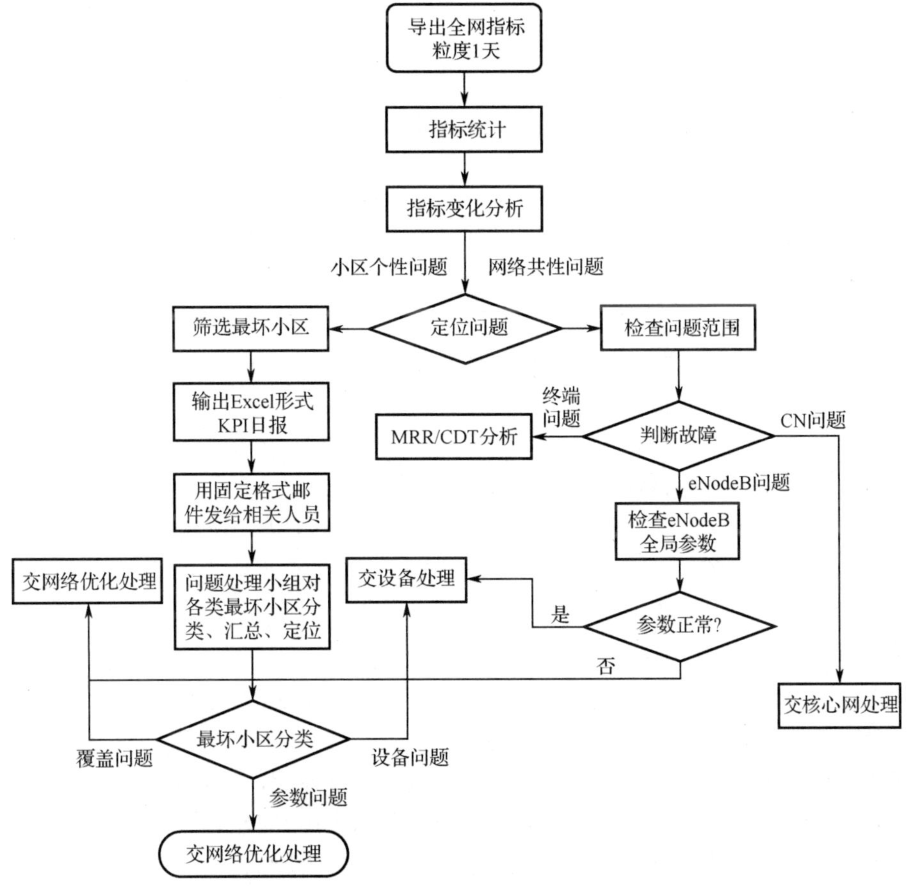

图7.8　日常KPI性能监控流程

（2）参数修改 KPI 监控。如图 7.9 所示为参数修改 KPI 监控流程。

- 统计类别：gNodeB 级。
- 统计频率：15 分钟一次。

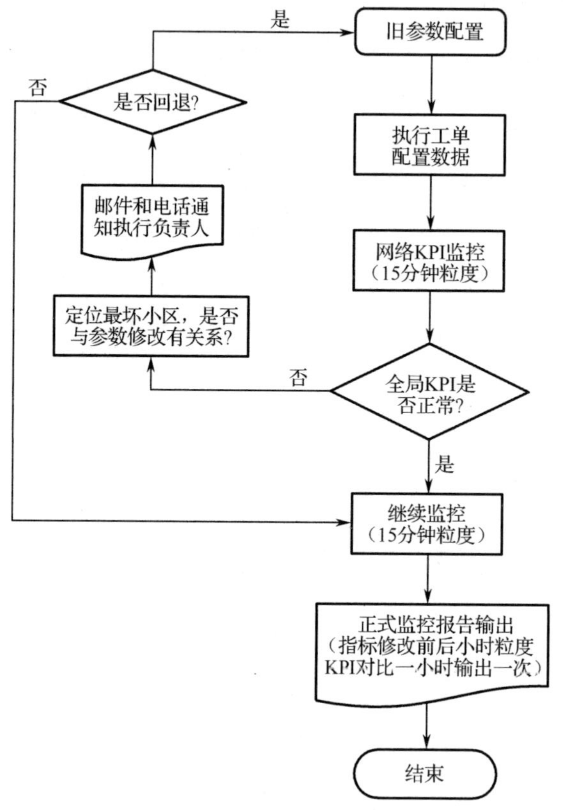

图 7.9　参数修改 KPI 监控流程

对比法分析：参数修改生效后一天的数据与前一天工作日数据的对比（不能与周末对比）；或者与上周同一时间段对比。如果发现指标恶化及时进行预警，并找出最坏小区，定位问题原因，决定是否回退。

实时监控分析：规定好指标衡量的标准，如果发现某个 gNodeB 指标超出标准，马上预警，并找出最坏小区，定位问题原因，决定是否回退。

对于 CQT 或 DT 数据，可在参数修改完后安排相应人员进行测试。

（3）版本升级 KPI 监控。如图 7.10 所示为版本升级 KPI 监控流程。

- 统计类别：gNodeB 级。
- 统计频率：15 分钟一次。

对比法分析：版本升级后一天的数据与前一天工作日数据的对比（不能与周末对比）；或者与上周同一时间段对比，如本周一与上周一对比，本周二与上周二对比，以此类推。如果发现指标恶化马上预警，并找出最坏小区，定位问题原因，决定是否回退。

实时监控分析：规定好指标衡量的标准，如果发现版本升级后某个 gNodeB 指标超出标准，马上预警，并找出最坏小区，定位问题原因，决定是否回退。

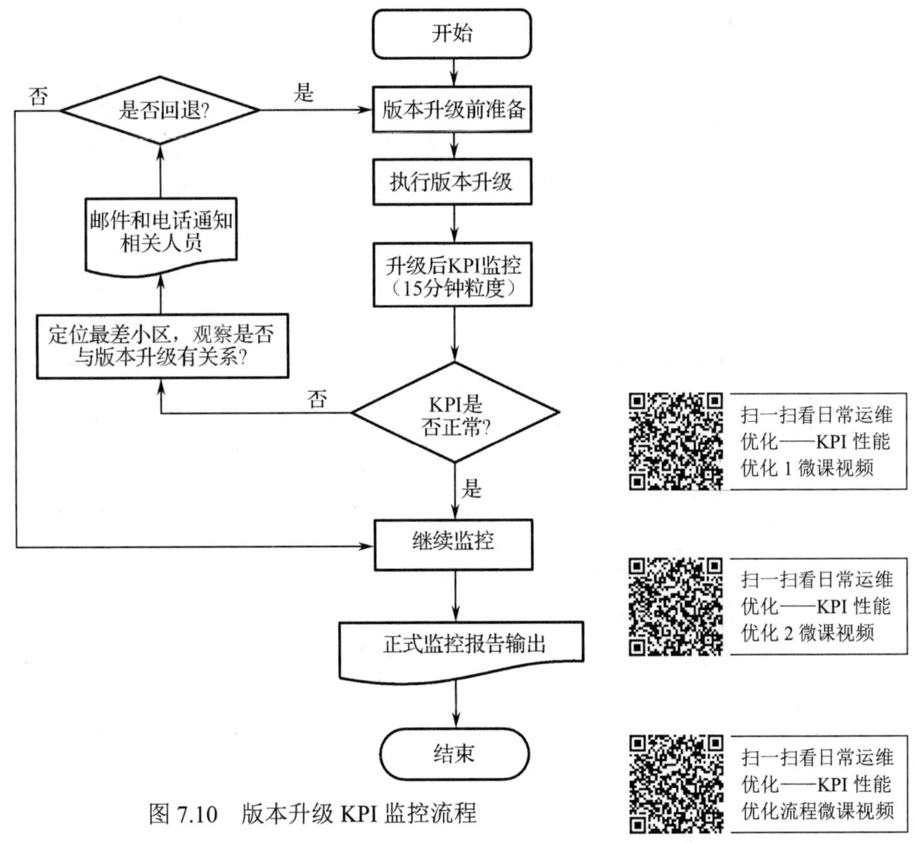

图 7.10　版本升级 KPI 监控流程

扫一扫看日常运维优化——KPI 性能优化 1 微课视频

扫一扫看日常运维优化——KPI 性能优化 2 微课视频

扫一扫看日常运维优化——KPI 性能优化流程微课视频

对于 CQT 或 DT 数据，可在版本升级后安排相应人员进行测试。

3）KPI 性能优化

如图 7.11 所示，NR 日常网络优化中通常关注的 KPI 指标有保持性指标、接入类指标、移动性指标、资源类指标、系统容量类指标及覆盖干扰类指标。

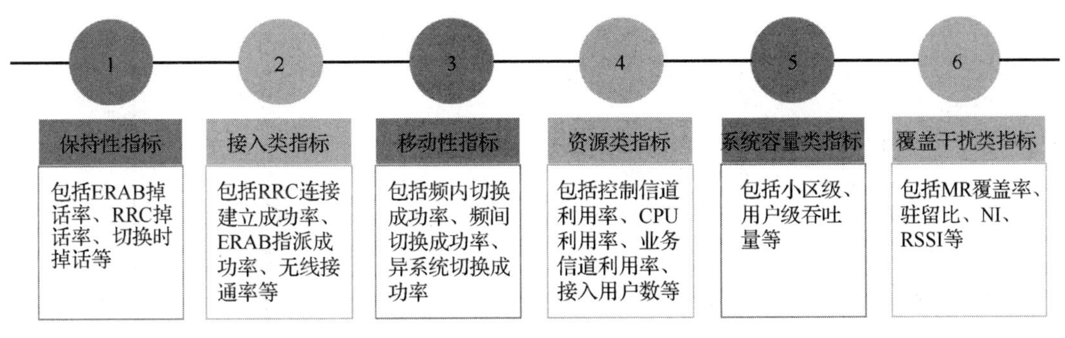

图 7.11　5G KPI 指标优化关键项目

KPI 性能优化方法主要有 TOP *N* 最坏小区法、时间趋势图法、区域定位法和对比法。如图 7.12 所示为 KPI 性能优化的工作流程。

（1）TOP *N* 最坏小区法是按照所关注的话务统计通知，根据需要取忙时平均值或全天平均值，找出最差的 *N* 个小区作为故障分析和优化的重点。

（2）时间趋势图法是话务分析的常用方法，工程师可以按小时、天或周做出全网、簇或单个小区的指标变化趋势图，从而发现规律。

（3）区域定位法是指由于某些区域的指标变差，从而影响全网的性能指标，可在地图上标出网络性能前后变化最大的站点，围绕问题区域重点分析。

（4）对比法是指一项话务统计指标往往受多方面因素的影响，某些方面改变，其他方面可能没有变化，可以适当选择比较对象，分析问题产生的原因。

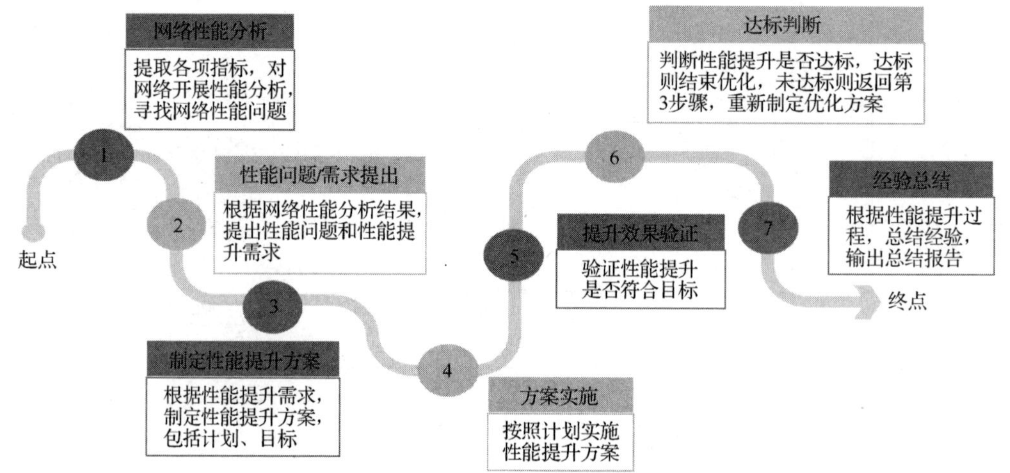

图 7.12　KPI 性能优化的工作流程

扫一扫看日常运维优化——例行测试优化微课视频

4）例行测试优化

测试优化的工作内容：借助 DT 测试、扫频测试或 CQT 测试来进行，通过 ATU、扫频仪等路测工具和软件来记录指定道路或区域的信号情况。

测试优化分析方法：对通过扫频仪或测试终端采集到的网络数据进行地理化分析，可以在地图上直观看到当前网络的信号强度与信号质量、各基站分布及小区覆盖范围、干扰及信号污染等信息。对于异常事件可以利用路测专用优化分析软件提供的数据回放及查询统计功能进行进一步分析。

覆盖类问题分析主要有覆盖合理性分析定位、信号污染现场判断、弱覆盖、邻区关系、SINR 异常等。

异常事件类分析主要关注的问题方面有语音掉话问题、语音呼叫异常问题、时延不达标问题、接入异常事件、掉线问题、切换失败问题、上下行速率异常问题等。

扫一扫看日常运维优化——工参调整维护微课视频

5）工参调整维护

准确完整的工参信息是网优工程师针对网络问题制定优化调整方案的基础，及时更新完善工参可以大幅提升网络优化的工作效率，加快问题解决进度。通过工参调整维护，保证工参准确。

工参调整维护功能内容主要涉及基站经纬度、天线挂高、天线方位角、天线下倾角、天线波瓣宽度等。这些参数对覆盖、切换、接入、寻呼等多个方面网络质量产生影响，进一步影响 KPI 指标，核查验证完成后需要更新工参表。

6）参数核查优化

基础参数核查：对全网 PCI、PRACH、同频同 PCI、异频/系统间邻区、TA 合理性等基础参数按照配置原则进行周期性核查优化。

扫一扫看日常运维优化——参数核查优化微课视频

参数优化调整原则如下：

（1）优先通过前台物理工程参数调整来解决问题。

（2）当物理工程参数无法达到解决问题的效果时，采用前后台参数配合调整。

（3）后台参数尽量在规范范围内调整，如果单一参数调整无法解决，可采用多参数联动调整方式。

（4）参数调整要全面考虑，避免顾此失彼，尤其是互操作相关参数，需要整体协调配置修改。

（5）所有参数调整务必做好备份和效果验证。

扫一扫看 5G NR 现阶段优化工作内容微课视频

4. 5G NR 现阶段优化工作

5G NR 现阶段优化工作主要涉及基础覆盖干扰调整、参数配置优化和信道覆盖增强技术应用。如图 7.13 所示为现阶段 5G 测试工具。

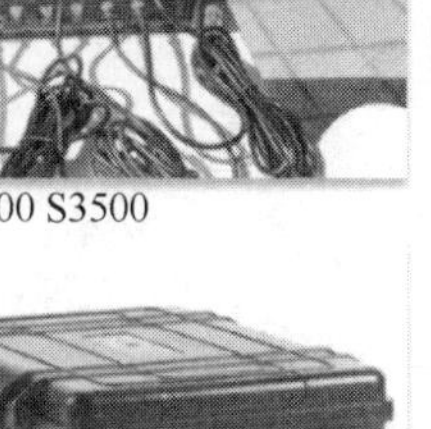

图 7.13　现阶段 5G 测试工具

目前，测试用的终端是 CPE 500，共 8 个端口，4T8R。上行每一发的功率是 20 dBm，4 发总功率为 26 dBm。

如图 7.14 所示为 LMT 测试软件界面。

NetArtist CXT CXA 是中兴网鲲信息科技（上海）有限公司自主研发的无线网络优化测试软件，如图 7.15 所示。

其功能如下：

（1）需要与 LMT 同步绑定连接 CPE 才能使用。

（2）支持服务小区 PCI/CellID/RSRP/SINR/吞吐率等基础信息地理化呈现、表格显示、chart 图表呈现。

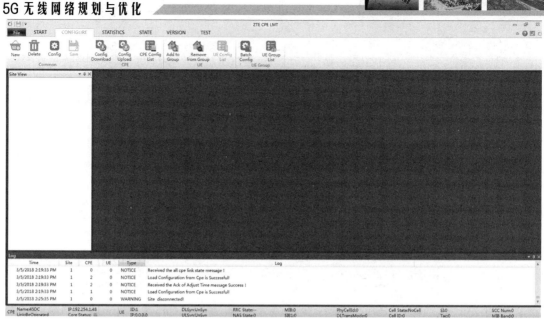

图 7.14　LMT 测试软件界面

（3）支持邻区 CellID/RSRP 等基本信息显示。

（4）信令显示基本功能暂不具备。

（5）服务小区飞线功能暂不具备，LTE 版本的其他功能暂不具备。

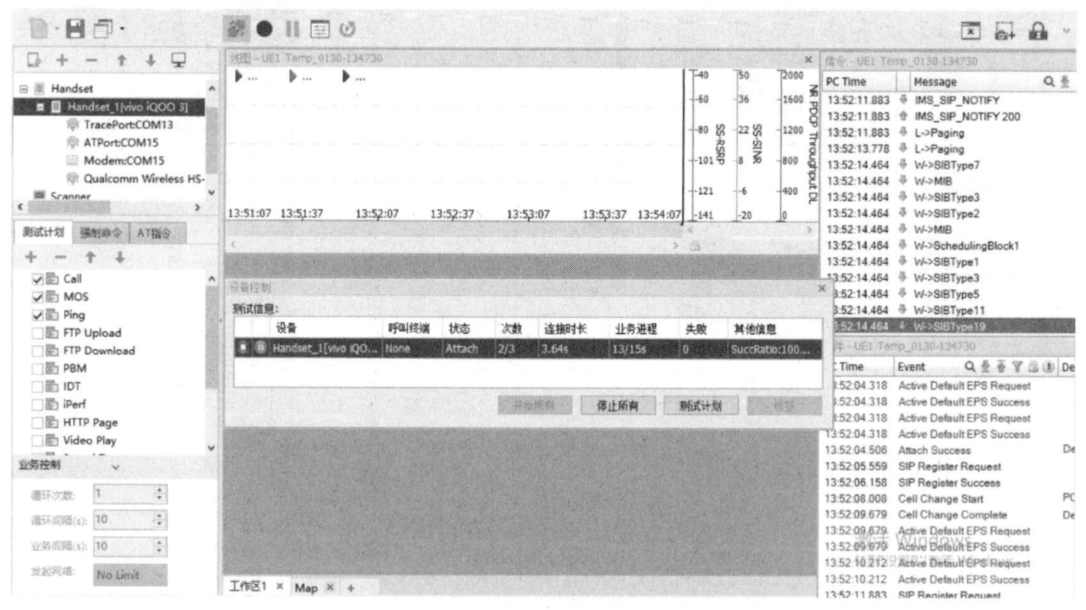

图 7.15　NetArist CXT CXA 测试软件界面

CXA 现有功能与 CXT 呈现内容基本类似，仅能满足基本数据呈现，测试采样点数据可导出 CSV。

5G NR 网管 UME 进行了重大变革，采用浏览器方式进行访问，基于用户名和密码登录，不需要再安装庞大的客户端。

5. 5G NR 基本信令流程

如图 7.16 所示为多种 4G/5G 融合网络部署方式。

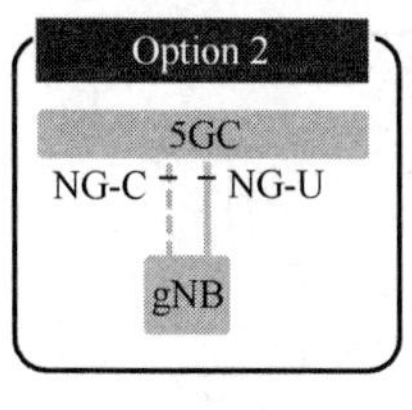

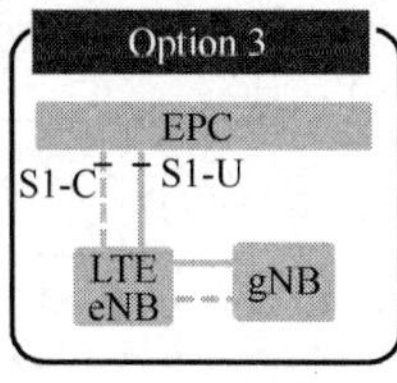

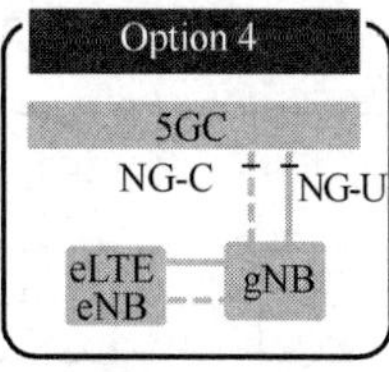

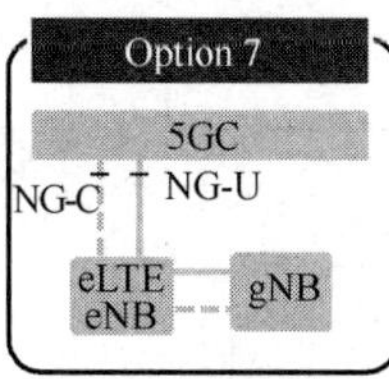

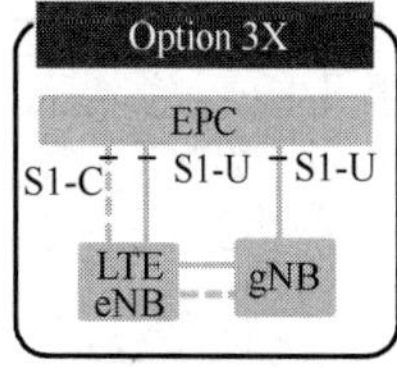

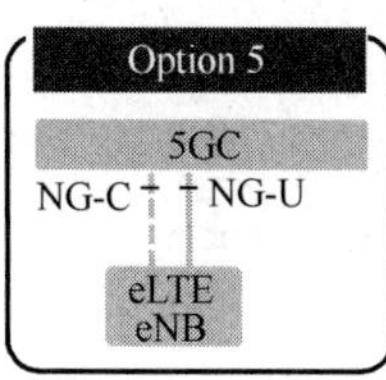

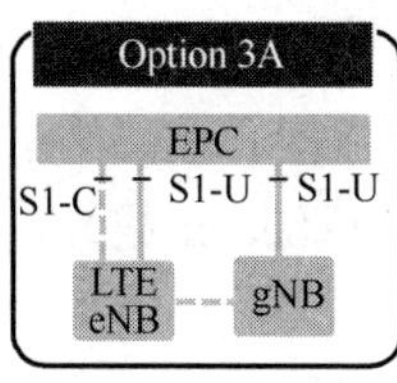

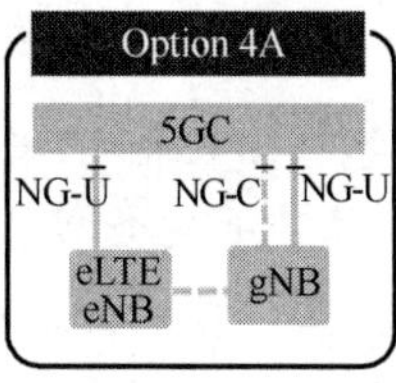

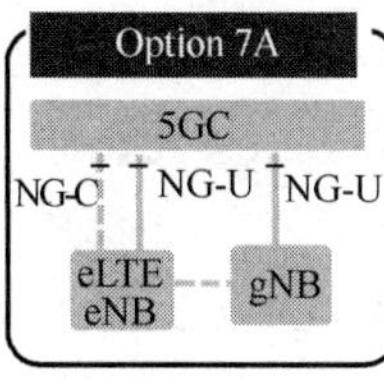

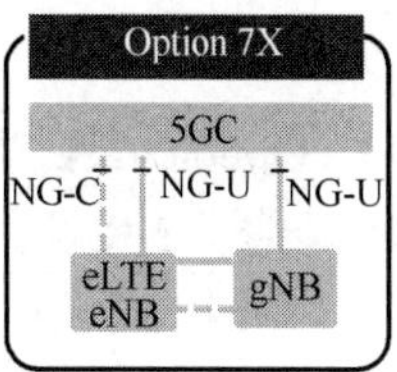

图 7.16　多种 4G/5G 融合网络部署方式

5G 组网方式有两种：Stand Alone（SA）和 Non-Stand Alone（NSA）。

（1）Stand Alone（SA）：独立组网，是指不依靠其他网络，自己单独成一张网络。即 5G 的终端接入 5G 的基站 gNB，再接入 5G 的核心网 5GC，通过 5G 的网络设备就可以提供用户互联网服务。典型的部署方式是 Option2、Option5。

（2）Non-Stand Alone（NSA）：非独立组网，是指 5G 的 gNB 自己单独无法组成一张完整的网络，需要依靠 4G 制式的设备来辅助，才能组成一张完整的网络，从而给用户提供互联网服务。

连接管理是指 UE 与 AMF（Access and Mobility Management Function）之间的连通性管理，包括：

（1）建立 UE 与 gNB 及 AMF 之间的连接。

（2）在业务完成后释放该连接。

连接管理是网络的基本功能，是 UE 接入网络和建立业务承载的必要前提，连接管理过程主要由系统广播消息发送、随机接入、信令连接建立、无线承载建立等几部分组成。

MR-DC（4G/5G 双连接）是一个具备多个收发单元的 UE，可以配置成同时利用两个不同调度器的无线资源。两个调度器分别提供 LTE 接入和 NR 接入。一个调度器位于 MN 上，另一个调度器位于 SN 上。MN 和 SN 间通过网络接口连接。MN 和 SN 至少一个接入核心网（EPC 或 5GC）。双连接的组网方式包括 Option3、Option4、Option7，同时也引入 3A、4A、7A 和 3X、7X 方式。

5G 双连接基本信令过程是 UE 级别的，用于实现双连接的添加、释放、修改、切换等作用，主要包括以下流程。

（1）Secondary Node Addition：添加 SN 节点，完成双连接的建立。

（2）Secondary Node Release：释放 SN 节点。

（3）Secondary Node Change（MN/SN initiated）：辅节点改变，就是换一个辅节点。

（4）Inter-Master Node Handover with/without Secondary Node Change：主节点改变，需要切换手段进行。

1）Option3/3A/3X

Option3/3A/3X 拓扑图如图 7.17 所示。

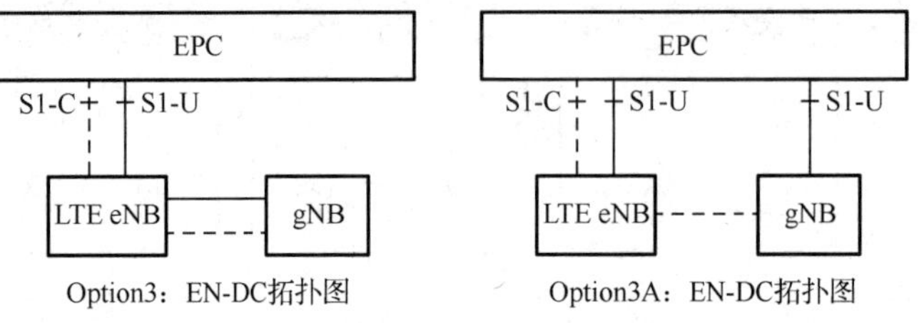

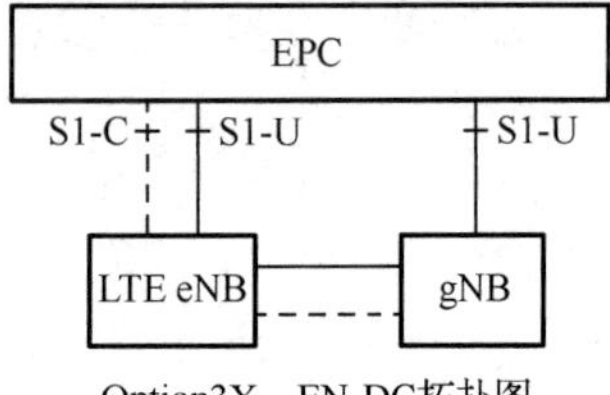

图 7.17　Option3/3A/3X 拓扑图

Option3/3A/3X 系列双连接特点：连接 EPC+eNB 作为 MN，EPC+gNB 作为 SN，在 EN-DC 场景，NR 侧只支持建立一条承载，其中承载类型是 SCG bearer 或 SCG Split bearer。

如图 7.18 所示为 Option3/3A 协议栈图，特点如下：

（1）eNB 作为 MN，即密钥使用 EPC 通过 S1 口传给 eNB。

（2）Option3，eNB 上的承载分裂，称为 MCG Split bearer。

（3）Option3A，在 gNB 上建立 SCG bearer，承载不分裂。

（4）Xx 接口现明确为 X2 接口。

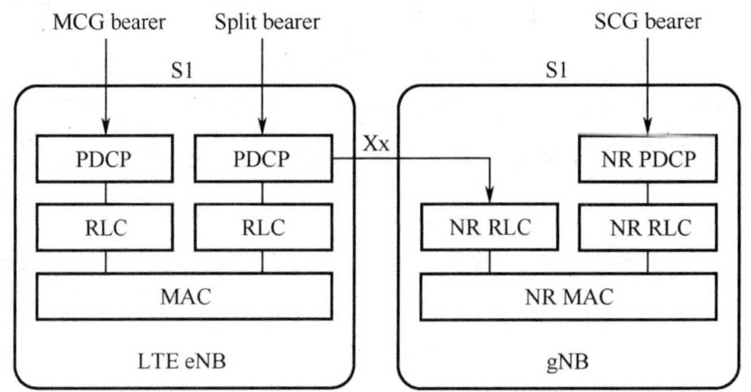

图 7.18　Option3/3A 协议栈图

如图 7.19 所示为 Option3X 协议栈图，特点如下：

（1）eNB 作为 MN，即密钥使用 EPC 通过 S1 口传给 eNB。

（2）Option3X，gNB 上的承载分裂，称为 SCG Split bearer。

（3）Xx 接口已经明确为 X2 接口。

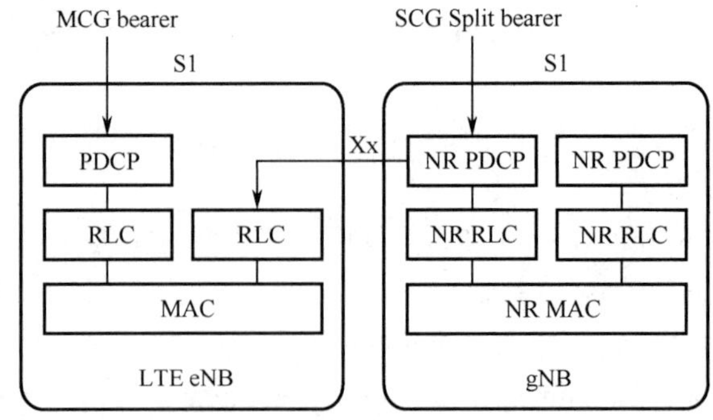

图 7.19　Option3X 协议栈图

Split bearer 为一条承载可同时通过 LTE eNB 和 eNB（PDCP）-gNB（RLC MAC）两条路径传输数据。

2）Option4/4A

Option4/4A 拓扑图如图 7.20 所示。

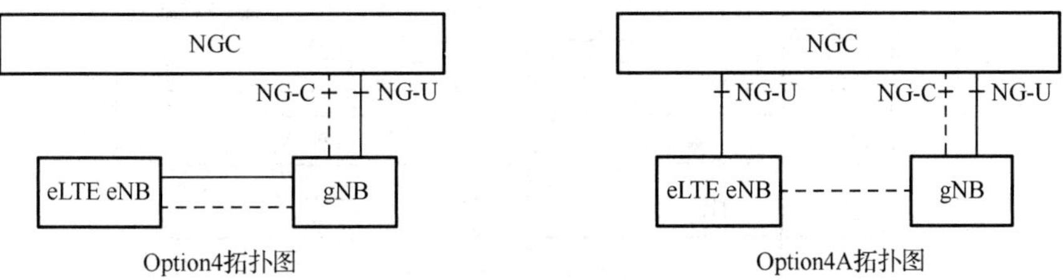

图 7.20　Option4/4A 拓扑图

eLTE eNB 又称为 ng-eNB；ng-eNB 和 gNB 之间为 Xn 接口

如图 7.21 所示为 Option4/4A 协议栈图，特点如下：

（1）gNB 作为 MN，即密钥使用 5GC 通过 NG 口传给 gNB。

（2）Option4，gNB 上的承载分裂，称为 MCG Split bearer 或总称 Split bearer。

（3）Option4A，在 ng-eNB 上建有 SCG bearer。

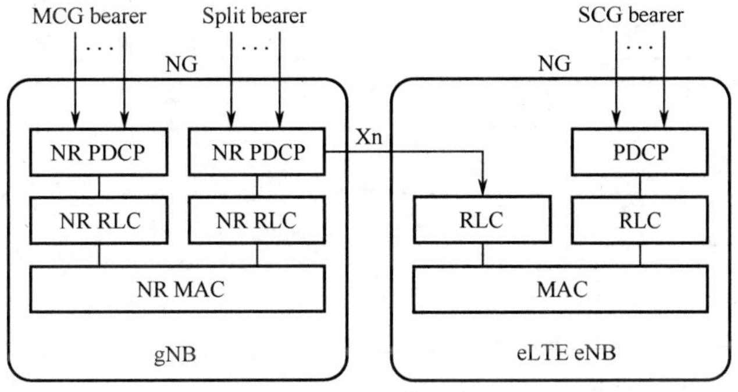

图 7.21　Option4/4A 协议栈图

3）Option7/7A/7X

Option7/7A/7X 拓扑图如图 7.22 所示。

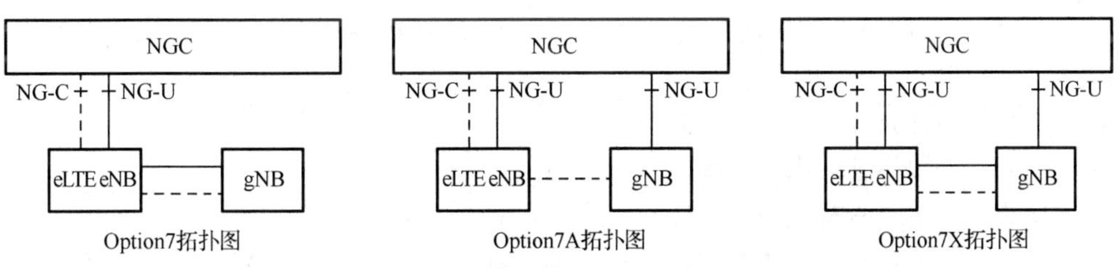

图 7.22　Option7/7A/7X 拓扑图

如图 7.23 所示为 Option7/7A 协议栈图，特点如下：

（1）ng-eNB（eLTE eNB）作为 MN，即密钥使用 5GC 通过 NG 口传给 ng-eNB。

（2）Option7，ng-eNB 上的承载分裂，称为 MCG Split bearer 或总称 Split bearer。

（3）Option7A，在 gNB 上建有 SCG bearer。

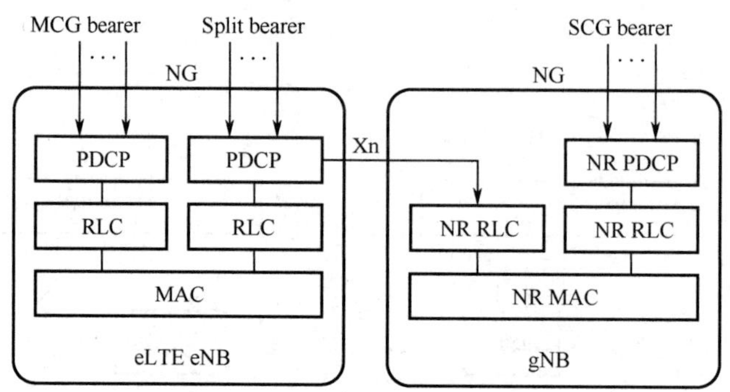

图 7.23　Option7/7A 协议栈图

如图 7.24 所示为 Option7X 协议栈图，特点为：Option7X，gNB 上的承载分裂，称为 SCG Split bearer。

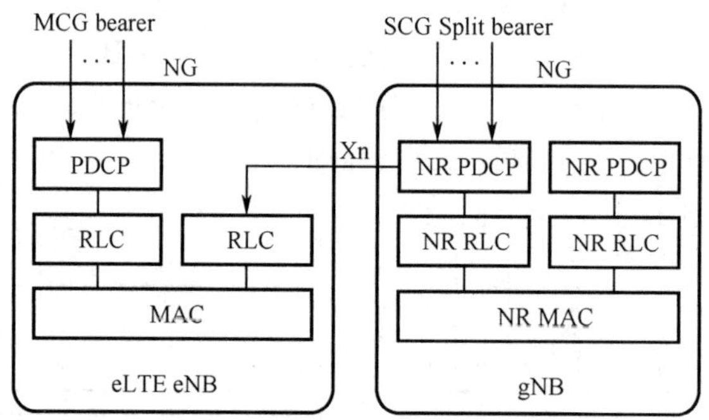

图 7.24　Option7X 协议栈图

4）NSA 连接态移动性

NSA 连接态移动性可分为 LTE 系统内移动性和 NR 系统内移动性。

LTE 系统内移动性：UE 在移动过程中触发 MN 切换，源 MN 要先释放 SN，UE 从 eNB1 切换到 eNB2 后，在 eNB2 下发 B1 测量，由 B1 测量报告触发 SN 添加，建立双连接。

NR 系统内移动性：UE 在 NR 服务区内部移动时，由于覆盖原因，检测到了更好的邻区，将发生 Pscell 切换，如果切换的目标 Pscell 在本 gNB 内称为 Pscell 变更；如果目标 Pscell 在另一 gNB 则称为 SN 变更。

● SgNB 节点添加

如图 7.25 所示，SgNB 节点的添加步骤如下：

（1）MeNB 与 SgNB 建立 X2 连接。

（2）UE 附着到主节点 MeNB 网络和核心网 EPC，并建立业务承载。

（3）MeNB 给 UE 下发 NR 测量配置（B1 事件）。

（4）满足 B1 门限，UE 上报测量报告。

（5）MeNB 判决为添加 SgNB，向 SgNB 发送 SgNB Addition Request。

（6）SgNB 进行 Pscell 候选小区选择和接纳控制，接纳成功回复 SgNB Addition Request

Acknowledge，携带 SN RRC Connection Reconfiguration 消息，经 MeNB 传给 UE。

（7）MeNB 收到 RRC 重配完成消息后，通知 SgNB 完成对 UE 的空口配置，SgNB 收到后激活配置，并完成 SgNB 添加过程。

（8）完成添加 SgNB 后，SgNB 侧的 Pscell 小区通过 SRB3 下发测量重配消息，携带 A2 事件。

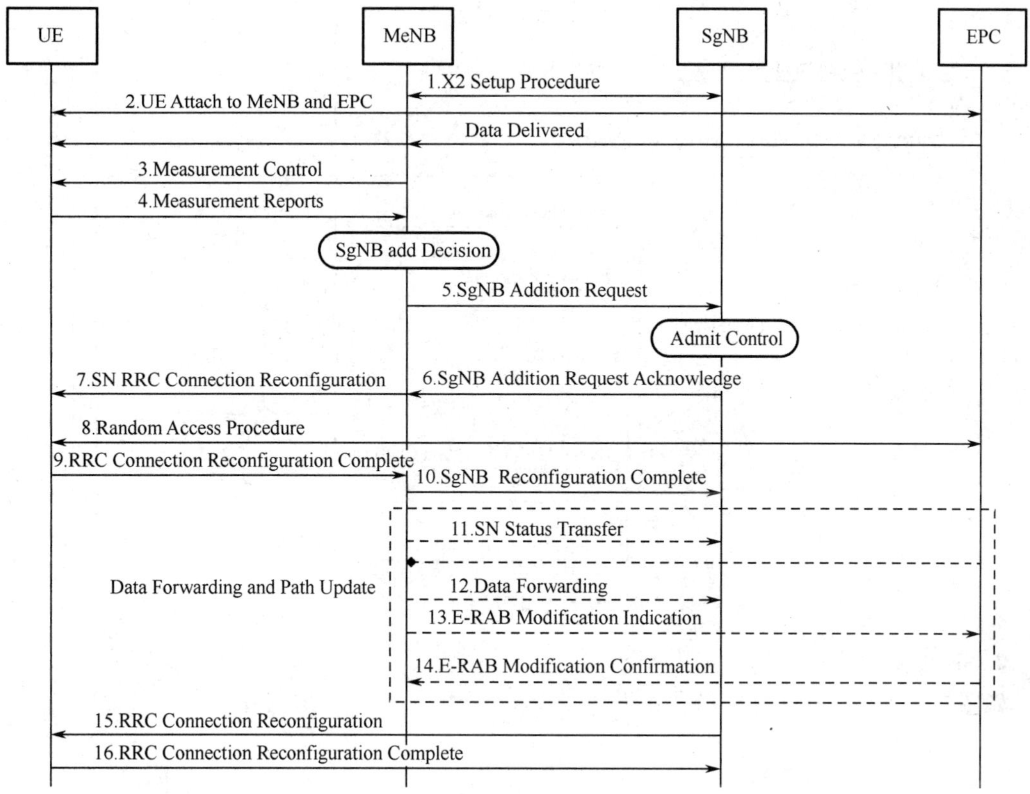

图 7.25 SgNB 节点添加

在 EN-DC 场景下 NR 侧不支持竞争接入。

- SgNB 触发的 SgNB 释放

如图 7.26 所示，SgNB 触发的 SgNB 释放步骤如下：

（1）空口质量变化，满足 A2 事件，UE 通过 SRB3 向 SgNB 小区发送测量报告。

（2）SgNB 向 MeNB 发送 SgNB Release Required 消息，触发 SgNB 释放流程。

（3）MeNB 给 SgNB 回复 SgNB Release Confirm，确认 SgNB 释放流程，SgNB 进行释放准备。

（4）MeNB 给 UE 下发重配消息 RRC Connection Reconfiguration，携带 SCG RELEASE 信元。UE 回复 RRC Connection Reconfiguration Complete。

（5）MeNB 给 SgNB 发送 UE Context Release，SgNB 收到该消息后，进行本地资源释放，完成 SgNB 释放过程，最终承载迁回 MeNB 网络。

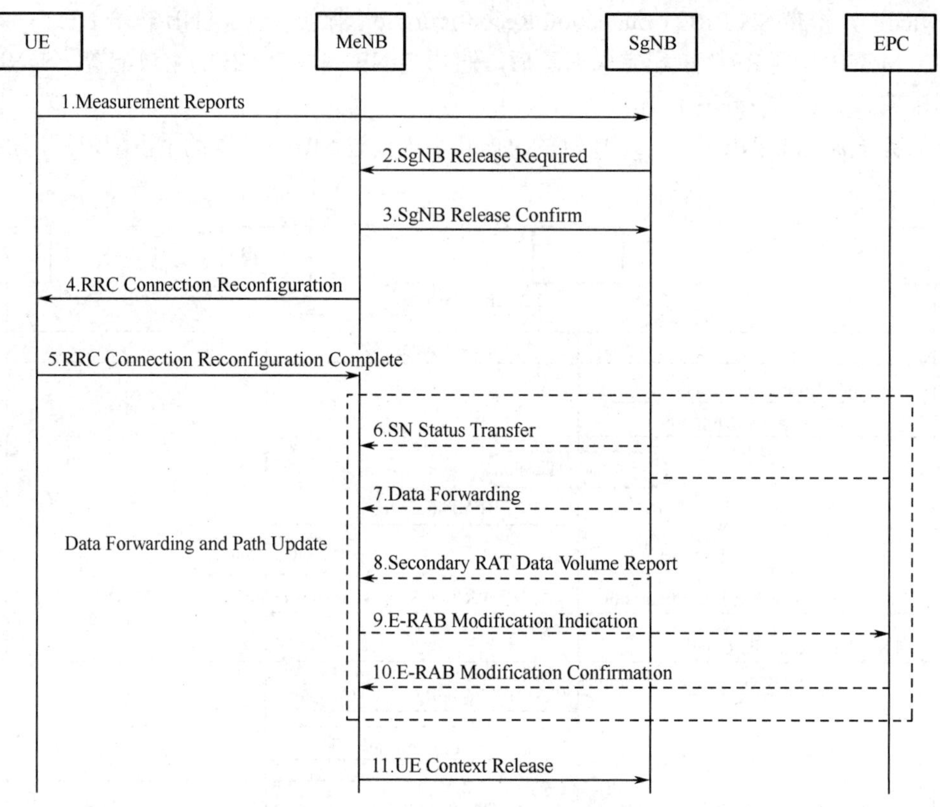

图 7.26　SgNB 触发的 SgNB 释放

- SN 变更流程

如图 7.27 所示，SN 变更步骤如下：

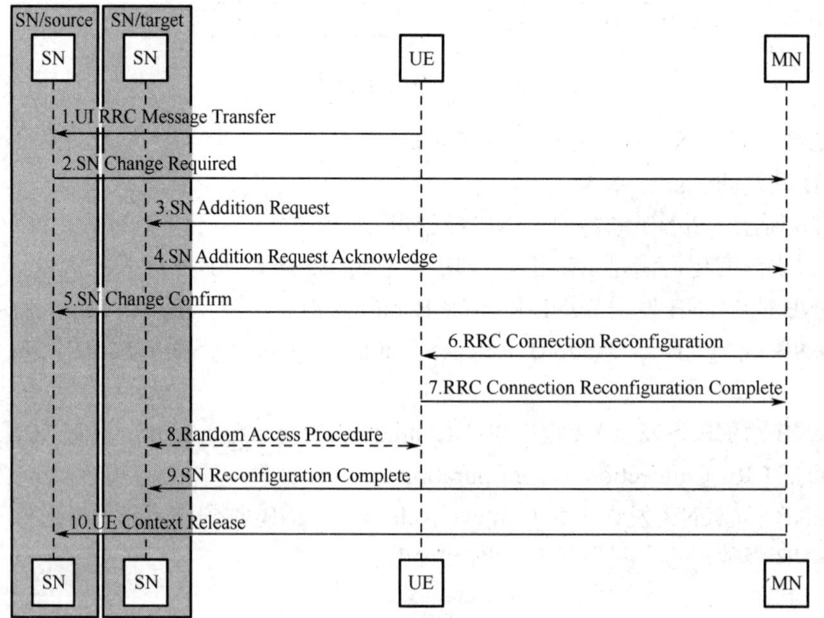

图 7.27　SN 变更流程

（1）UE 通过 UI RRC Message Transfer 消息向源侧 SN 上报 A3 测量报告。

（2）源侧 SN 根据测量结果做出 SN 变更判决，通过 X2 口向 MN 发送 SN Change Required，发起 SN 变更。

（3）MN 向目标 SN 发起增加过程。

（4）目标 SN 完成增加准备后，给 MN 回复确认消息。

（5）MN 给源 SN 发送确认变更消息。

（6）MN 给 UE 发送 RRC 重配消息，进行空口重配。

（7）UE 收到 RRC 重配消息后，删除源侧 SN 配置，建立目标侧 SN 配置，并回复 RRC 重配完成消息。

（8）UE 在目标侧 SN 进行非竞争的随机接入，同步到目标侧 SN。

（9）MN 给目标 SN 发送 SN Reconfiguration Complete，生效目标 SN。

（10）MN 给源侧 SN 发送 UE Context Release，释放源侧 SN 资源。

● Pscell 变更流程

如图 7.28 所示，Pscell 变更流程如下：

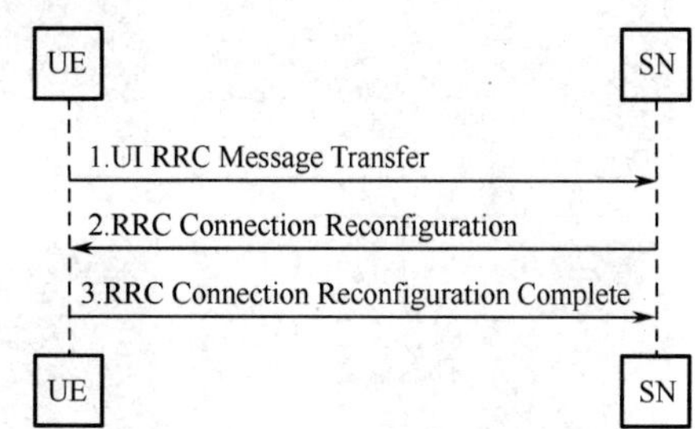

图 7.28　Pscell 变更流程

（1）UE 通过 UI RRC Message Transfer 消息向源侧 SN 上报 A3 测量报告。

（2）SN 根据测量结果做出 Pscell 变更判决，SN 建立目标小区资源，然后下发 RRC Connection Reconfiguration 消息进行空口重配。

（3）UE 收到 RRC 重配消息后删除源小区配置，建立目标小区配置，并回复 RRC 重配完成消息。

（4）SN 收到 RRC Connection Reconfiguration Complete 消息后删除源小区配置，生效目标小区配置。

6. 5G NR 实验网测试优化

1）5G NR 业务测试站点选择原则

（1）覆盖测试站点选择原则：

● 优先选择开阔区无遮挡的郊区。
● 能满足纵向横向拉远需求。
● 有合适建筑物方便室内覆盖。
● 有共站 4G 站点方便进行对比业务测试。

（2）吞吐量测试站点选择原则：

● 纵向开阔、横向有建筑反射场景。
● 周边建筑有垂直楼层测试场所。
● 主方向没有遮挡。
● 可以与覆盖测试同站。

（3）组网测试站点选择原则：

● 站点高度和间距适中。
● 网络拓扑相对合理。

- 站点物业方便优化调整。
- 所有站点道路可遍历测试。
- 存在环形测试路线更佳。

2）测试实例

在相同的工参和考虑实际终端能力的公平前提下，NR 3.5 GHz 与 LTE 2.6 GHz UL 覆盖外场对比测试结果如图 7.29 所示。测试结果表明：对所有覆盖分布的测试点都进行了验证，NR 3.5 GHz UL 覆盖普遍好于 LTE 2.6 GHz。相比极弱场硬穿透性能，其他中远场位置有明显较高增益，尤其是绕射、反射丰富的场景可以共站部署。

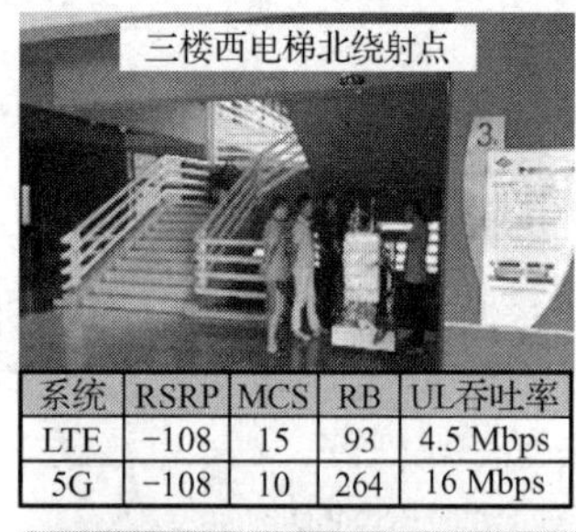

系统	RSRP	MCS	RB	UL吞吐率
LTE	−108	15	93	4.5 Mbps
5G	−108	10	264	16 Mbps

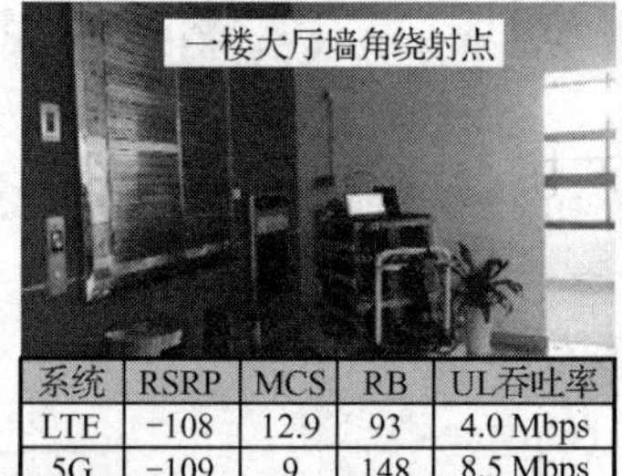

系统	RSRP	MCS	RB	UL吞吐率
LTE	−108	12.9	93	4.0 Mbps
5G	−109	9	148	8.5 Mbps

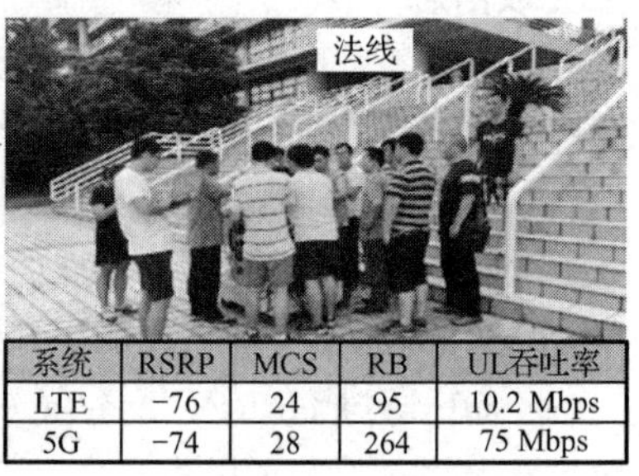

系统	RSRP	MCS	RB	UL吞吐率
LTE	−76	24	95	10.2 Mbps
5G	−74	28	264	75 Mbps

系统	RSRP	MCS	RB	UL吞吐率
LTE	−111	11	92	3.4 Mbps
5G	−110	10	200	14.8 Mbps

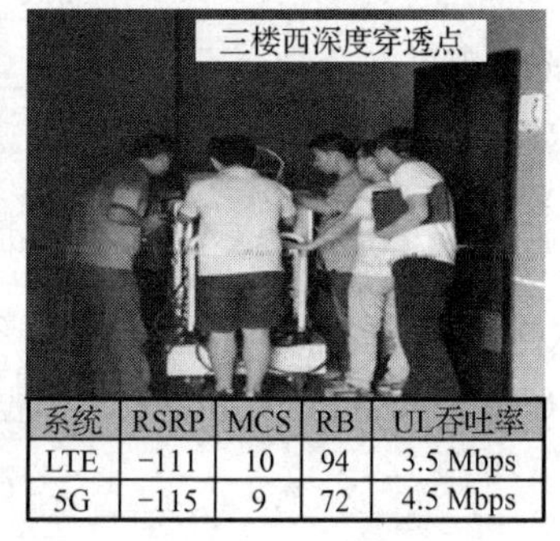

系统	RSRP	MCS	RB	UL吞吐率
LTE	−111	10	94	3.5 Mbps
5G	−115	9	72	4.5 Mbps

图 7.29　NR 3.5 GHz 与 LTE 2.6 GHz UL 覆盖外场对比测试结果

在相同的工参和考虑实际终端能力的公平前提下，NR 3.5 GHz 与 LTE 1.8 GHz UL 覆盖对比室外覆盖室内测试结果如图 7.30 所示。

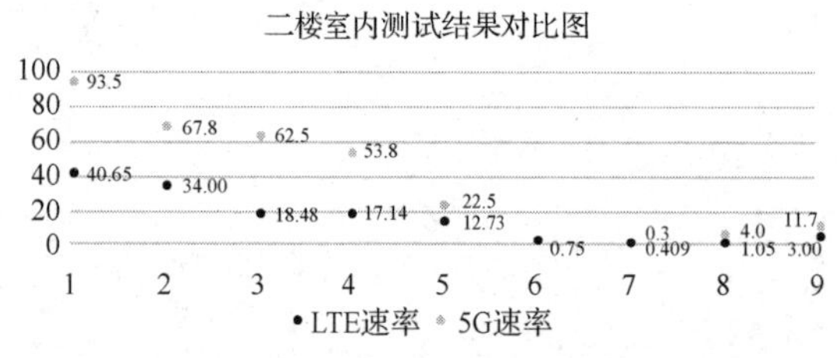

图 7.30　NR 3.5 GHz 与 LTE 1.8 GHz UL 覆盖对比室外覆盖室内测试结果

室外覆盖室内测试表明 NR 3.5G 的上行吞吐量普遍好于 FDD LTE 1.8G (2R)。

（1）用户面时延定义。如图 7.31 所示为 5G 时延测试示意图，可知单向用户面时延计算公式为：

$$L = \frac{L_1 - L_2}{2}$$

L_1：测试 PC 发往 5G UE Ping 报文，5G UE 将报文通过 5G NR 空口发给 5G gNB，再经过核心网转发给服务器，服务器收到 Echo Ping Request，给测试 PC 回复 Echo Ping Reply，测试 PC 收到 Echo Ping Reply，Ping 平均时延，记为 L_1。

L_2：5G gNB 连接的交换机端口镜像发送给抓包 PC，通过 Wireshark 软件抓取 GTPU 报文，并解释出 ICMP 报文，通过 Wireshark 统计 5G gNB 到服务器平均时延，记为 L_2。

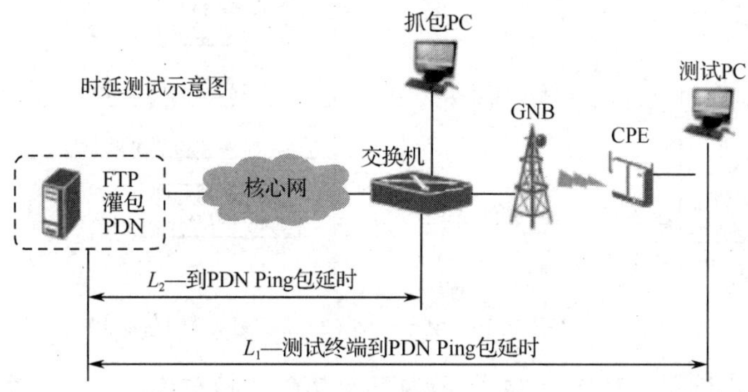

图 7.31 时延测试示意图

（2）控制面时延定义。Idle 态向 Connected 态转换时延，终端发出第一条随机接入 Preamble 至终端发出 RRC Connection Reconfiguration Complete 完成。

如图 7.32 所示，与 LTE 类似，UE 接入信令流程分解为三个阶段：RRC 建立过程、与核心网相关的交互消息和 RRC 重配建立 E-RAB 的过程。

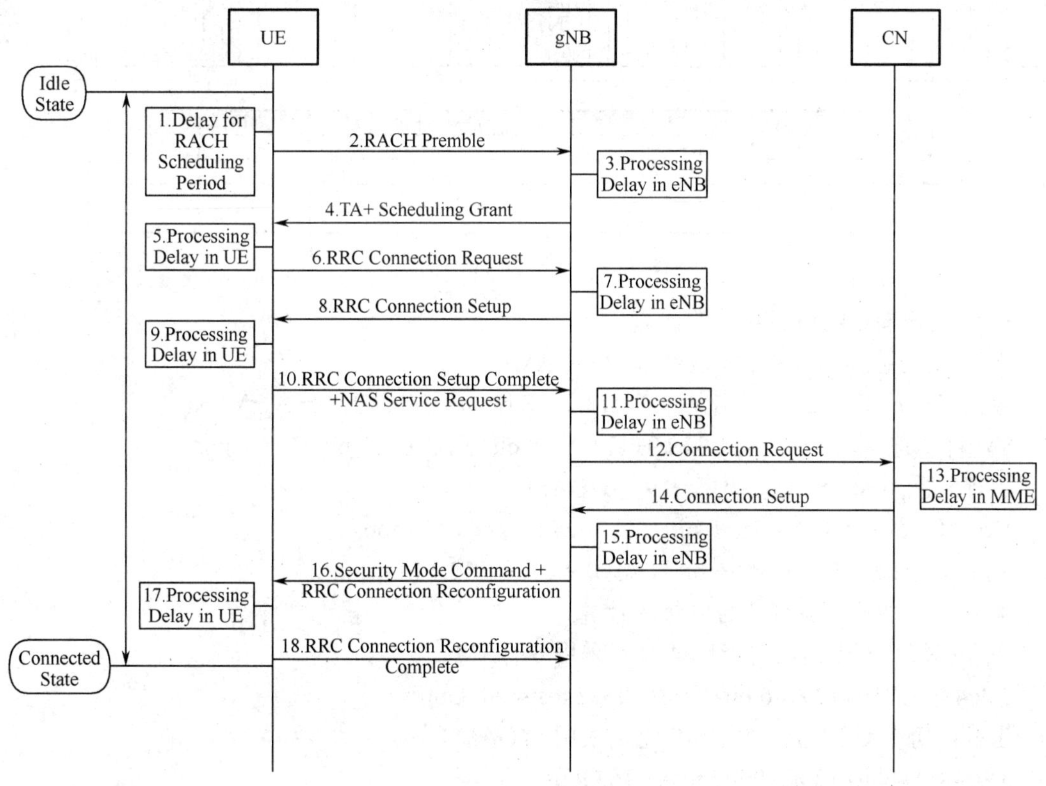

图 7.32 UE 接入信令流程

如图 7.33 所示为 UE 从 Inactive 态向 Connected 态转换时延。

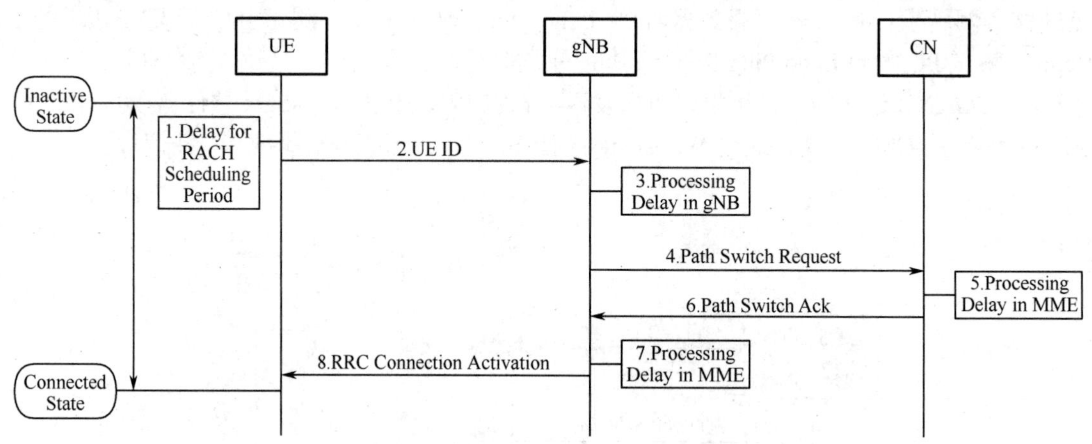

图 7.33　UE 从 Inactive 态向 Connected 态转换时延

（3）理论峰值吞吐量。如图 7.34 所示为下行 70%的帧结构，重复周期为 2 ms，每个周期包括 3DL+1UL，其中 Slot0 为全下行，Slot1 自包含，Slot2 为全下行，Slot3 为全上行。

时域：1 ms 分为两个 Slot，每个 Slot 为 0.5 ms，每个 Slot 有 14 个符号。

频域：100 MHz 带宽，子载波 30 kHz，使用 272RB，共 3264 个子载波。

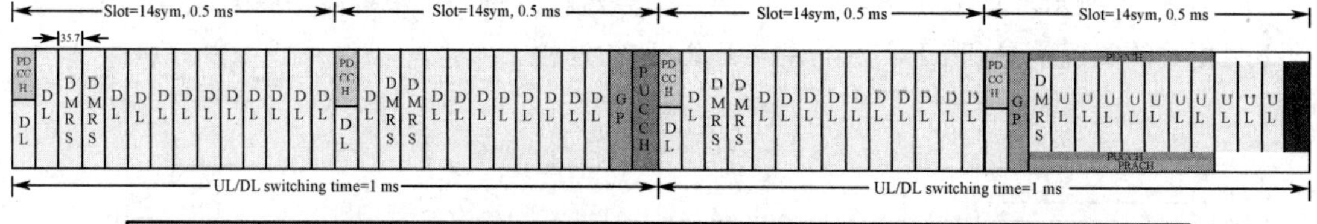

时隙	PDCCH	PDSCH	DMRS	GP	PUCCH	PUSCH	SRS
Slot0	0.1	11.9	2				
Slot1	0.1	9.9	2	1	1		
Slot2	0.1	11.9	2				
Slot3	0.1		1	1	横排	10	1

图 7.34　下行 70%的帧结构

- 单用户理论峰值吞吐量的计算

下行：采用 MCS=28，码率=0.9，256QAM。

单流峰值速率=3 264×（11.9+9.9+11.9）×8 bit×1 流×0.9/2 ms=396 Mbps

8 流峰值速率=3 264×（11.9+9.9+11.9）×8 bit×8 流×0.9/2 ms=3.16 Gbps

上行：采用 MCS=28，码率=0.9，64QAM。

单流峰值速率=3 264×10×6 bit×1 流×0.9/2 ms=88.13 Mbps

4 流峰值速率=3 264×10×6 bit×4 流×0.9/2 ms=352.5 Mbps

- 小区多用户理论峰值吞吐量的计算

下行：每个 UE 2 流，共计 24 流，采用 64QAM。

3 264×（12+9+12）×6 bit×24 流×0.9/2 ms=6.98 Gbps

上行：每个 UE 1 流，共计 12 流，采用 64QAM。

3 264×11×6bit×12 流×0.9/2 ms=1.16 Gbps

（4）单用户吞吐量测试站点选择（SU-MIMO）。单用户测试用于测试单用户（峰值）吞吐量。

5G 终端可以支持 4～8 流，而信道条件相同或近似的信号是无法区分出如此多个数据流的，因此为提高单用户测试速率，需要基站到终端之间有多条传播路径。

终端同基站间有足够直射、反射路径，终端侧面、背后需要有建筑对信号进行反射，周围不能过于开阔；终端距基站不能过远。

（5）小区吞吐量测试站点选择（MU-MIMO）。多用户测试用于测试小区吞吐量。其原理是小区对不同用户发射专用波束以实现空分复用，为保证各用户之间能够区分波束，测试小区周围需要有足够的空间用来分散摆放终端。

现阶段，5G 终端为小推车形式，上层摆放终端，下层为电池，单个终端占地面积约为 1 m^2，且不同终端之间需要保持间距。

各终端分为 2～4 组，尽量能够在垂直维度摆放；如果全部终端只能在地面，则按距离基站远近分别摆放。两个波束夹角约为 12°。

7. 5G 后续优化方向

5G 后续优化需考虑 Massive MIMO 对网络的影响。

在 5G 高频场景，路径损耗和穿透损耗增加，从而大大增加了信号覆盖的难度。通过使用 Massive MIMO，生成高增益、可调节的赋形波束，可以明显改善信号覆盖，并且由于其波束非常窄，可以大大减少对周边的干扰。

NR 与 LTE 相比，无 CRS，业务信道全面窄波束，控制信道时频资源灵活配置，干扰特性有所变化，重叠覆盖度等指标定义可适当调整。

5G 多天线技术对网络优化带来的变化，可以提供更多网络优化手段。

（1）覆盖：5G Massive MIMO 解决弱覆盖问题更灵活，除了常规的 RF 和功率优化，还可以通过智能权值优化，调节天线方向图，在水平面和垂直面均可实现波束赋形。

（2）干扰：5G Massive MIMO 窄波束抗干扰能力强。

（3）控制信道：相比 4G 靠网络结构的调整，5G 还可以通过波束域协调降低干扰。

（4）业务信道：窄波束，BF 协调调度降低用户间干扰。

（5）容量：5G Massive MIMO 容量能力较强。

（6）频谱效率：Massive MIMO 极大地提升了频谱效率，能够切实提升运营商的整网容量和效率，增加了网络优化复杂度，增加了垂直维度，参数调整更复杂。

5G Massive MIMO 组网后，小区覆盖范围从 2D 增加到 3D，邻区关系、切换/重选参数、互操作参数、负载均衡参数等均需考虑垂直覆盖区域。

天线权值调整较 4G 更复杂。通过灵活的权值设计和自适应调整，可实现波束扫描个数和天线方向图的调整。相较 4G，5G 的权值灵活度更高，增加了调整难度。

8. 5G NR 切换优化思路详解

1）5G NR 切换优化概述

5G NR 的切换优化整体上继承了 TDD 的优化策略，但由于存在 SA 和 NSA 两种组网方式而略有不同。切换优化是移动网络业务连续型的基础保障，合理而及时的切换可以有效

地保障用户感知，防止出现掉线等引发投诉的现象，在网络优化中具有非常重要的意义。

2）5G NR 切换优化整体思路

如图 7.35 所示为 5G NR 切换优化流程。

5G NR 的切换优化流程同 4G 一样包括测量、判决、执行三个流程。

所有的异常流程都首先需要检查基站、传输、终端等状态是否异常，排查基站、传输、终端等问题后再进行分析。

整个切换过程异常情况分为以下几个阶段。

流程 1：测量报告发送后是否收到切换命令。

流程 2：收到重配命令后是否成功在目标测发送 MSG1。

流程 3：成功发送 MSG1 之后是否正常收到 MSG2。

在所有异常流程中排除终端问题，首先建议更换终端进行测试，排除某一终端个性故障。

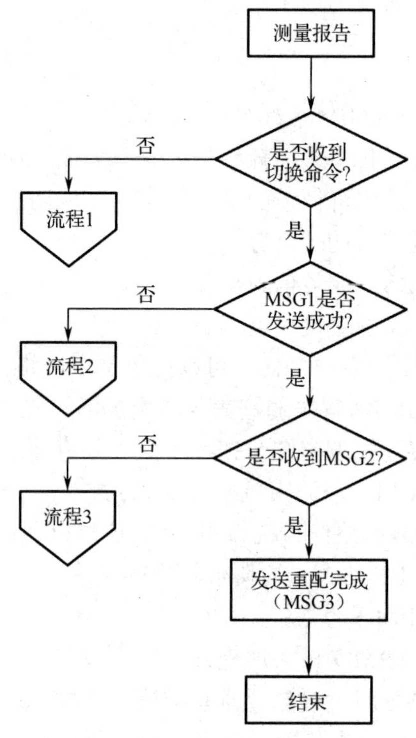

图 7.35　5G NR 切换优化流程

（1）流程 1。基站未收到测量报告（可通过后台信令跟踪检查）：

- 确认测量报告点 RSRP、SINR 等情况，或者是否存在上行受限情况（根据下行终端估计的路径损耗判断）。
- 检查是否存在上行干扰。

基站收到了测量报告，但未向终端发送切换命令：

- 确认目标小区是否为漏配邻区。
- 需要检查目标小区是否未向源小区发送切换响应，或者发送切换准备失败信令，在这种情况下源小区也不会向终端发送切换命令。

从以下方面定位：

- 目标小区准备失败，RNTI 准备失败、PHY/MAC 参数配置异常等会造成目标小区无法接纳而返回切换准备失败。
- 传输链路异常或目标小区状态异常。

基站收到了测量报告，且向终端发送切换命令：

- 主要检查测量报告上报点的覆盖情况，是否为弱场或强干扰区域。

（2）流程 2。正常情况测量报告上报的小区都会比源小区的覆盖情况好，但不排除目标小区覆盖陡变的情况，所以首先排除由于测试环境覆盖引起的切换问题。

这类问题建议优先调整覆盖，若覆盖不易调整则通过调整切换参数优化。

当覆盖比较稳定却仍无法正常发送的话就需要在基站侧检查是否出现上行干扰。

（3）流程 3。接收 MSG2 异常情况，该情况一般主要检查测试点的无线环境，处理思路仍是优先优化覆盖，若覆盖不易调整再调整切换参数。

3）5G NR 切换关键参数

表 7.1 列出了 5G NR 切换的相关参数。

表 7.1　5G NR 切换的相关参数

参数名称	传送途径	默认值	作用范围	参数功能
pssSssPower	gNB→UE	28	cell	主辅同步信号每 RE 上的发射功率，小区搜索、下行信道估计、信道检测时会用到，直接影响小区覆盖。其过大会造成导频污染及小区干扰；过小会造成小区选择或重选不上，数据信道无法解调等
qRxLevMin	gNB→UE	-120	gNB	该参数指示了小区满足选择条件的最小接收电平门限。该参数直接决定了小区下行覆盖范围
filterCoeffRsrp	gNB→UE	4	cell	该参数为测量时的 RSRP 层 3 滤波系数，用于平滑测量值
filterCoeffRsrp	gNB→UE	4	cell	该参数为测量时的 RSRQ 层 3 滤波系数，用于平滑测量值
beamFilerCoeffRsrp	gNB→UE	4	cell	Beam RSRP 测量层 3 滤波因子
beamFilerCoeffRsrp	gNB→UE	4	cell	Beam RSRQ 测量层 3 滤波因子
beamMeasurementType	gNB→UE	2	cell	用于控制测量报告中是否携带 Beam 测量结果
beamReportQuantity	gNB→UE	0	cell	Beam 测量报告量
ocs	gNB→UE	0	cell	服务小区个体偏差
sMeasure	gNB→UE	-70	cell	判决同频/异频/系统间测量的绝对门限。若经过层 3 滤波后，服务小区的 RSRP 值低于该门限值，则启动同频/异频/系统间测量
A3offset	gNB→UE	1.5	cell	邻区与本区的 RSRP 差值比该值大时，触发 RSRP 上报，用于事件触发的 RSRP 上报

续表

参数名称	传送途径	默认值	作用范围	参数功能
triggerQuantity	gNB→UE	0	cell	事件触发的测量量，当 UE 测到该触发量的值满足事件触发门限值时，会触发小区测量事件
A5Thrd1Rsrp	gNB→UE	-90	cell	服务小区 RSRP 差于此门限且邻区 RSRP 好于配置的门限时，UE 上报 A5 事件
A5Thrd1Rsrq	gNB→UE	-11	cell	服务小区 RSRQ 差于此门限且邻区 RSRQ 好于配置的门限时，UE 上报 A5 事件
A5Thrd2Rsrp	gNB→UE	-90	cell	邻区 RSRP 好于此门限且服务小区 RSRP 差于配置的门限时，UE 上报 A5 事件
A5Thrd2Rsrq	gNB→UE	-11	cell	邻区 RSRQ 好于此门限且服务小区 RSRQ 差于配置的门限时，UE 上报 A5 事件
eventId	gNB→UE	A3	cell	根据具体场景选择合适的测量事件
cellIndividua10ffset	gNB→UE	1	Neighbor-relation	该参数是小区个体偏移值，属于小区切换参数，主要用于控制终端切换。参数随测量控制消息下发给终端，值越大当前服务小区到该邻区关系对应邻小区越容易切换，越小越难切换
timeToTrigger	gNB→UE	320	gNB	该参数设置得越大，表明对事件触发的判决越严格，但需要根据实际的需要来设置此参数的长度，因为有时设置得太长会影响用户的通信质量
Hysteresis	gNB→UE	0	cell	事件触发上报的进入和离开条件的滞后因子
rptAmount	gNB→UE	3	cell	该参数指示了在触发事件后进行测量结果上报的最大次数。对于 UE 侧来说，当事件触发后，UE 根据报告间隔上报测量结果，如果上报次数超过了本参数指示的值，则停止上报测量结果
rptInterval	gNB→UE	1024		该参数指示了触发事件后周期上报测量结果的时间间隔，即 UE 每间隔 rptInterval 时间上报一次事件触发的测量结果
maxRptCellNum	gNB→UE	3	cell	该参数指示测量上报的最大小区数，不包括服务小区。基站可根据一定的策略（如信号强度、负荷）对上报的多个小区排序，确定切换的优先顺序
ssBlockReportMaxNum	gNB→UE	1	cell	Beam 测量报告中最大 Beam 数（SS Block）。基站可根据一定的策略（如信号强度）对上报的多个 Beam 排序，确定最佳 Beam
A2Thresho1dRsrp	gNB→UE	-140	cell	测量时服务小区 A2 事件 RSRP 绝对门限，当测量到的服务小区 RSRP 低于门限时 UE 上报 A2 事件
A4ThrdRsrp	gNB→UE	-75	cell	测量时邻区 A4 事件 RSRP 绝对门限，当测量到的邻区 RSRP 高于门限时 UE 上报 A4 事件
A4ThrdRsrq	gNB→UE	-8	cell	测量时服务小区 A4 事件 RSRQ 绝对门限，当测量到的邻区 RSRQ 高于门限时 UE 上报 A4 事件

7.1.4　任务实施

通过本章任务知识点学习，能够掌握 5G 无线网络优化原理，对于异常问题进行深入分析，并给出无线异常问题的处理方案，指导后续的方案实施工作。

任务 7.2　5G 无线网络优化方案实施和验证

扫一扫看 5G 网络优化方案实施和验证教学课件

7.2.1　任务描述

通过本任务的学习，掌握调整 5G 天馈系统、5G 无线网络参数和 5G 基站位置的实施方法，能够完成 5G 无线网络优化方案的实施和验证工作。

7.2.2　任务目标

（1）掌握 5G 天馈系统和 5G 基站位置调整的方法；
（2）熟悉 5G 无线网络参数操作方法；
（3）掌握 5G 无线网络整体优化结果和编制相关总结报告。

7.2.3　知识准备

扫一扫看测量天线方位角微课视频

1. 测量天线方位角

方位角可以理解为正北方向的平面顺时针旋转到和天线所在平面重合所经历的角度。通常所使用的指北针由磁针、照准与准星等组成，如图 7.36 所示。方位分划外圈为 360° 分划制，最小格值为 1°，测量精度为±5°。

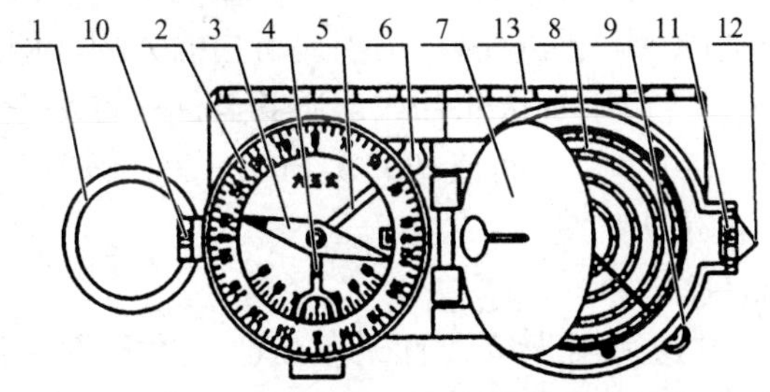

1—提环；2—度盘座；3—磁针；4—测角器；5—磁针托板；6—压板；7—反光镜；
8—里程表；9—测轮；10—照准；11—准星；12—固定器；13—测绘尺

图 7.36　指北针图示

1）测量原理

（1）指北针或地质罗盘仪必须每年进行一次检验和校准。
（2）指北针应尽量保持在同一水平面上。
（3）指北针必须与天线所指的正前方成一条直线。
（4）指北针应尽量远离铁体及电磁干扰源（如各种射频天线、中央空调室外主机、楼顶铁塔、建筑物的避雷带、金属广告牌及一些能产生电磁干扰的物体）。

（5）测量人员站定后，展开指北针，转动表盘方位框使方位玻璃上的正北刻度线与方向指标对准，将反光镜斜放（45°），单眼通过准星瞄向目标天线，从反光镜反射可以看到磁针 N 极所对反字表牌上方位分划，然后用右手转动方位框使方位玻璃上的正北刻度线与磁针 N 极对准，此时方向指标与方位玻璃刻度线所夹之角即目标方位角（按顺时针方向计算）。测量原理如图 7.37 所示。

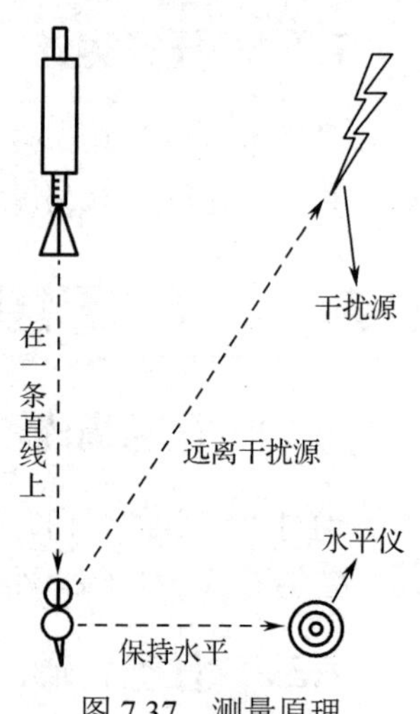

图 7.37　测量原理

2）测量方法

基站方位角的测量方法有很多，需要根据不同的场景和现场人员情况来选择合适的方法进行测量，下面介绍几种常用的测量方法。

（1）直角拐尺测量法。

适用场景与要求：该方法几乎适用于所有场景，但是要求两个人员进行测量，而且其中一人需持有登高证登到天线位置。测量时可以根据现场情况在前方测量或侧方测量。

前方测量：在测量方位角时，两人配合测量。其中一人站在天线的背面近天线位置，另一人站在天线正前方较远的位置。靠近天线背面的测试者把直角拐尺一条边紧贴天线背面，用另一条边所指的方向（即天线的正前方）来判断前端测试者的站位。测试者应手持指北针或地质罗盘仪保持水平，指向天线方向，待指针稳定后读数，方位角=（180° +分划数值）MOD360。

侧面测量：当正前方无法站位时，可以考虑侧面测量。在测量方位角时，两人配合测量。其中一人站在天线的侧面近天线位置，另一人站在天线另一侧较远的位置。靠近天线的测试者把直角拐尺一条边紧贴天线背面，用拐尺所指的方向（即天线的平行方向）来判断前端测试者的站位。测试者应手持指北针或地质罗盘仪保持水平，指向天线方向，待指针稳定后读数，方位角=（180° +分划数值±90°）MOD360。朝向天线信号发射方向，在左侧测量加 90°，在右侧测量减 90°。

（2）单人正面/背面测量法。

适用场景与要求：该方法适用于单人且无登高证人员测量，且测量场景宜为塔高在 20 m 以下，且正面或背面有足够的空间方便测量人员站位测量。

测量时，测试者根据目测，站立在测量天线的正对面或正背面，与天线所指的正前方成一条直线；展开指北针，转动表盘方位框使方位玻璃上的正北刻度线与方向指标相对正，将反光镜斜放（45°），单眼通过准星瞄向目标天线，从反光镜反射可以看到磁针 N 极所对反字表牌上方位分划，测试者应手持指北针或地质罗盘仪保持水平，指向天线方向，待指针稳定后读数，方位角=（180° +分划数值）MOD360。

（3）单人侧面测量法。

适用场景与要求：该方法适用于单人且无登高证人员测量，且测量场景多为塔高在 20 m 以上，且侧面有足够的空间方便测试者站位测量。由于塔高过高时目测天线正前方误差较大，通常采用侧面测量。

测量时，测试者站立在天线侧面，通过测距仪或望远镜观察天线，通过左右移动，直到刚好看不到天线背面部分时（或所看到的天线为最窄时），就认为所站位置为天线的正侧面，之后根据上面所述方法进行测量，然后±90°即为天线的方位角。

2. 测量天线下倾角

下倾角是天线和竖直面的夹角。可使用坡度仪测量下倾角，如图7.38所示。

测试方法如下：

（1）将坡度仪最长的一边（即图中测定面a）平贴天线背面，如图7.39所示。

（2）转动水平盘，使水泡处于玻璃管的中间（既水平），记录此时指针所指的刻度。

（3）所得数值就是该天线的下倾角。

坡度仪按要求需每年送有资质的部门或检测网点检测。

扫一扫看测量天线下倾角微课视频

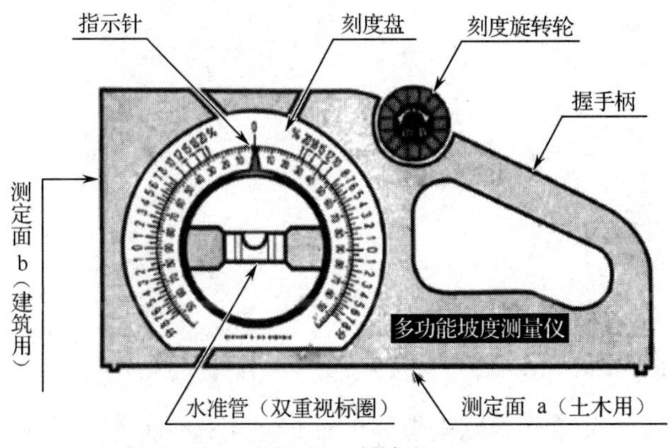

图7.38 坡度仪

图7.39 测量天线下倾角

3. 测量天线挂高

扫一扫看测量天线挂高微课视频

一般使用测距仪测量天线或AAU挂高。

激光测距仪是利用调制激光的某个参数实现测量目标距离的仪器，原始的测量距离都是用卷尺，但横跨高山、河流的距离用卷尺来测量就很不方便了，现在人们都选择用激光测距仪来测量长度，误差小，且很方便。

激光测距仪使用步骤如下：

（1）先给激光测距仪装上电池，对于那些可以直接充电的激光测距仪，在使用前要先充满电。

（2）每一个激光测距仪上都会有一个电源开关，通过轻按“发射键”，可以打开激光测距仪内部电源，通过目镜可以看见激光测距仪处于待机状态。

（3）打开电源后，在测量前，长按“模式键”，可以直接选择要使用的单位。

（4）一切准备工作就绪，可以通过激光测距仪目镜中的“内部液晶显示屏”瞄准被测物体，注意手不要抖动，这样可以减小误差，测量结果会更准确。

（5）确定瞄准之后，轻按“发射键”，此时测量的距离就会显示在“内部液晶显示屏”上，可以记下该数值，如果担心测量不准确，可以多测几次。

（6）在瞄准被测物体时，如果感觉被测物体不是很清晰，可以通过+/−2屈光度调节器来调节被测物体远近的清晰度，可以通过顺转或逆转来调节远近，以达到最理想的清

晰度。

（7）各种品牌、各种型号的激光测距仪使用方法可能会有所差异，但基本使用方法都是大同小异，详细内容参考其说明书。

4．5G 参数优化调整

在 UME 页面中，单击无线应用区域中的 RANCM 无线配置管理，打开 RANCM 无线配置管理页面，在页面左侧有现网配置、规划区管理、数据核查、默认值管理、模板管理、配置工具、系统维护 7 个菜单及其子菜单，单击子菜单，右侧区域显示对应的配置页，如图 7.40 所示。

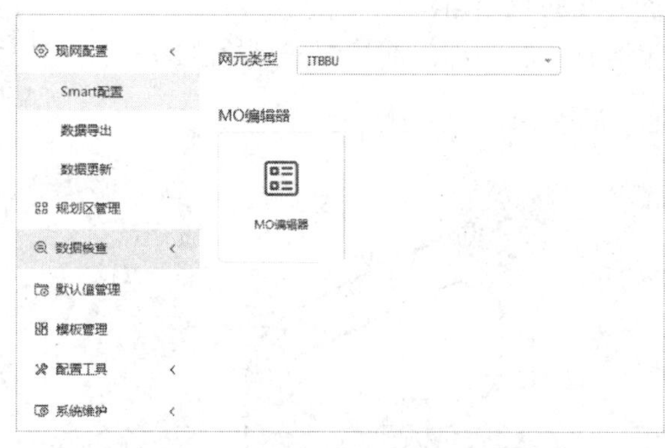

图 7.40　RANCM 无线配置管理页面

在 RANCM 无线配置管理页面中选择菜单【现网配置→Smart 配置→MO 编辑器】，打开 MO 编辑器，如图 7.41 所示，查询到需要修改的现网区网元数据。当属性数量较少时，在有 ✎ 图标的列中，双击单元格，修改单元格内数据，然后单击 ▷ 按钮，在弹出的对话框中输入验证码执行激活，在弹出的激活状态页面中查看和导出激活结果。

图 7.41　MO 编辑器

在需要将多行数据的某一个或多个属性设置为相同值时，勾选多行网元数据，单击表格上方的 ✎ 按钮，在弹出的对话框中修改数据，单击“确定”按钮保存修改，然后单击 ▷ 按钮，在弹出的对话框中输入验证码执行激活，在弹出的激活状态页面中查看和导出激活结果。

7.2.4 任务实施

完成本任务的学习后，掌握天馈系统调整、天线挂高调整和优化参数调整实施方法，并能够输出调整优化验证结果。

习题 7

1. 5G 网络优化的三个阶段的内容是什么？
2. 工程优化的准备工作有哪些？
3. 描述单站优化的流程有哪些？
4. 运维优化阶段的主要工作有哪些？
5. 运维优化涉及参数核查优化部分，需要关注哪些基础参数？
6. 描述 NSA 组网模式下的 SN 节点添加流程。
7. 简述 5G NR 切换优化流程。

反侵权盗版声明